高等职业教育公共课程“十三五”规划教材

计算机应用翻转课堂教程

吕红飞　曾慧敏　王宏波　主　编
何海燕　申圣兵　张亚娟　副主编
申　健　主　审

中国铁道出版社有限公司
CHINA RAILWAY PUBLISHING HOUSE CO., LTD.

内 容 简 介

本书共分3部分，共8个项目，各个项目均提供了多个任务，系统地介绍了计算机基础知识、Windows 7操作系统、文字处理软件Word 2010、电子表格制作软件Excel 2010、演示文稿制作软件PowerPoint 2010、程序设计基础、程序结构、大数据技术与人工智能等内容，书后附有全国计算机等级考试一级MS Office考试大纲及模拟试题。

本书适合作为高等院校、各类职业技术院校的教材，也可作为各类计算机教育培训机构培训用书，还可作为广大计算机爱好者的自学用书。

图书在版编目（CIP）数据

计算机应用翻转课堂教程 / 吕红飞，曾慧敏，王宏波主编．—北京：中国铁道出版社有限公司，2019.9
高等职业教育公共课程“十三五”规划教材
ISBN 978-7-113-26091-0

Ⅰ.①计… Ⅱ.①吕… ②曾… ③王… Ⅲ.①电子计算机－高等学校－教材 Ⅳ.①TP3

中国版本图书馆CIP数据核字（2019）第164148号

书　　名：计算机应用翻转课堂教程
作　　者：吕红飞　曾慧敏　王宏波

策　　划：祁　云　刘梦珂　　**编辑部电话：**010-63589185转2062
责任编辑：祁　云　冯彩茹
封面设计：刘　颖
责任校对：张玉华
责任印制：郭向伟

出版发行：中国铁道出版社有限公司（100054，北京市西城区右安门西街8号）
网　　址：http://www.tdpress.com/51eds/
印　　刷：北京柏力行彩印有限公司
版　　次：2019年9月第1版　2019年9月第1次印刷
开　　本：787 mm×1 092 mm　1/16　**印张：**16　**字数：**379千
书　　号：1～3 500册
书　　号：ISBN 978-7-113-26091-0
定　　价：45.00元

版权所有　侵权必究

凡购买铁道版图书，如有印制质量问题，请与本社教材图书营销部联系调换。电话：（010）63550836
打击盗版举报电话：（010）51873659

前言

PREFACE

随着计算机技术的发展与进步，以信息运用、网络技术为主要特征的现代信息技术已经广泛应用于社会生产和人们生活的各个领域。同时，与计算机相关的知识与技术也已成为当代大学生所必须具备的技能与手段。针对高职高专学生，教育部在《教育信息化 2.0 行动计划》中明确提出，必须全面推进高职生信息素养的培养，使之具备良好的信息思维，并能熟练应用信息技术解决学习、生活中的问题。

本书依据高职高专学生在信息化能力培养方面的具体要求，结合全国计算机等级考试一级考证要求，从逐步培养高职学生计算机操作能力、应用能力、创新能力 3 个层面着手，重点融入“云物大智移”等新一代信息化技术与理念，运用项目制框架体系，推进计算机应用课程的教学方法和手段创新。

本书共分 3 个部分，8 个项目，各个学习项目均提供了多个任务；教师在教学实施过程中，能够通过各个实用型任务，有效采用“教师课前布置任务、学生提前操作预习、课堂学生分组讲解、教师开展分析点评”等翻转课堂教学模式，很好地实现将学习的决定权从教师转移给学生，变“要我学为我要学”，最终有效地提升学生学习的兴趣和分析、解决问题能力。

本书由吕红飞、曾慧敏、王宏波任主编，何海燕、申圣兵、张亚娟任副主编，申健任主审。参加本书编写的还有黄晓乾、曾嵘娟、刘家乐、周兴旺、雷显臻等老师。其中项目一由吕红飞编写、项目二由黄晓乾编写、项目三由曾慧敏编写、项目四由何海燕编写、项目五由张亚娟编写、项目六由王宏波编写、项目七由申圣兵编写、项目八由曾嵘娟、周兴旺编写，附录由刘家乐、雷显臻编写。

由于编者水平有限，加之时间仓促，书中难免存在疏漏和不足之处，敬请各位同行和广大读者批评指正，以帮助我们不断完善和改进。

编　者

2019 年 7 月

目录

CONTENTS

第一部分　计算机应用基础

第二部分　办公自动化应用

第三部分 程序设计基础

第四部分 新一代信息技术

第一部分 计算机应用基础

本部分主要分为两个项目：计算机基础知识及计算机基本操作，主要介绍计算机的概念和发展及相关的基础知识，指导学生掌握最基本的计算机基础性操作。

项目一　计算机基础知识

项目导读

本项目主要介绍计算机的概念及发展，介绍计算机的分类、特点和应用，介绍计算机的系统组成及工作原理。

学习目标：

知识目标	技能目标	职业素养
• 熟悉计算机的概念及发展 • 熟悉计算机的分类、特点和应用 • 掌握计算机的系统组成	• 熟练掌握进制之间的换算 • 基本掌握计算机硬件的配置	• 自主学习能力 • 团队协作能力

重点难点：计算机的系统组成与工作原理。

建议学时：12个课时。

课前学习

扫二维码，观看相关资料及视频，并完成以下选择题：

文档

计算机基础知识课前学习

1. 一个完整的计算机系统包括（　　）。

   A. 硬件系统与软件系统　　B. CPU与内存

   C. 系统软件与应用软件　　D. 输入设备与输出设备

2. 计算机软件系统包括（　　）。

   A. 程序、数据和相应的文档

   B. 系统软件与应用软件

C. 数据库管理系统和数据库

D. 编译系统和办公软件

3. 世界上第一台计算机于1946年在美国发明，它是（　　）。

A. MARK-I　　B. ENIAC　　C. ENAIC　　D. ANIAC

4. 控制器的功能是（　　）

A. 指挥、协调计算机各部件工作　　B. 进行算术运算和逻辑运算

C. 存储数据和程序　　D. 控制数据的输入与输出

5. 能直接与CPU交换信息的存储器是（　　）

A. 硬盘存储器　　B. CD-ROM　　C. 内存储器　　D. 移动存储器

任务一　认识计算机基础知识

任务描述

在我们的生活中，计算机的应用已经无处不在，它已成为人们工作、生活和学习离不开的工具。当代社会已经进入IT（Information Technology）时代，计算机是IT时代无处不在、无所不能的“高级”工具，无论是专职作家写作、艺术家绘画、工程师和科技人员运算，还是学生和商业人士看新闻、查资料，只要通过计算机和计算机网络轻敲键盘或单击鼠标等简单操作即可完成。通过网络，人们可以利用计算机随时随地学习各种相关知识和课程，还可以利用网络的传递信息、实时交流功能进行交友和购物等。

文档

计算机的发展

任务实施

一、电子计算机的概念

电子计算机（Electronic Computer）简称计算机，是一种能够自动、高速、精确地进行各种信息存储、数据处理、数值计算、过程控制和数据传输的现代化电子设备。

对于计算机的定义，可以从以下3个方面来理解：

(1) 计算机是完成信息处理的工具。

(2) 计算机通过预先编好的存储程序自动完成数据的加工处理。

(3) 计算机的经济效益和社会效益是非常明显的。

这里提到的计算机只是指设备本身，即通常所看到的显示器、键盘等。就设备本身而言，计算机主要是由一些机械的、电子的器件组成，再配以适当的可以自动执行的软件，用以解决具体实际问题。

二、计算机的发展概况

计算机是电子技术和计算技术空前发展的产物，是科学技术与生产力发展的结晶。计算机的诞生极大地推动着科学技术的发展。在电子计算机问世后的短短几十年发展历程中，其所采用的电子元器件依次经历了电子管时代，晶体管时代，中小规模集成电路时代和大规模、超大规模集成电路时代。

1. 第一台电子计算机

1946年2月15日，世界上第一台通用电子数值积分计算机ENIAC在美国宾夕法尼亚大学问世。这是人类历史上真正意义的第一台电子计算机，占地170 m^2，功率为150 kW，造价48万美元，每秒可执行5 000次加法或400次乘法运算，共使用了18 000个电子管，如图1.1.1所示。

图1.1.1　第一台电子计算机ENIAC

第一台并行计算机是1950年问世的EDVAC，实现了计算机之父冯·诺依曼的两个设想，即采用二进制和存储程序。

2. 电子计算机发展的4个阶段

(1) 第一代计算机：电子管计算机。

① 发展阶段：1946—1958年。

② 特征：采用电子管（见图1.1.2）作为计算机的逻辑元件。

③ 软件：机器语言、汇编语言。

④ 应用领域：军事和科学方面的科学计算。

⑤ 代表机型：IBM 650（小型机）、IBM 709（大型机）。

(2) 第二代计算机：晶体管计算机。

① 发展阶段：1959—1964年。

② 特征：逻辑元件逐步由电子管改为晶体管（见图1.1.3）。

图1.1.2　电子管

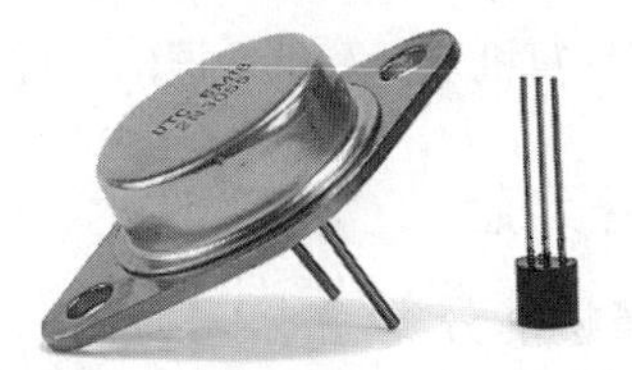

图1.1.3　晶体管

③ 软件：使用FORTRAN、BASIC等多种高级语言，并有完善的操作系统。

④ 应用领域：科学计算、数据处理及过程控制。

⑤ 代表机型：IBM 7094、CDC 760。

（3）第三代计算机：中小规模集成电路计算机。

① 发展阶段：1965—1971年。

② 特征：采用中小规模集成电路（见图1.1.4）。

③ 软件：数量更多的高级语言，进一步完善的操作系统。

④ 应用领域：广泛应用在各个领域。

⑤ 代表机型：IBM 360。

（4）第四代计算机：大规模、超大规模集成电路计算机。

① 发展阶段：1972年至今。

② 特征：采用大规模或超大规模集成电路（见图1.1.5）。

③ 软件：出现数据库管理系统、网络操作系统等。

④ 应用领域：广泛应用在各个领域及家庭。

图1.1.4　集成电路

图1.1.5　超大规模集成电路

3. 未来计算机发展的展望

随着超大规模集成电路的广泛应用，计算机在存储容量、运算速度和可靠性等各方面都得到了很大的提高。特别是网络和通信技术的发展、材料科学技术的进步，使各种新的器件不断出现，人们正研究用光电子元件、超导电子元件、生物电子元件等代替传统的电子元件，以制造出能在一定程度上模仿人的学习、记忆、联想和推理等功能的新一代计算机。目前，计算机系统正朝着巨型化、微型化、网络化和智能化等方向深入发展。

任务二　认识算机的分类、特点和应用

任务描述

文档

计算机的分类、特点和应用

在认识了计算机及计算机发展的基础上，了解计算机的分类、特点和应用。

任务实施

一、计算机的分类

按照不同的分类依据，有多种分类结果，下面是几种常见的分类：

1．按计算机用途分类

（1）通用计算机。功能齐全、适应性强，用于一般科技运算、学术研究、工程设计和数据处理等，是目前广泛使用的计算机。

（2）专用计算机。为适应某种特殊应用而设计的计算机，其运行程序不变，软硬件相对固定，功能单一、可靠性高，其效率高、速度快的特点是其他计算机无法替代的。军事系统、银行系统均属于专用计算机。

2．按计算机规模分类

（1）超级计算机或称巨型机（Supercomputer）。功能最强、速度最快、价格最贵的计算机，一般用于解决诸如气象、太空、能源、医药等尖端科学研究和战略武器研究领域中的复杂计算。例如，“天河一号”千万亿次超级计算机。

（2）大型机（Mainframe）。规模仅次于巨型机，有很高的运算速度和很大的存储容量，并允许相当多的用户同时使用。在量级上不及超级计算机，在价格上比巨型机便宜，软件兼容。一般用于大型企业、商业管理或大型数据库管理系统、计算机网络主机。

（3）小型机（Minicomputer）。大型主机价格昂贵，操作复杂，只有大企业大单位才能买得起。通常小型机用于学校、中型企业等部门，能支持十几个用户同时使用，价格比大型机便宜。例如，20世纪60年代DEC公司推出的VAX系列小型机。

（4）个人计算机或称微型机（Microcomputer）。这是目前发展最快的领域。微型机小巧、灵活、便宜，一般只供一个用户使用。微型机的分类按字长分为8位机、16位机、32位机和64位机；按结构分为单片机、单板机、多芯片机、多板机；按CPU（Intel公司）可分为8086、286、386、486系列；奔腾Ⅱ、Ⅲ、4、E系列；酷睿i3、i5、i7、i9系列。

二、计算机的特点

计算机之所以发展速度非常快、应用广泛，主要是由于计算机拥有诸多特点，其中最重要的是高速度、能记忆、善判断、可交互。

1．自动运行程序并具备人机交互功能

计算机能在程序控制下自动连续地高速运算。由于采用存储程序控制的方式，因此一旦输入编制好的程序，启动计算机后，就能自动地执行下去直至完成任务。这是计算机最突出的特点。

2．运算速度快

计算机能以极快的速度进行计算。现在普通的微型计算机每秒可执行几十万条指令，而巨型机则达到每秒几十亿次甚至千万亿次。随着计算机技术的发展，计算机的运算速度还在提高。例如，天气预报，由于需要分析大量的气象资料数据，单靠手工完成计算是不可能的，而用巨型计算机只需十几分钟就可以完成。

3．运算精度高

电子计算机具有以往计算机无法比拟的计算精度，目前已达到小数点后上亿位的精度。

4．具有记忆和逻辑判断能力

人是有思维能力的，而思维能力本质上是一种逻辑判断能力。计算机借助于逻辑运算，可以进行逻辑判断，并根据判断结果自动地确定下一步该做什么。计算机的存储系统由内存和外存组成，具有存储和“记忆”大量信息的能力，现代计算机的内存容量已达到上百兆字节甚至几千兆字节，而外存也有惊人的容量。如今的计算机不仅具有运算能力，还具有逻辑判断能力，可以使用其进行诸如资料分类、情报检索等具有逻辑加工性质的工作。

5. 可靠性高

随着微电子技术和计算机技术的发展，现代电子计算机连续无故障运行时间可达到几十万小时以上，具有极高的可靠性。例如，安装在宇宙飞船上的计算机可以连续几年时间可靠地运行。计算机应用在管理中也具有很高的可靠性，而人却很容易因疲劳而出错。另外，计算机对于不同的问题，只是执行的程序不同，因而具有很强的稳定性和通用性。用同一台计算机能解决各种问题，应用于不同的领域。

微型计算机除了具有上述特点外，还具有体积小、质量小、耗电少、维护方便、可靠性高、易操作和功能强等特点。

三、计算机的应用

计算机已深入到现代社会工作和生活中的各个领域，归纳起来，主要体现在以下几个方面：

1. 科学计算

科学计算也称数值计算，自然科学、工程技术和尖端科学都离不开计算机的精确计算。

2. 数据处理和信息管理

这是非常普遍的一项应用，例如，人事管理、库存管理、财务管理、图书资料管理、办公自动化、车票预售和银行存／取款等都已经用计算机来实现。

3. 过程控制

通过专用的、预置了程序的计算机将检测到的信息经过处理后，向被控制或调节对象发出最佳的控制信号，由系统中的执行机构自动完成控制。例如，钢铁企业、汽车制造、石油化工等生产中，无人驾驶、导弹、人造卫星和宇宙飞船等飞行器的控制。

4. 网络通信

这是通信技术与计算机技术相结合的产物。

5. 计算机辅助功能

计算机辅助功能包括计算机辅助设计（Computer Aided Design，CAD）、计算机辅助制造（Computer Aided Manufacturing，CAM）和计算机辅助教学（Computer Aided Instruction，CAI）等。

6. 人工智能

人工智能就是让计算机模拟人类的某些智能行为，主要内容包括专家系统、机器翻译、模式识别（声音、图像、文字）、自然语言理解、智能机器人等。

7. 电子商务

电子商务指在Internet上进行的商务活动，包括网上广告和宣传、订货、付款、货物递交、客户服务等。

任务三　认识计算机的系统组成与工作原理

任务描述

对计算机的相关基础知识有了一定的了解，接下来一起认识计算机的系统组成及它的工作原理。

任务实施

文档

计算机系统的组成

一、计算机系统的组成

提到计算机时，一般只是指计算机这个设备本身，即会想到主机、显示器或键盘。实际上，一个计算机系统远不止这些。计算机设备只是整个系统中的一部分，一个完整的计算机系统包括硬件系统和软件系统两大部分。

硬件系统是计算机系统的物理装置，包括以电子线路、元器件和机械部件等构成的具体装置，例如，主机和键盘、鼠标、显示器等，是看得见、摸得着的实体，由软件控制并实际地处理数据。

软件系统是计算机系统中的运行程序、使用的数据以及相应的文档，程序就是控制计算机按要求来处理数据的指令集。软件包括系统软件和应用软件，其中系统软件可以理解为计算机使用的软件，而应用软件则是用户使用的软件。

用户通过应用软件与计算机进行交互操作，系统软件则是应用软件与计算机硬件之间的交流桥梁，即系统软件是帮助计算机管理其内部资源的“后台”软件。最重要的系统软件是操作系统，它有处理执行程序、存储数据和程序、处理数据等功能。对当前的微型机用户来说，Windows是最有名的操作系统之一。

应用软件又可称为“终端用户”软件，一般用于完成某些通用任务，例如，文字处理和数据分析。这些通用的软件广泛地用于几乎所有行业，是拥有计算机能力必须要掌握的一种软件。例如，用于在互联网上浏览网页、搜索信息的浏览器Internet Explorer就是一种最常用的应用软件。

随着计算机的发展，硬件系统和软件系统的关系主要体现在以下3个方面：一是硬件和软件互相依存。硬件是软件赖以工作的物质基础，软件的正常工作是硬件发挥作用的唯一途径。二是硬件和软件无严格界线。随着计算机技术的发展，在许多情况下，计算机的某些功能既可以由硬件实现，也可以由软件来实现。三是硬件和软件协同发展。计算机软件随硬件技术的迅速发展而发展，而软件的不断发展与完善又促进硬件的更新，两者密切地交织发展，缺一不可。

计算机系统的基本组成如图1.3.1所示。

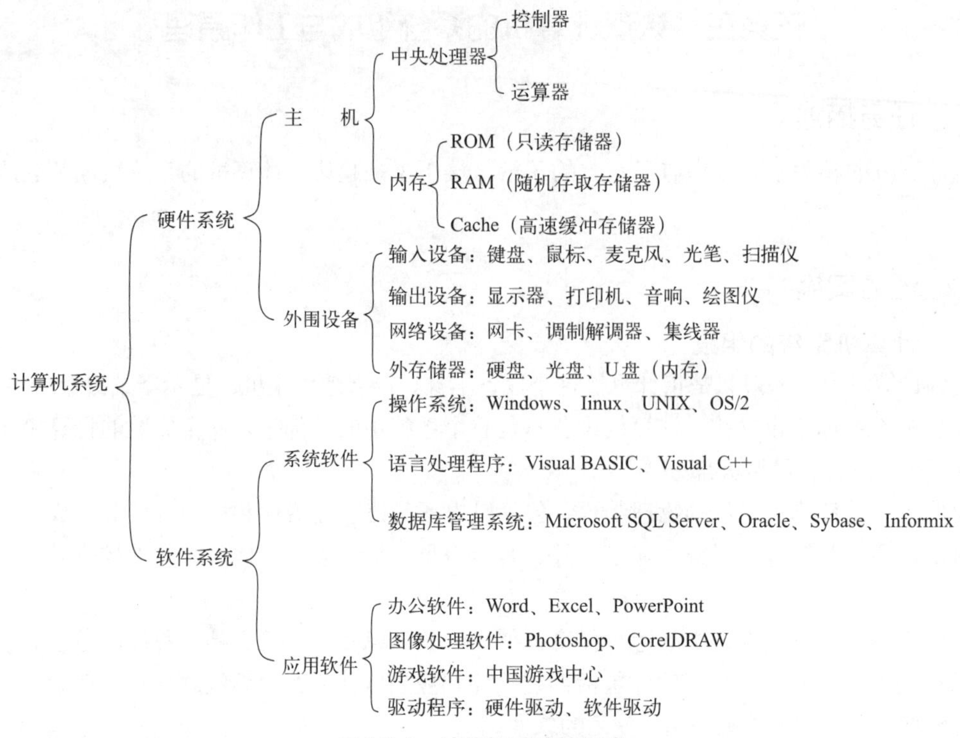

图1.3.1　计算机系统的组成

二、计算机系统的工作原理

1. 冯·诺依曼设计思想

1946年美籍匈牙利人冯·诺依曼提出了存储程序原理，奠定了计算机的基本结构和工作原理的技术基础。他的全部设计思想实际上是对程序存储概念的具体化。存储程序原理的主要思想是：将程序和数据存放到计算机内部的存储器中，计算机在程序的控制下一步一步进行处理，直到得出结果。按此原理设计的计算机称为存储程序计算机，或称冯·诺依曼结构计算机。今天我们所使用的计算机，不论机型大小都属于冯·诺依曼结构计算机（由运算器、控制器、存储器、输入设备和输出设备五大部分构成），如图1.3.2所示。

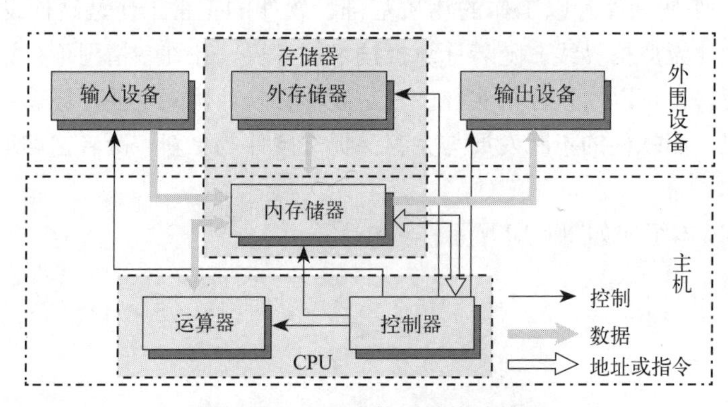

图1.3.2　冯·诺依曼结构计算机

（1）运算器。运算器是计算机中进行算术运算和逻辑运算的主要部件，是计算机的主体。在控制器的控制下，运算器接收待运算的数据，完成程序指令指定的基于二进制数的算术运算或逻辑运算。

（2）控制器。控制器是计算机的指挥控制中心。控制器从存储器中逐条取出指令、分析指令，然后根据指令要求完成相应操作，产生一系列控制命令，使计算机各部分自动、连续并协调动作，成为一个有机的整体，实现程序的输入、数据的输入以及运算并输出结果。

（3）存储器。存储器是用来保存程序和数据，以及运算的中间结果和最后结果的记忆装置。计算机的存储系统分为内部存储器（简称内存或主存储器）和外部存储器（简称外存或辅助存储器）。内存中存放将要执行的指令和运算数据，容量较小，但存取速度快。外存容量大、成本低、存取速度慢，用于存放需要长期保存的程序和数据。当存放在外存中的程序和数据需要处理时，必须先将它们读到内存中，才能进行处理。

（4）输入设备。输入设备是用来完成输入功能的部件，即向计算机送入程序、数据以及各种信息的设备。

（5）输出设备。输出设备是将计算机工作的中间结果及处理后的结果进行表现的设备。

2. 冯·诺依曼结构的主要特点

（1）存储程序控制。要求计算机完成的功能，必须事先编制好相应的程序，并输入到存储器中，计算机的工作过程是自动执行程序的过程。

（2）程序由指令构成，程序和数据都用二进制数表示。

（3）指令由操作码和地址码构成。

（4）机器以CPU为中心。

3. 计算机的工作过程

了解了"程序存储"，再去理解计算机工作过程就变得十分容易。如果想让计算机工作，就得先把程序编出来，然后通过输入设备送到存储器中保存，即程序存储。接下来就是执行程序。根据冯·诺依曼的设计，计算机应能自动执行程序，而执行程序又归结为逐条执行指令。

（1）取出指令。从存储器某地址中取出要执行的指令送到CPU内部的指令寄存器暂存。

（2）分析指令。把保存在指令寄存器中的指令送到指令寄存器，译出该指令的微操作。

（3）执行指令。根据指令译码器向各个部件发出相应控制信号，完成指令规定的操作。

（4）为执行下一条指令做好准备，即形成下一条指令地址。

三、计算机的硬件和软件系统

计算机系统由硬件系统和软件系统组成，硬件是计算机的物质基础，而软件则是计算机的灵魂。微型计算机是使用最广泛、发展最快的一种计算机类型，遍及人们的生活和工作中的各个领域，由此，以微型计算机为例来介绍硬件系统和软件系统的组成。

1. 硬件系统的组成

微型计算机的硬件系统由不同的设备构成，从外观上看，有主机、显示器、键盘、鼠标、扬声器等，如图1.3.3所示。这些能够看得见、摸得着的设备就是常

图1.3.3 计算机外观

说的“硬件”。键盘和鼠标都是给计算机输送信息的，于是称它们为输入设备；显示器、扬声器是为计算机向外界传达信息的，于是称它们为输出设备。常用的输入设备还有扫描仪、数码照相机、触摸屏、影碟机等，常用的输出设备还有打印机、绘图仪、投影仪等。

（1）认识主机。主机的外观是一个机箱，在这个机箱的正面和背面都有一些接口，使一些外围设备能够与主机进行连接，如图1.3.4所示。

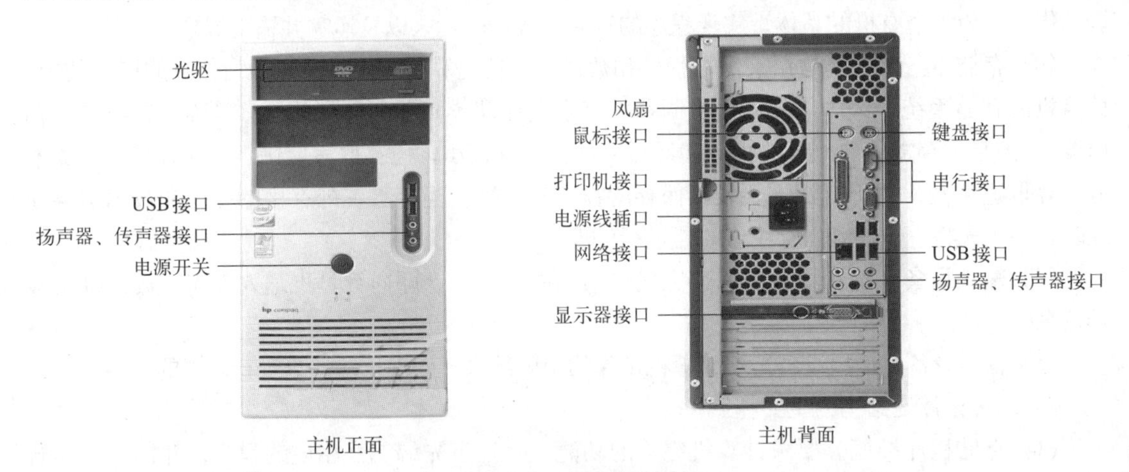

图1.3.4　主机外观图

打开机箱一侧的盖子，可以看到主机的内部结构。主机内部还有很多的硬件部件，有CPU、主板、内存、显卡、声卡、网卡、硬盘、光驱和电源，如图1.3.5所示。

图1.3.5　主机内部结构图

（2）认识主机中的三大主要部件。

① CPU（Center Processing Unit，中央处理器）是计算机的核心部件，能控制和处理数据。

它的性能决定了整台计算机的性能，其主要指标有主频即CPU的时钟频率（用来表示CPU的运行速度）、外频即CPU的外部时钟频率、内部缓存（L1 Cache）和外部缓存（L2 Cache）等。主频越高，表明CPU的运行速度越快，当然价格也越高。至于CPU内核的内部结构，就更为复杂。CPU的基本运算操作有3种：读取数据、对数据进行处理、把数据写回到存储器上。由于所有的计算都要在很小的芯片上进行，所以CPU内核会散发出大量的热量，核心内部温度可以达到上百摄氏度，而表面温度也会有数十摄氏度，一旦温度过高，就会造成CPU运行不正常甚至烧毁。CPU的外观如图1.3.6所示，分别是Intel公司和AMD公司的CPU。

Intel公司的CPU

AMD公司的CPU

图1.3.6　CPU外观图

② 主板，也称主机板，是安装在机箱内的最大的一块电路板，也是一台计算机的躯干。在它的身上，最显眼的是各种形状的插槽，CPU、显卡、内存条等设备就是插在这些插槽中与主板联系起来的。除此之外，还有各种元器件和接口，它们将机箱内的各种设备连接起来。有了主板，计算机的CPU才能控制硬盘、光驱等外围设备。一台计算机的整体运行速度和稳定性在相当程度上取决于主板的性能。主板的外观如图1.3.7所示。

图1.3.7　主板外观图

③ 内存，也称内存储器，用于存放当前待处理的信息和常用信息，其容量不大，但存取迅速快。内存包括RAM（随机存取存储器）、ROM（只读存储器）和Cache（高速缓冲存储器），其中RAM是计算机的主存储器，俗称内存条，其最大特点是关机或断电后数据便会丢失，所以有时也称它为中间存储器。一般用刷新时间评价RAM的性能，单位为ns（纳秒），刷新时间越小存取速度越快。内存条外观如图1.3.8所示。

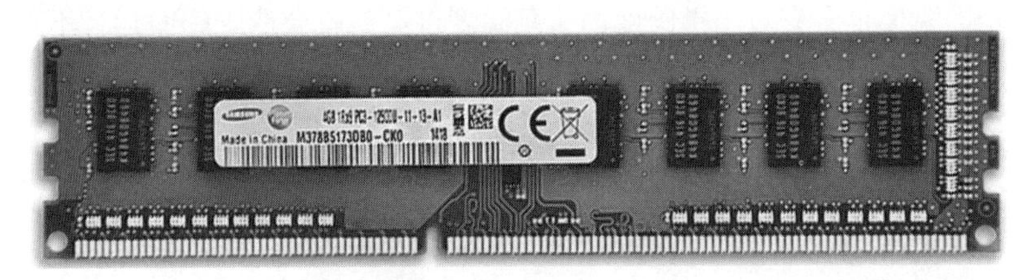

图1.3.8　内存条外观图

（3）机箱和电源（见图1.3.9）。机箱作为计算机配件中的一部分，一般包括外壳、支架、面板上的各种开关、指示灯等，它的主要作用是放置和固定各计算机配件，起到一个承托和保护的作用。此外，机箱具有屏蔽电磁辐射的重要作用。计算机电源是一种安装在主机箱内的封闭式独立部件，它的作用是将交流电通过一个开关电源变压器换为5 V、−5 V、+12 V、−12 V、+3.3 V等稳定的直流电，以供应主机箱内系统板、硬盘驱动及各种适配器扩展卡等使用，电源的额定功率一般为250 W ～450 W等多种型号。

图1.3.9　机箱和电源外观图

（4）认识辅助存储设备。存储设备是计算机的仓库，包括内存和外存，用于保存数据信息。相对于内存的临时存储功能而言，外存在关机或断电后仍能保存数据，可谓真正的存储设备。常见的辅助存储设备主要有硬盘、光盘和移动存储设备等。

① 硬盘。硬盘常用来存储程序和大型数据文件，是计算机主要的存储媒介之一，由一个或多个铝制或玻璃制的碟片组成，这些碟片外覆盖有铁磁性材料。绝大多数硬盘都是固定硬盘，被永久性地密封固定在硬盘驱动器中，如图1.3.10所示。硬盘类型一般有IDE和SCSI之分，后者读写速度远高于前者，目前台式机上基本都是采用SATA、SAS接口的硬盘。硬盘的存储容量大，常见的有几百GB、1～3 TB等，读写速度快，安装在机箱内。硬盘还有一个衡量指标是转速，单位为r/min。一般硬盘的转速都达到5 400～7 200 r/min，有些硬盘转速可达10 000～15 000 r/min。

图1.3.10　硬盘外观图

② 光盘。光盘的存储原理比较特殊，里面存储的信息不能被轻易地改变。光盘采用激光技术，具有存储容量大，便于携带，读写速度较快（但比硬盘慢）的特点。光盘驱动器（简称光驱）是用来读取光盘的设备，如图1.3.11所示。光盘只是一个统称，它分成两类，一类是只读型光盘，如CD-ROM、DVD-ROM等，CD-ROM容量一般有650 MB、700 MB等，可以在一般的光驱中使用，它的特点是只能读不能写。DVD-ROM比CD-ROM容量大，这种光盘需用DVD光驱才能播放。另一类是可记录型光盘，如CD-R、CD-RW，可在光盘刻录机（见图1.3.12）中将数据刻录到光盘上，CD-R只能刻写不能擦除，而CD-RW可以反复擦写，但都能在普通光驱中使用。

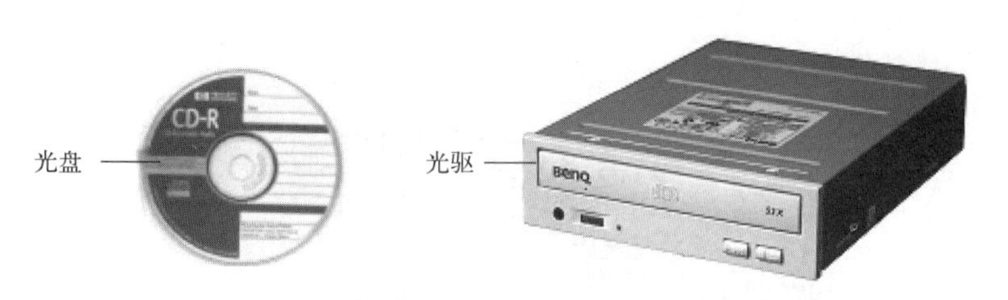

图1.3.11　光驱与光盘

图1.3.12　光盘刻录机

③ 可移动存储设备。主要有U盘和移动硬盘。U盘（见图1.3.13）是闪存的一种，最大的特点就是小巧便于携带、存储容量大、可靠性高、使用寿命长、价格便宜，U盘容量有16 GB、64 GB、128 GB、1 TB甚至更高。移动硬盘（见图1.3.13）是一种大容量的移动存储设备，容量一般有几百GB到3 TB不等，一般采用USB、IEEE1394等传输速率较快的接口。市场上还有一种固态硬盘（Solid State Disk，SSD），是用固态电子存储芯片阵列而制成的硬盘，如图1.3.14所示，由控制单元和存储单元（Flash芯片、DRAM芯片）组成。

图1.3.13 U盘与移动硬盘

图1.3.14 SSD硬盘

相关知识

U盘使用完毕后，关闭一切窗口，尤其是关闭U盘的窗口，正确拔下U盘前，要右击右下角的USB设备图标，再依次单击“安全删除硬件”和“停止”按钮，在弹出的窗口中，单击“确定”按钮。当右下角出现“你现在可以安全地移除驱动器了”提示后，才能将U盘从机箱上拔下。

（5）认识输入设备。输入设备是用来向计算机输入命令、程序和数据信息的设备。也就是说，输入设备将人们能理解的数据和程序翻译成计算机能运行的形式。常见的输入设备有键盘、鼠标、扫描仪、手写板、传声器、摄像头等。

① 键盘。通过键盘，可以将数据或命令输入到计算机中。现常见的键盘有104键，如图1.3.15所示。另外，为了方便使用，有些键盘还增加了一些扩充功能键，例如，一键上网、快速关机等。

图1.3.15 键盘外观图

② 鼠标。使用鼠标，在很多操作上比使用键盘更为方便。从外观上分，鼠标有两键鼠标和三键鼠标，有的还带有方便浏览的滚轮；从工作原理上分，有光电鼠标和机械鼠标，光电鼠标的灵敏度和分辨率比机械鼠标要高；从接口上分，有串行鼠标、PS/2鼠标和USB鼠标，另外，鼠标还有有线鼠标和无线鼠标之分，如图1.3.16所示。

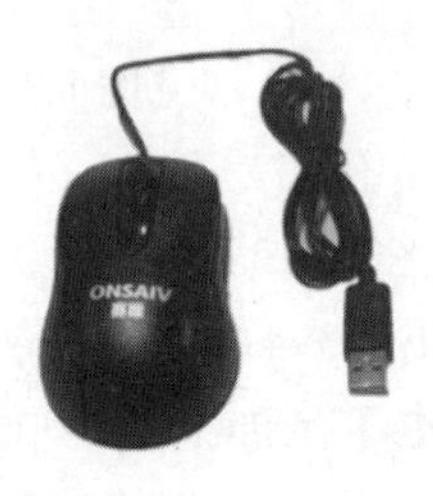

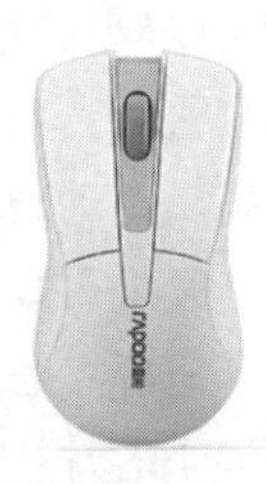

图1.3.16 有线鼠标和无线鼠标

③ 扫描仪。扫描仪可以把报刊杂志或书籍上的图片、文字直接输入到计算机中，如图1.3.17所示。

图1.3.17　扫描仪外观

④ 手写板。手写笔在手写板上写字可以方便地把文字录入到计算机中，还可以进行计算机绘画。

⑤ 耳麦。即耳机和麦克风（传声器），其中麦克风可以将声音信息录入到计算机中。

（6）认识输出设备。输出设备是用于输出信息的设备，能将经计算机处理后的数据转换成人们能理解的形式。常见的输出设备有显示器、打印机、扬声器等。

① 显示设备。显卡是连接主机与显示器的接口卡，如图1.3.18所示，插在主板的PCI或AGP插槽中。其作用是将主机的输出信息转换成字符、图形和颜色等信息传送到显示器，主要由PCB板、图形芯片（GPU）、显存构成。图形芯片相当于计算机的CPU，它的主要任务是处理显示信息，在处理信息的过程中，会产生大量的临时数据，这就需要一个专门的地方来存放这些临时数据，那就是显示内存，它也可能是一个芯片，也可能只是芯片的一部分，这要看是独立显卡还是集成显卡。显卡的分辨率越高，屏幕上显示的像素点就越多，图像越逼真，所需的显示内存也就越多，现在普遍显存已达256 MB以上。

图1.3.18　显卡外观

目前市场上显示器的类型主要有CRT显示器和液晶显示器，如图1.3.19所示。液晶显示器具有轻薄、无辐射和省电等优点，适合长时间学习、上网浏览和写作，但价格较贵。缺点是色彩表现不如纯平显示器、响应时间较慢、播放影片或游戏中的激烈场面时会产生拖影。显示器的主要技术指标有屏幕尺寸、点间距和刷新频率等。显示器的屏幕尺寸是指显示屏幕对角线的长度，常用的有14 in、15 in、17 in和19 in等；点间距越小显示的图像越精细，常见有0.28 mm、0.26 mm和0.25 mm等；刷新频率是指屏幕每秒刷新次数，一般在60～90 Hz之间，过低容易使眼睛疲劳。

CRT显示器

液晶显示器

图1.3.19　显示器

② 声卡及扬声器。声卡是多媒体计算机的主要部件之一，是记录和播放声音所需的硬件，如图1.3.20所示。计算机游戏、多媒体教育软件、播放CD、VCD和语音识别、网上电话等，都

离不开声卡。通过它，来自传声器、收录音机的声音可保存到计算机中，声卡上面有连接扬声器、传声器、游戏杆和MIDI设备的接口。目前大多数主板已经集成了声卡。

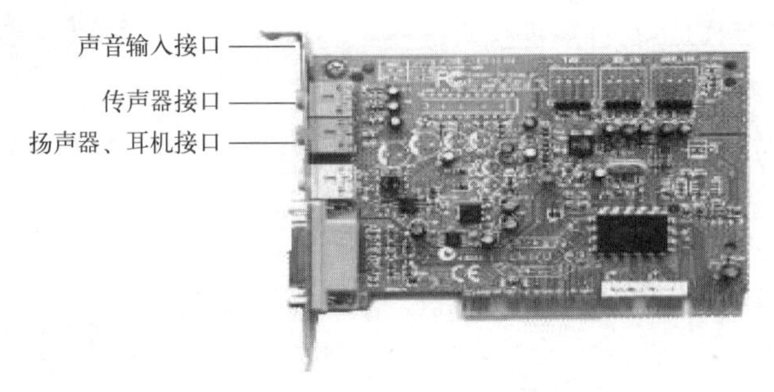

图1.3.20　声卡外观图

扬声器是播放声音的设备，如图1.3.21所示，现在它已成为多媒体计算机的必选设备。扬声器的输入阻抗一般分为高阻抗和低阻抗两类，高于16 Ω 的是高阻抗，低于8 Ω 的是低阻抗，扬声器的标准阻抗是8 Ω，一般购买低阻抗的扬声器。

图1.3.21　扬声器外观图

③ 网卡。网卡也被称作网络接口卡，主要提供对网络的连接。每种网卡针对一种特定的网络，如以太网、令牌环网、FDDI等，并向特定的电缆提供一个连接点，如同轴电缆、双绞线电缆、光缆等。网卡的接口类型根据传输介质的不同有AUI接口（粗缆接口）、BNC接口（细缆接口）和RJ-45接口（双绞线接口）3种。在选用网卡时，应注意网卡所支持的接口类型。网卡的首要性能指标就是它的速度即带宽，分为10M网卡、100M网卡、10/100M自适应网卡、1000M网卡几种。100M网卡能够自动识别端口速率是10 Mbit/s还是100 Mbit/s，即高速网卡可用于低速网络，这种特性称为“自适应”。网卡外观如图1.3.22所示。

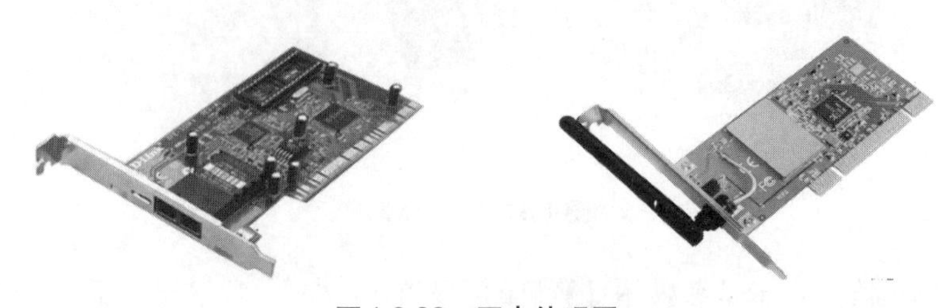

图1.3.22　网卡外观图

④ 路由器。路由器是用于多个逻辑上分开的网络设备，可以用来建立局域网，可实现家庭中多台计算机同时上网，也可将有线网络转换为无线网络。如今手机、平板电脑的广泛使用，使路由器成为不可缺少的网络设备。智能路由器也随之出现，其具有独立的操作系统，可以实现智能化管理路由器，安装各种应用，自行控制带宽、自行控制在线人数、自行控制浏览网页、自行控制在线时间、同时拥有强大的USB共享功能等。目前，市场上主流的路由器品牌有TP-LINK、Tenda等，如图1.3.23所示。

图1.3.23 路由器外观图

⑤ 打印机。打印机将计算机中的文字、图像等信息输出到纸张上，主要技术指标是打印分辨率，即每英寸所打印的点数（dpi），其值越大打印精度越高。如图1.3.24所示，打印机分为3类：针式打印机，价格低、使用寿命长、耗材便宜、维护方便，但它噪声大、速度慢、清晰度不够高，所以使用者已越来越少，一般在需要打印蜡纸或打印复写票据的一些行业中使用。喷墨打印机，价格比较便宜，打印速度较快，打印效果较好，而且目前的喷墨打印机几乎都可以打印彩色图像，因此常被家庭用户所选用，它的缺点是耗材（墨水）较贵。激光打印机，相对于前两种类型打印机，价格较高，但打印速度快，打印效果好。

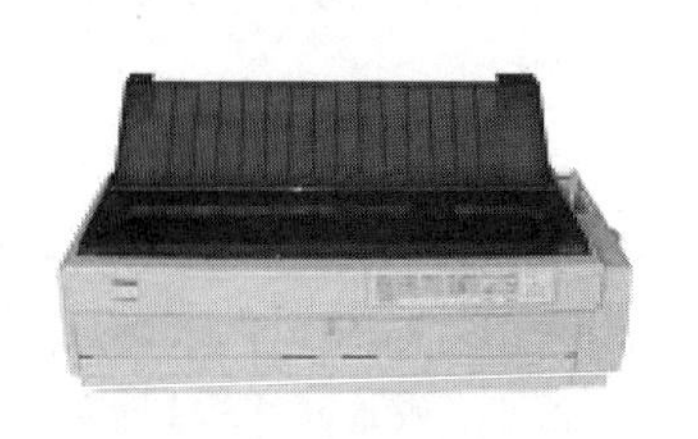

针式打印机

喷墨打印机

激光打印机

图1.3.24 打印机外观图

（7）认识外围设备接口。

① 串行接口。计算机的标准接口称为串行接口，简称“串口”，现在的PC一般有两个串行口COM1和COM2。串行口不同于并行口之处在于它的数据和控制信息是一位接一位地传送出去的。虽然这样速度会慢一些，但传送距离较并行口更长，因此若要进行较长距离的通信时，应使用串行口。通常COM1使用的是9针D形连接器，如图1.3.25所示，而COM2有一部分使用的是老式的DB25针连接器。

② 并行接口。并行接口又称“并口”。目前，计算机中的并行接口LPT 1主要作为打印机端口，这是25针D形双排针插座接头，如图1.3.26所示。所谓“并行”，是指8位数据同时通过并行线进行传送，这样数据传送速率大大提高；但并行传送的线路长度受到限制，因为长度增加，干扰就会增加，数据也就容易出错。现在常见的EPP口（增强并行口）可以连接各种非打印机设备，如扫描仪、LAN适配器、磁盘驱动器和CD-ROM驱动器等。

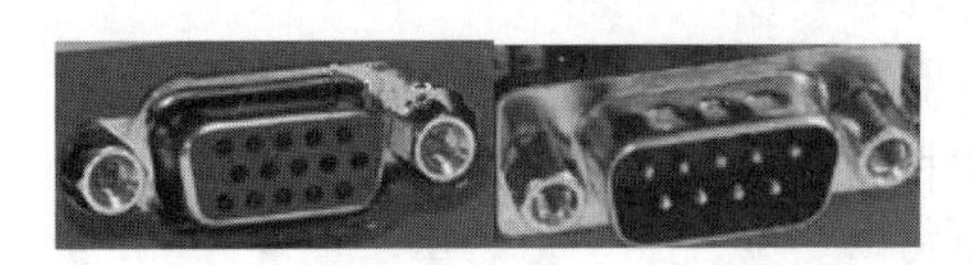
图1.3.25　串行接口

图1.3.26　并行接口

③ USB接口。USB（Universal Serial Bus，通用串行总线）是在PC领域广为应用的新型接口技术，如图1.3.27所示。理论上讲，USB技术由具备USB接口的PC系统、能够支持USB系统软件和使用USB接口的设备3部分组成。例如，打印机、扫描仪、Modem等。物理的USB插头是小型的，与典型的串口或并口电缆不同，插头不是通过螺钉和螺母连接。理论上USB可以串联连接127个设备，但在实际应用测试中，也许串联3～4个设备就已经力不从心了。而且作为USB产品本身，只有键盘具备输入、输出双头设计，其他产品一律只有一个输入接口，所以就无法再连接另外一个USB设备。此时如果需要进行多个USB设备的连接，就需要一个连接的桥梁——USB HUB。

新的USB标准为USB 3.0，其数据传输率达500 Mbit/s，同时保持了很好的兼容性，数据电缆和接口与以前的接口相同。USB已经在PC的多种外围设备上得到应用。输出设备方面，包括扫描仪、数码照相机、数码摄像机、音频系统、显示器等。扫描仪、数码照相机和数码摄像机是最早使用USB技术的产品，这几种产品主要还是利用USB的高速数据传输能力。输入设备方面，USB键盘、鼠标器以及游戏杆都表现得极为稳定，很少出现问题。

④ IEEE 1394接口。计算机接口IEEE 1394，俗称火线接口，如图1.3.28所示，数据传输速率一般为800 Mbit/s，主要用于视频的采集，在高端主板与数码摄像机（DV）上常见。IEEE 1394接口具有高速、可热插拔等特点，在视频系统中被广泛应用。由于计算机的飞速发展，可通过1394接口简单地将数码照相机中的数据直接送到PC中进行处理，或通过1394接口传输到1394硬盘中保存，1394接口还可以用于网络连接，高速传输数据。数码照相机和摄像机常用USB或1394接口。

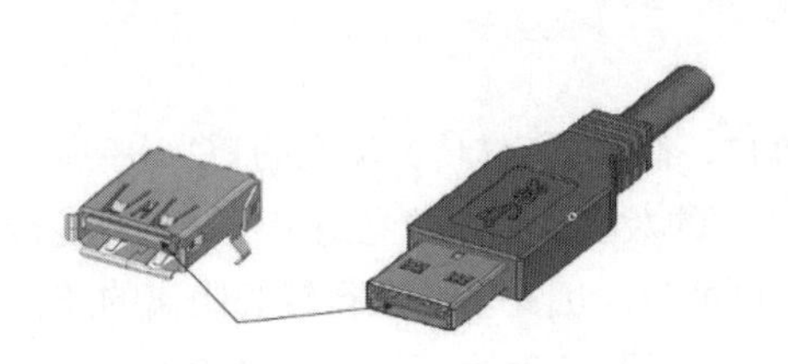
图1.3.27　USB接口

图1.3.28　IEEE1394接口

⑤ 网络RJ-45接口。RJ-45接口通常用于数据传输，共有8芯。最常见的应用为网卡接口，主要用来连接10 Mbit/s/100 Mbit/s/1 Gbit/s网线（双绞线），如图1.3.29（a）所示。

⑥ PS/2接口。PS/2接口最初是IBM公司的专利，俗称"小口"。这是一种鼠标和键盘的专用接口，是一种6针的圆形接口，如图1.3.29（b）所示。

⑦ VGA口。显卡所处理的信息最终都要输出到显示器上，显卡的输出接口就是计算机与显示器之间的桥梁，它负责向显示器输出相应的图像信号。VGA接口就是显卡上输出模拟信号的

接口，即显示器或投影机的信号接口，接口一般为D形三排15针插口，如图1.3.29（c）所示。

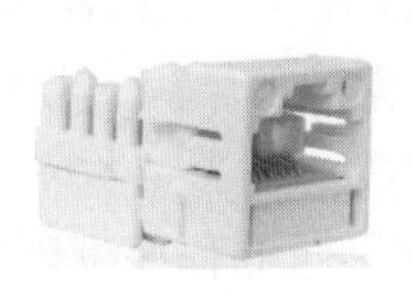
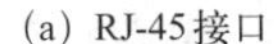

(a) RJ-45接口

(b) PS/2接口

(c) VGA接口

图1.3.29　其他常见接口

⑧ 电源接口。顾名思义，是为设备供电接电源线用的。

2. 软件系统的组成

计算机软件系统也是计算机系统重要的组成部分。没有软件支持的计算机称为"裸机"，只是一些物理设备的堆砌，几乎是不能工作的。一台性能优良的计算机硬件系统能否发挥其应有的功能，取决于为之配置的软件是否完善、丰富。因此，在使用和开发计算机系统时，必须熟悉与硬件配套的各种软件。从计算机系统的角度划分，计算机软件分为系统软件和应用软件。

（1）系统软件。系统软件是计算机最基本的软件，负责管理、控制、维护、开发计算机的软硬件资源，提供给用户一个便利的操作界面，也提供编制应用软件的资源环境，实现操作者对计算机最基本的操作。它最接近计算机硬件，其他软件都要通过它利用硬件特性才能发挥作用。系统软件具有通用性，主要为其他软件提供服务，包括操作系统、程序设计语言及其处理程序、数据库管理系统等。

① 操作系统。操作系统（Operating System，OS）是用户和计算机之间的接口，在软件系统中居于核心地位，负责对所有的软、硬件资源进行统一管理、调度及分配。操作系统是最底层的系统软件，它实际上是一组程序，用于统一管理计算机资源，合理组织计算机的工作流程，协调计算机系统各部分之间、系统与用户之间、用户与用户之间的关系。操作系统占有重要的地位，所有其他系统软件与应用软件都在操作系统基础之上，并得到它的支持和取得它的服务。从用户的角度来看，当计算机配置了操作系统后，用户不再直接操作计算机硬件，而是利用操作系统所提供的命令和服务去操作计算机，也就是说，操作系统是用户与计算机之间的接口。通常操作系统具有5个方面的功能，即操作系统的五大任务：内存储器管理、处理机管理、设备管理、文件管理和作业管理。DOS、Windows、UNIX、Linux等都是操作系统，其中Windows是最常用的操作系统。

② 程序设计语言。程序设计语言是用来编制程序的计算机语言，是人们与计算机之间交换信息的工具，也是人们指挥计算机工作的工具。通常用户在用程序设计语言编写程序时，必须要满足相应语言的语法格式，并且逻辑要正确。只有这样，计算机才能根据程序中的指令做出相应的动作，完成用户所要求完成的各项工作。程序设计语言是系统软件的重要组成部分，一般可分为机器语言、汇编语言和高级语言。语言处理程序提供对程序进行编辑、解释、编译、连接的功能，将用汇编语言和高级语言编写的源程序翻译成机器语言目标程序。

机器语言是由二进制代码组成、完全面向机器、能直接被计算机接受并执行的指令序列。

用机器语言编写的程序称为机器语言程序，又称目标程序，可以直接在计算机上运行。机器语言的缺点是不便于记忆、阅读和书写。

汇编语言是用助记符号代替二进制指令代码，每一个符号对应一条机器指令的符号语言，即符号化了的机器语言。用汇编语言编制的程序不能直接在计算机上运行，需要经过汇编过程，即将汇编语言程序翻译成机器语言程序的过程，才能运行。

高级语言是接近于自然语言和数学语言、易于理解、面向问题的程序设计语言。机器语言和汇编语言都是面向机器的低级语言，它们对机器的依赖性很大，用它们开发的程序通用性很差。而且要求程序的开发者必须熟悉和了解计算机硬件的每一个细节，因此，它们面对的用户是计算机专业人员，普通的计算机用户是很难胜任这一工作的。而高级语言与计算机具体的硬件无关，其表达方式接近于被描述的问题，接近于自然语言和数学语言，容易被人们掌握和接受。计算机高级语言已有上百种之多，最常用的高级语言有Pascal、Basic、C语言、Java语言等。同样，用高级语言编制的程序也不能直接在计算机上运行，必须将其翻译成机器语言程序才能为计算机所理解并执行。将高级语言编写的程序翻译成机器语言程序的过程有编译和解释两种方式。编译是将用高级语言编写的源程序全部翻译成目标程序，然后将目标程序交给计算机运行。解释是对用高级语言编写的源程序逐句进行分析，边解释、边执行并立即得到运行结果，但不产生目标程序。

例如，对于字长16位的双地址指令：01100000 10000100，第15～12位0110为操作码，表示“加”操作；第11～6位000010为操作数地址码，代表示存储器“B”；第5～0位000100为目标操作数地址码，代表示存储器“A”。该指令在运行时，执行的操作是将存储器A中的内容与存储器B中的内容相加，并将结果存放在存储器A中。这条指令分别用机器语言、汇编语言和高级语言表示的形式如下：

机器语言形式：0110000010000100；

汇编语言形式：ADD　B，A；

高级语言形式：A＝A＋B。

③ 数据库管理系统。数据库管理系统（DataBase Management System，DBMS）是由数据库及其管理软件组成的系统，是对计算机中所存储的大量数据进行组织、管理、查询并提供一定处理功能的大型计算机软件。因为大量的应用软件都需要数据库的支持，所以数据库管理系统也是十分重要的一个系统软件。目前比较流行的数据库管理系统有Microsoft SQL Server、Oracle、Sybase和Informix等。

（2）应用软件。应用软件是指为解决某一领域的具体问题而编制的软件产品，涉及计算机应用的各个领域。绝大多数用户都需要使用应用软件，为自己的工作和生活服务，例如，办公软件、图像处理程序、各类信息管理系统等。

四、计算机的数制转换

在计算机出现之前，人们用字母、数字和符号等以自然语言的形式传达指令，处理信息。但是，计算机是一组电子电路系统，无法直接识别自然语言，指令必须转换成机器能识别的形式。

1. 数制的概念

数制也称计数制，是人们利用符号来计数的科学方法，指用一组固定的符号和统一的规则来表示数值的方法。

（1）进位计数制有3个要素：数码、进位基数和位权。在日常生活中人们经常要用到许多数制，例如，十进制采用逢十进一，还有六十进制（每分钟60秒、每小时60分钟，即逢六十进一）、十二进制、十六进制等。

（2）十进制（Decimal）。基数为10，10个计数符号：0、1、2、…、9。每一个数码符号根据它在这个数中所在的位置（数位），按“逢十进一”来决定其实际数值。

（3）二进制（Binary）。基数为2，2个计数符号：0和1，“逢二进一”。

（4）八进制（Octal）。基数为8，8个计数符号：0、1、2、…、7，“逢八进一”。

（5）十六进制（Hexadecimal）。基数为16，16个计数符号：0～9，A，B，C，D，E，F。其中A～F对应十进制的10～15，逢十六进一。

2. 书写规则

（1）在数字后面加写相应的英文字母作为标识。

① B：表示二进制数。

② O：表示八进制数。但为了避免字母O与数字0相混淆，常用Q代替O。

③ D：表示十进制数。一般约定D可省略，即无后缀的数字为十进制数字。

④ H：表示十六进制数。

（2）在括号外面加数字下标。

$(100101)_2$：表示二进制数的100101　　$(2563)_8$：表示八进制数的2563

$(66597)_{10}$：表示十进制数的66597　　$(3DF6)_{16}$：表示十六进制数的3DF6

注意：不同的进制，由于其进位的基数不同，权值也不同。

例1：十进制数23689.35的位权展开形式为：

$$(23689.35)_{10} = 2\times10^4 + 3\times10^3 + 6\times10^2 + 8\times10^1 + 9\times10^0 + 3\times10^{-1} + 5\times10^{-2}$$

小数点左边：从右向左，每一位对应权值分别为10^0、10^1、10^2、10^3、10^4。

小数点右边：从左向右，每一位对应的权值分别为10^{-1}、10^{-2}。

例2：二进制数$(100101.01)_2$的位权展开形式为：

$$(100101.01)_2 = 1\times2^5 + 0\times2^4 + 0\times2^3 + 1\times2^2 + 0\times2^1 + 1\times2^0 + 0\times2^{-1} + 1\times2^{-2}$$

小数点左边：从右向左，每一位对应的权值分别为2^0、2^1、2^2、2^3、2^4、2^5。

小数点右边：从左向右，每一位对应的权值分别为2^{-1}、2^{-2}。

提示：一般而言，对于任意的R进制数$a_{n-1}a_{n-2}\cdots a_1a_0a_{-1}\cdots a_{-m}$（其中$n$为整数位数，$m$为小数位数，$R$为基数），可以表示为以下和式：

$$a_{n-1}\times R^{n-1} + a_{n-2}\times R^{n-2} + \ldots + a_1\times R^1 + a_0\times R^0 + a_{-1}\times R^{-1} + \cdots + a_{-m}\times R^{-m}$$

3. 不同数制之间的转换

（1）十进制数转换为二进制数。将其整数部分与小数部分分别转换，然后组合起来。

① 十进制整数转换为二进制整数。将十进制整数转换为二进制整数时采用除2取余法。其具体做法是：将十进制数除以2，得到一个商数和余数；再将这个商数除以2，又得到一个商数

和余数；继续这个过程，直到商数等于零为止。将每次取得的余数部分从下到上逆序排列即得到所对应的二进制整数。

例3：将十进制的整数57转换为二进制数。

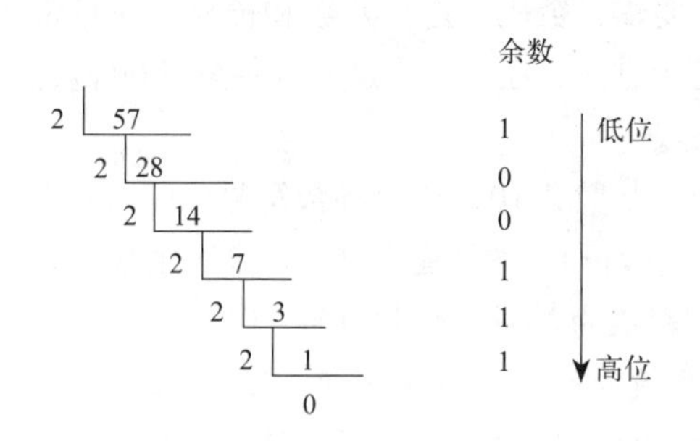

即$(57)_{10}=(111001)_2$。

② 十进制小数转换为二进制小数。将十进制小数转换为二进制小数时采用乘2取整法。其具体做法是：用2乘十进制纯小数，取出乘积的整数部分；再用2乘余下的纯小数部分，再取出乘积的整数部分；继续这个过程，直到余下的纯小数为0，或者已得到足够的位数为止。最后将每次取得的整数部分从上到下顺序排列即得到所对应的二进制小数。

例4：将0.6875转换成二进制。

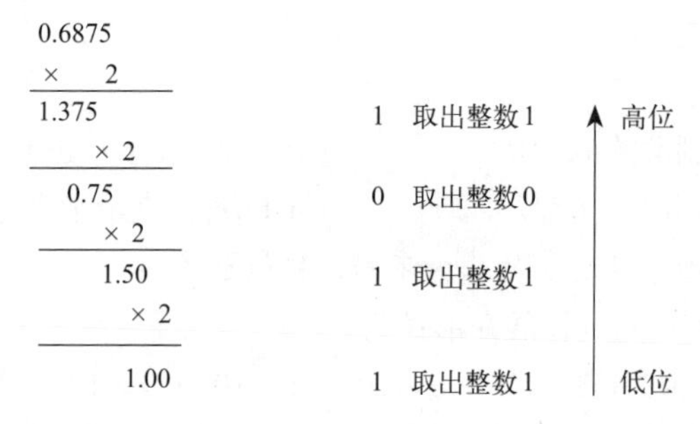

即$(0.6875)_{10}=(0.1011)_2$。

（2）二进制数转换成十进制数。把二进制数转换为十进制数的方法是，将二进制数按权展开后求和即可。

例5：求$(1100101.101)_2$的等值十进制。

$$(1100101.101)_2 = 1\times2^6+1\times2^5+0\times2^4+0\times2^3+1\times2^2+0\times2^1+1\times2^0\times2^{-1}+0\times2^{-2}+1\times2^{-3}$$
$$=64+32+0+0+4+0+1+0.5+0.125$$
$$=(101.625)_{10}$$

即$(1100101.101)_2=(101.625)_{10}$。

（3）十进制数转换成八进制数、十六进制数。十进制数转换成非十进制数的方法是：整数部分和小数部分分别进行转换，整数部分采用“除基数取余法”，小数部分采用“乘基数取整法”。对于八或十六进制数，整数部分采用除8或16取余法，小数部分采用乘8或16取整法。

例6：将十进制数277转换成八进制数。

8	277	余数
8	34	5（八进制）
8	4	2（八进制）
	0	4（八进制）

即$(277)_{10}=(425)_8$。

（4）八进制数、十六进制数转换成十进制数。非十进制数转换成十进制数的方法是，把各个非十进制数按权展开后求和。对于八进制数或十六进制数可以写成8或16的各次幂之和的形式，然后再计算其结果。

例7： 将八进制数$(12321.2)_8$转换为十进制数。

$$(12321.2)_8 = 1\times 8^4+2\times 8^3+3\times 8^2+2\times 8^1+1\times 8^0+2\times 8^{-1}$$
$$= 4096+1024+192+16+1+0.25$$
$$= (5329.25)_{10}$$

即$(12321.2)_8 = (5329.25)_{10}$。

例8： 将十六进制数$(3AF.2A)_{16}$转换为十进制数。

$$(3AF.2A)_{16} = 3\times 16^2 + 10\times 16^1 +15\times 16^0 +2\times 16^{-1} +10\times 16^{-2} = (943.1640625)_{16}$$

即$(3AF.2A)_{16}=(943.1640625)_{16}$。

（5）二进制、八进制、十六进制之间的转换。

① 二进制数转换成八进制数。以小数点为界，整数部分从低位到高位将二进制数的每三位分为一组，若不够三位时，在高位左边添0；小数部分从小数点开始，自左向右每三位一组，若不够三位时，在低位右边添0，补足三位，然后将每三位二进制数用一位八进制数替换即可完成。

例9： 把$(10110101.01101)_2$转换为八进制数。

二进制数：010　110　101．011　010

　　　　　↓　　↓　　↓　　↓　　↓

八进制数：2　　6　　5　　3　　2

即$(10110101.01101)_2= (265.32)_8$。

② 八进制数转换成二进制数。以小数点为界，向左或向右每一位八进制数用相应的三位二进制数取代，然后去掉整数部分中最左边的0以及小数部分最右边的0。

③ 二进制数转换成十六进制数。以小数点为界，整数部分从低位到高位将二进制数的每四位分为一组，若不够四位时，在高位左边添0；小数部分从小数点开始，自左向右每四位一组，若不够四位时，在低位右边添0，补足四位，然后将每四位二进制数用一位十六进制数替换即可完成。

④ 十六进制数转换成二进制数。以小数点为界，向左或向右每一位十六进制数用相应的四位二进制数取代，然后去掉整数部分中最左边的0以及小数部分最右边的0。

知识拓展——数据与编码

① 数据的单位。

位（bit）：度量数据的最小单位，二进制只有两个数字：0和1，每一个数字0或1即为一个数据位。

字节（byte）：最常用的基本单位，一个字节用八位二进制数表示，1 byte = 8 bit。将8个二进制位组成一个字节就能表示数字、字母和符号，所以一个字节通常表示一个字符。

字（word）：计算机一次存取、加工、运算和传送的数据长度。

KB：（千字节）。1 KB = 2^{10} byte = 1 024 byte =1 024 × 8 bit。

MB：（兆字节）。1 MB = 1 024 KB。

GB：（吉字节）。1 GB = 1 024 MB。

TB：（太字节）。1 TB = 1 024 GB。

② ASCII码（美国信息交换标准代码）。

在计算机中使用二进制编码方案，将字符用0和1来表示。ASCII码就是用得最多的一种编码方案。ASCII（American Standard Code for Information Interchange，美国信息交换标准代码）是一种西文字符编码，有7位ASCII码（标准ASCII码）和8位ASCII码（扩展ASCII码）两种。标准ASCII码表如表1.3.1所示，共128个字符，其中控制字符为0～32和127，共34个；图形字符为33～126，共94个。

表1.3.1　标准ASCII码表

高4位 / 低4位	0000	0001	0010	0011	0100	0101	0110	0111
0000	NULL	DLE	空格	0	@	P	`	p
0001	SOH	DC1	!	1	A	Q	a	q
0010	STX	DC2	"	2	B	R	b	r
0011	ETX	DC3	#	3	C	S	c	s
0100	EOT	DC4	$	4	D	T	d	t
0101	ENQ	NAK	%	5	E	U	e	u
0110	ACK	SYN	&	6	F	V	f	v
0111	BELL	ETB	,	7	G	W	g	w
1000	BS	CAN	(	8	H	X	h	x
1001	HT	EM	)	9	I	Y	i	y
1010	LF	SUB	*	:	J	Z	j	z
1011	VT	ESC	+	;	K	[	k	{
1100	FF	FS	,	<	L	\	l	|
1101	CR	GS	–	=	M	]	m	}
1110	SO	RS	.	>	N	^	n	~
1111	SI	US	/	?	O	_	o	DEL

常见特殊字符的ASCII码有：

a ～z：1100001～1111010：97～122　　A～Z：1000001～1011010：65～90

0～9：0110000～0111001：48～57　　空格字符（SP）：0100000：32

换行（LF）：0001010：10　　回车（CR）：0001101：13

删除（DEL）：1111111：127

在键盘上按下一个键，这个字符就自动地转换为一连串计算机系统能识别的电子脉冲。例如，在键盘上按下字母A，就会有电子信号传送到计算机的系统单元中。系统单元再将其转换为ASCII码01000001。所有指令和数据，在执行前都必须转换为二进制形式，例如，指令3+5使用ASCII编码方案就需要24位（bit）。

③ BCD码。BCD（Binary-Coded Decimal）码，又称“二–十进制编码”，专门解决用二进制数表示十进数的问题。最常用的是8421编码，如图1.3.2所示。

表1.3.2　十进制数与BCD码的对照表

十进制数	8421码	十进制数	8421码
0	0000	10	0001 0000
1	0001	11	0001 0001
2	0010	12	0001 0010
3	0011	13	0001 0011
4	0100	14	0001 0100
5	0101	15	0001 0101
6	0110	16	0001 0110
7	0111	17	0001 0111
8	1000	18	0001 1000
9	1001	19	0001 1001

④ 汉字编码。汉字编码的标准。汉字编码字符集：1981年《信息交换用汉字编码字符集　基本集》GB 2312—1980（简称GB，国标码）。汉字扩展内码规范：1996年3月全国信息标准化技术委员会颁布了《汉字扩展内部规范》GBK。

•区位码。共有6 763个汉字，并把其分为两级。一级汉字有3 755个，按汉语拼音排列；二级汉字有3 008个，按偏旁部首排列；将汉字分为若干区，每个区中有94个汉字。区号+位号=区位码；区号和位号各加32就构成了国标码。例如，“中”的区位码为5448，国标码为8680。

•汉字的机内码。将国标码的每个字节的最高位由“0”变为“1”，变后的国标码称为汉字机内码。汉字机内码的每个字节都大于128，而ASCII码值都小于128。例如，“中”字的国标码为8680（01010110 01010000），机内码为（11010110 11010000）。

•汉字输入码。衡量一个汉字输入码好坏的标准：编码短；重码少；好学好记。

•音码：以汉语拼音为基础。

•形码，以汉字形状为基础。

•汉字字形码（也称汉字字模）。两种表示方式：点阵表示法和矢量表示法。各种点阵每个汉字所占空间的计算，即$n \times n$点阵字库中每个汉字所占的字节数为$(n \times n)/8$，例如，32×32点阵的一个汉字在计算机内占有128字节的空间。

五、计算机系统主要技术指标

1. 运算速度

运算速度是衡量CPU工作快慢的指标，一般以每秒完成多少次运算来度量。当今计算机的运算速度可达每秒千万亿次。计算机的运算速度与主频（指CPU的时钟频率）有关，还与内存、硬盘等工作速度及字长有关。

2. 字长

字长是CPU一次能同时处理的二进制数据的位数。字长主要影响计算机的精度和速度。字长有8位、16位、32位和64位等。字长越长，表示一次读写和处理的数的范围越大，处理数据的速度越快，计算精度越高。

3. 存储容量

存储容量包括内存和外存的容量，主要指内存的容量。内存（主存）容量是衡量计算机记忆能力的指标。容量大，能存入的字数就多，能直接接纳和存储的程序就长，计算机的解题能力和规模就大。

存储容量的基本单位是字节（byte）。此外，常用的存储容量单位还有KB（千字节）、MB（兆字节）、GB（吉字节）和TB（太字节）。它们之间的关系为：

1 字节（byte）=8 个二进制位（bit）

1 KB=1 024 B

1 MB=1 024 KB

1 GB=1 024 MB

1 TB=1 024 GB

4. 输入／输出数据传输速率

输入／输出数据传输速率决定了可用的外设和与外设交换数据的速度。提高输入／输出传输速率可以提高计算机的整体速度。另外，联网速度也是衡量计算机的技术标准之一。

5. 可靠性

可靠性指计算机连续无故障运行时间的长短。可靠性好，表示无故障运行时间长。

6. 兼容性

任何一种计算机中，高档机总是低档机发展的结果。如果原来为低档机开发的软件不加修改便可以在它的高档机上运行和使用，则称此高档机为向下兼容。

项 目 小 结

本项目介绍了有关计算机最基本的概念以及信息的相关知识，其着重点是让读者熟悉和了解计算机的组装过程。通过本章的学习，读者可以更好地熟悉和使用计算机。

项目二 Windows7 操作系统

项目导读

本项目主要介绍Windows 7的基本操作和文件管理；浏览器的应用；电子邮件的操作。

学习目标：

知识目标	技能目标	职业素养
• 熟悉 Windows 7 操作系统 • 了解文件和文件夹等概念	• 熟练掌握 Windows 7 的基本操作 • 熟练掌握 Windows 7 的文件管理 • 熟练使用浏览器 • 熟练使用电子邮箱	• 自主学习的能力 • 团队协作能力

重点难点： Windows 7常规操作与文件操作管理、浏览器的使用、电子邮件的收发。

建议学时： 4个课时。

课前学习

扫二维码，观看相关视频，并完成以下选择题：

视频

计算机基本操作课前学习

1. 计算机系统中必不可少的软件是（　　）。

   A. 操作系统　　B. 语言处理程序

   C. 工具软件　　D. 数据库管理系统

2. 在Windows 7操作系统中，显示3D桌面的快捷键是（　　）。

   A.【Win+D】　　B.【Win+P】

   C.【Win+Tab】　　D.【Alt+Tab】

3. 要选定多个不连续的文件（文件夹），要先按住（　　）键，再选定文件（文件夹）。

   A.【Alt】　　B.【Ctrl】　　C.【Tab】　　D.【Shift】

4. WWW通过超文本传输协议（HTTP）向用户提供多媒体信息，所提供信息的基本单位是（　　）。

   A. 网页　　B. 超链接

   C. 统一资源定位符　　D. 网站

5. 在Internet电子邮件中，由（　　）协议控制信件中转。

   A. SMTP　　B. TCP/IP和IPX/SPX

   C. HTTP和UD　　D. POP3

任务一　认识Windows 7

任务描述

操作系统是用户和计算机的接口，同时也是计算机硬件和其他软件的接口。本任务要求掌握操作系统的发展概况和Windows 7的主要特点。

视频

Windows 7概述

任务实施

一、操作系统的发展概况

操作系统（Operating System，OS）是管理和控制计算机硬件与软件资源的计算机程序，是直接运行在“裸机”上的最基本的系统软件，任何其他软件都必须在操作系统的支持下才能运行。操作系统是用户和计算机的接口，同时也是计算机硬件和其他软件的接口。操作系统的功能包括管理计算机系统的硬件、软件及数据资源，控制程序运行，改善人机界面，为其他应用软件提供支持等，使计算机系统所有资源最大限度地发挥作用，提供了各种形式的用户界面，使用户有一个好的工作环境，为其他软件的开发提供必要的服务和相应的接口。

操作系统的种类相当多，各种设备安装的操作系统从简单到复杂，可分为智能卡操作系统、实时操作系统、传感器节点操作系统、嵌入式操作系统、个人计算机操作系统、多处理器操作系统、网络操作系统和大型机操作系统；按应用领域划分主要有3种：桌面操作系统、服务器操作系统和嵌入式操作系统。

桌面操作系统主要用于个人计算机上。个人计算机市场从硬件架构上来说主要分为两大阵营：PC与Mac：从软件上可主要分为两大类，分别为类UNIX操作系统和Windows操作系统。

Windows是微软公司（Microsoft）成功开发的视窗操作系统，它是一个多任务的操作系统，采用图形窗口界面，用户对计算机的各种复杂操作只需单击鼠标或手指触屏就可以实现。继Microsoft推出Windows 3.x以后不断改进和完善，陆续推出Windows 95、Windows 98、Windows 2000、Windows XP、Windows 2003、Windows Vista、Windows 7、Windows 8、Windows 10以及各种服务器版本。

Windows 7相比之前的Vista作了不少改进。坦率地说，这些改进带来了一系列的“更少”，即更少的等待、更少的单击、连接设备时更少的麻烦、更低的功耗和更低的整体复杂性。简化了许多不必要的程序，处理日常任务更简单，管理多个窗口会更加轻松。与此同时，Windows 7还改进了搜索性能和系统性能、响应性、可靠性、安全性和兼容性等基本功能。

Windows 7操作系统主要有家庭版（Home）、专业版（Professional）、企业版（Enterprise）和旗舰版（Ultimate）。本书主要介绍的是Windows 7操作系统专业版。

二、Windows 7的主要特点

1. 易用

Windows 7做了许多方便用户的设计，如快速最大化、窗口半屏显示、跳转列表（Jump List）、系统故障快速修复等。

2. 快速

Windows 7大幅缩减了Windows 的启动时间，据实测，在2008年的中低端配置下运行，系统加载时间一般不超过20 s，这比Windows Vista的40余秒相比，是一个很大的进步（系统加载时间是指加载系统文件所需时间，而不包括计算机主板的自检以及用户登录，且在没有进行任何优化时所得出的数据，实际时间可能根据计算机配置、使用情况的不同而不同）。

3. 简单

Windows 7让搜索和使用信息更加简单，包括本地、网络和互联网搜索功能，直观的用户体验更加高级，自动化应用程序提交和交叉程序数据透明性。

4. 安全

Windows 7包括改进了的安全和功能合法性，把数据保护和管理扩展到外围设备。Windows 7改进了基于角色的计算方案和用户账户管理，在数据保护和坚固协作的固有冲突之间搭建沟通桥梁，同时也会开启企业级的数据保护和权限许可。

5. 特效

Windows 7 的Aero效果华丽，有碰撞效果、水滴效果，还有丰富的桌面小工具。

6. 效率

Windows 7中，系统集成的搜索功能非常强大，只要用户打开“开始”菜单并开始输入搜索内容，无论要查找应用程序、文本文档等，搜索功能都能自动运行，给用户的操作带来极大的便利。

7. 小工具

Windows 7 的小工具更加丰富，可以放在桌面的任何位置，而不只是固定在侧边栏。

8. 高效搜索框

Windows 7系统资源管理器的搜索框在菜单栏的右侧，可以灵活调节宽窄。它能快速搜索Windows中的文档、图片、程序、Windows帮助甚至网络等信息。Windows 7系统的搜索是动态的，在搜索框中输入第一个字的时刻，Windows 7的搜索就已经开始工 作，大大提高了搜索效率。

9. 华丽且节能的Windows

Windows 7 的Aero效果更华丽，有碰撞效果。

任务二　掌握 Windows 7 的基本操作

任务描述

小张是某公司的新职员，公司为他配置了一台计算机，已经安装了Windows 7操作系统，由于小张对新系统不熟悉，所以他准备熟悉系统界面，熟悉鼠标、键盘、桌面、窗口、菜单、对话框等相关操作，掌握启动和退出应用程序的方法。

视频

Windows 7 的基本操作

任务实施

一、Windows 7 的启动和退出

为了能正常地安装和运行 Windows 7，用户计算机硬件系统的配置至少应满足以下要求：

(1) CPU：1 GHz及以上的32位或64位处理器（Windows 7包括32位和64位两种版本，如果希望安装64位版本，则需要支持64位运算的CPU的支持）

(2) 内存：1 GB（32位）/2 GB（64位）或更高。

(3) 硬盘：20 GB以上可用硬盘。

(4) 其他配件：键盘、鼠标、光驱、网卡、声卡等。

1. Windows 7的启动

计算机成功安装好Windows 7操作系统后，按下其电源开关启动计算机时，系统会进行自检，屏幕上将显示计算机的自检信息，如显卡型号、主板型号和内存大小等。自检顺利通过之后，系统进入Windows 7的登录界面，如图2.2.1所示。

图2.2.1　Windows 7系统登录界面

提示： 如果只有一个用户且没有密码，则不出现Windows 7登录界面。但如果密码输入错误，计算机将提示重新输入，超过3次输入错误，系统将自动锁定一段时间。

在登录界面中，系统要求选择一个用户。用户可以将鼠标指针移动到要选择的用户名上单击，选中用户名。如果选定的用户没有设置密码，系统将自动登录；否则，在用户账户图标右下角会出现一个空白文本框，用户输入正确的密码后，单击向右的箭头，或直接按【Enter】键，系统将进入Windows 7工作界面。

2. Windows 7的退出

除了开机以外，切换用户、睡眠、锁定、重新启动、注销和关机也是计算机的基本操作。当用户使用计算机需要短暂离开时，可以让计算机进入睡眠状态；如果还需要在这段时间内保护计算机的使用安全，可以暂时锁定用户；而用完计算机后，则可以关闭它。

(1) 单击桌面左下角的“开始”按钮，弹出图2.2.2所示的“开始”菜单。

(2) 在“开始”菜单中，单击“关机”按钮，系统将自动保存有关信息，下次启动时系统才能正常启动。系统退出后，主机的电源会自动关闭，指示灯熄灭。

(3) 在“开始”菜单中，将鼠标指针移至“关机”按钮右边的下拉按钮上，弹出图2.2.3所示的Windows基本操作菜单，用户可以执行对计算机的切换用户、注销、锁定、重新启动和睡眠操作。

图2.2.2 “开始”菜单

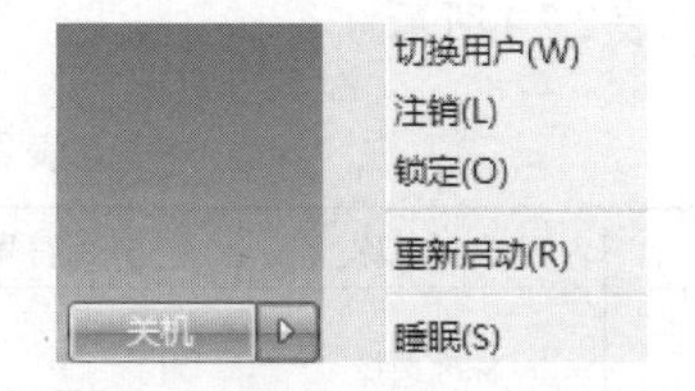

图2.2.3 Windows基本操作菜单

二、鼠标和键盘的操作

在Windows 7下，用户经常以鼠标为主，以键盘为辅进行操作。

1. 鼠标的操作

鼠标有3键鼠标的和两键鼠标的，按照从左到右的排列，它们分别称为左键、中间键和右键。

(1) 手持鼠标的姿势。拿稳鼠标，靠人最近的部分正好在掌心下；食指和中指分别放在鼠标左、右按钮上；拇指和无名指轻轻夹注鼠标的两侧。

(2) 鼠标的基本操作。

① 指向。指向一个对象时就将鼠标指针移动到屏幕上的特定位置。

② 单击。单击就是向要操作的对象，按下鼠标左按钮，然后迅速地放开按钮。

③ 双击。双击就是先指向要操作的对象，快速地连续按下鼠标按钮两次，也就是快速地单击两次。

④ 右击。用鼠标右键进行单击的操作称为右击。

⑤ 拖动。拖动就是先指向要操作的对象，按下鼠标左按钮，不要松开，然后移动鼠标，将对象移动到指定位置后，释放鼠标按钮。

(3) 鼠标常见的操作方法。

① 选择操作。在图标处单击表示选择、确定某个对象或是将指针移到一个位置。具体操作步骤如下：

第一步：稳定好手臂和手掌，拇指、小指、无名指稍稍用力稳住鼠标。

第二步：手心向下稍微压着，等到都准备好了，食指轻巧地按下去再松开，左键自动弹起来即可。

② 发布命令。双击是发布命令，表示运行、执行、打开。具体操作步骤如下：

第一步：食指快速的按两下左键，速度要快，声音要脆。

第二步：第一次按键点到为止，轻一些，第二次才是目的地，所以在第一次按完接着按第二下。

③ 拖动操作。拖动是将一个图标拖到另一个地方或画一个方框。具体操作步骤如下：

第一步：食指按住鼠标左键，然后手腕向左或向右转动。

第二步：对于小范围的拖动，手腕就可以完成，对于长距离就要肩膀用力。

第三步：拖动的关键是食指不要松开。

2. 鼠标的指针

鼠标指针在不同的操作环境下有不同的形状，形状不同，其含义也不同。鼠标指针形状和相应的功能如表2.2.1所示。

表2.2.1　鼠标指针形状

光标符号	光标名称	光标符号	光标名称	光标符号	光标名称
	标准选择		文字选择		调整垂直大小
	帮助		手写		调整水平大小
	后台操作		不可用		对角线调整1
	忙		候选		对角线调整2
	精度定位		链接选择		移动

3. 键盘的操作

键盘是一种基本的输入设备，主要用来输入字符，一些使用鼠标能实现的操作，使用键盘同样也可以实现。在Windows 7中有不少快捷键，利用这些快捷键可以方便快捷地执行一些常用的操作。例如，【Ctrl+S】组合键可以快速保存文件，相当于从“文件”菜单中选择“保存”命令，操作起来比鼠标还方便。Windows 7中常用的快捷键及其功能说明（“+”指两键同时按下）如表2.2.2所示。

表2.2.2　常用快捷键

快捷键	功能说明	快捷键	功能说明
【Ctrl+S】	保存	【Alt+空格键】或【Alt+-】（连字符）	显示当前窗口的控制菜单
【Ctrl+C】	复制	拖动某一项时按住【Ctrl】	复制所选项
【Ctrl+X】	剪切	拖动某一项时按【Ctrl+Shift】组合键	创建所选项目的快捷方式
【Ctrl+V】	粘贴	【Shift】+任何箭头键	在窗口或桌面上选择多项，或者选中文档中的文本
【Ctrl+Z】	撤消	【F1】	启动帮助
【Ctrl+A】	选中全部内容	【F2】	重新命名所选项目
【Alt】+带下画线字母	选择相应的菜单	【F4】	显示Windows窗口中的地址栏列表

续表

快捷键	功能说明	快捷键	功能说明
【Alt+F4】	关闭当前项目或者退出当前程序	【F5】	刷新当前窗口
【Delete】或【Del】	删除	【F6】	在窗口或桌面上循环切换屏幕元素
【Shift+Delete】或【Shift+Del】	永久删除所选项，而不将它放到“回收站”中	【F10】	激活当前程序中的菜单条
【Alt+Enter】	查看所选项目的属性	【Esc】	取消当前任务
【Ctrl++Esc】	显示“开始”菜单	【Win + D】	显示桌面，最小化所有窗口
【Alt+Tab】	在打开的项目之间切换	【Win + M】	最小化当前窗口
【Alt+Esc】	以项目打开的顺序循环切换	【Win + R】	打开运行窗口
【Win + E】	打开资源管理器	【Win + F】	打开资源管理器搜索结果
【Win + L】	锁定计算机，回到登陆窗口	【Win + U】	打开控制面板轻松访问中心

三、Windows 7 的桌面及其操作

系统在启动后，最先进入的是桌面。用户使用计算机完成的各种工作，都是在桌面上进行。Windows 7的桌面包括桌面背景、图标、任务栏和“开始”按钮等，如图2.2.4所示。

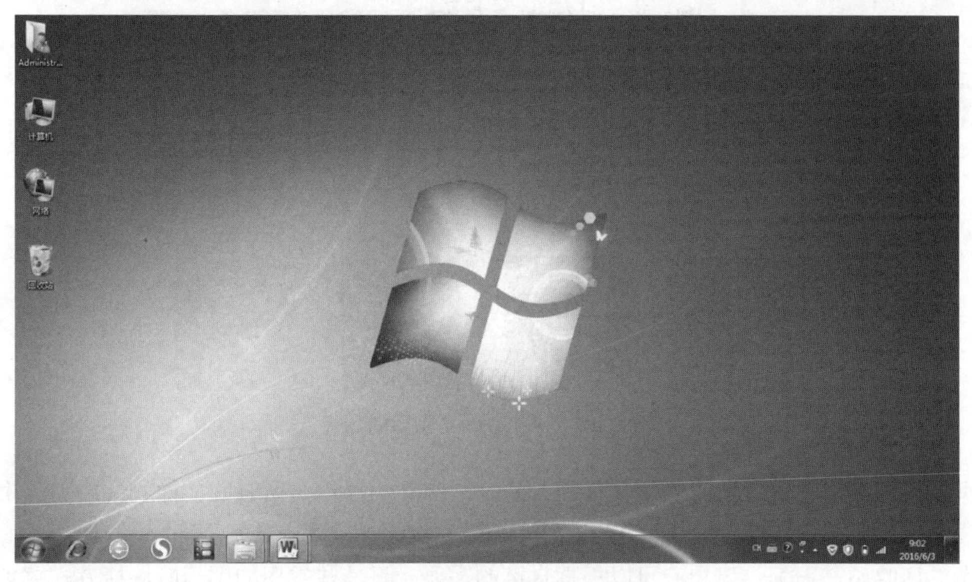

图2.2.4 Windows 7系统桌面

1. 桌面及背景

在默认状态下，Windows 7安装之后桌面上仅保留了“回收站”图标。右击桌面空白处，在弹出的快捷菜单中选择“个性化”命令，在弹出图2.2.5所示的设置窗口中，可以更改自己喜好的桌面主题或桌面背景。桌面通常由图标、任务栏和“开始”按钮组成。

2. 图标

在Windows 7中，单击图2.2.5所示窗口左侧的“更改桌面图标”超链接，在弹出的对话框中，勾选对应的选项来重现桌面常用功能图标。所谓图标是指代表程序、文件和计算机信息的

图形表示形式。如图2.2.6所示，常见的有“计算机”（可使用户管理计算机上的所有资源，并可查看系统的所有内容）、“用户的文件”（专门用来存放用户创建和编辑文档的文件夹，它使用户可更加方便地存取经常使用的文件）、“回收站”（图标外形象废纸篓，专门用来存放用户删除的文件和文件夹，有利于用户恢复误删除的文件和文件夹）、“网络”（可以使用户像浏览本地硬盘一样浏览和使用网络上的资源）等。

图2.2.5 “个性化”窗口

图2.2.6 Windows 7常用的图标

可以使用鼠标完成图标的激活、移动、复制、删除等操作。所有的文件和文件夹都用图标来形象地表示，双击这些图标，即可快速打开文件和文件夹。刚安装好Windows 7时，桌面上只有一个“回收站”图标，但用户可以根据自己的需要，将一些常用的图标以快捷方式放到桌面上，方便使用。

排列图标，首先右击桌面空白处，从弹出的快捷菜单中选择“排列方式”命令，再在级联菜单中选择“名称”、“大小”、“类型类型”和“修改日期”4种方式之一。

3. 任务栏

通过Windows 7中的任务栏可轻松、便捷地管理、切换和执行各类应用。如图2.2.7所示，所有正在使用的文件或程序在“任务栏”上都以缩略图表示；如果将鼠标指针停在缩略图上，则窗口将展开为全屏预览，甚至可以直接从缩略图关闭窗口。用户可以在任务栏图标上看到进度栏，这样，用户不必在窗口可见的情况下才知道任务的进度。

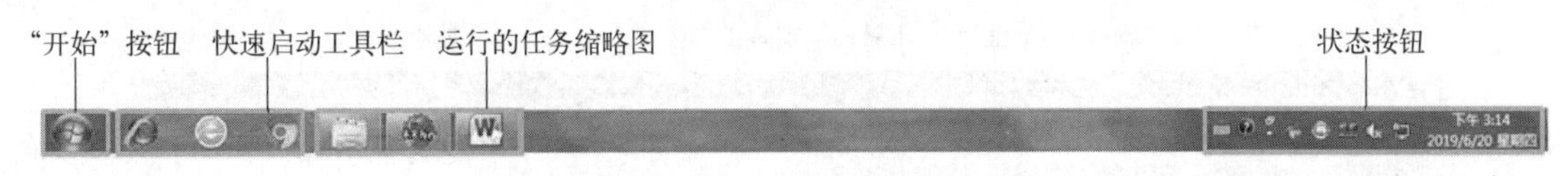

图2.2.7 Windows 7的任务栏

Windows 7允许用户调整任务栏的大小或将任务栏拖放到屏幕的另外3条边中的任一位置。在确定没有选择锁定任务栏的情况下，将鼠标指针移动到任务栏边框处，待指针变成双向箭头时向上拖动，可调整任务栏的高度；将鼠标指针移动到任务栏空白处，拖动到屏幕另外3条边任意处，可调整任务栏的位置。右击任务栏空白处，在快捷菜单中选择"属性"命令，弹出"任务栏和「开始」菜单属性"对话框，可完成锁定任务栏、自动隐藏任务栏、任务栏保持在其他窗口的前端、分组相似任务栏按钮以及显示快速启动等任务；在通知区域部分可以完成显示时钟和隐藏不活动的图标任务。

4. "开始"菜单

单击桌面上的"开始"按钮，弹出图2.2.2所示的"开始"菜单，也可通过【Ctrl+Esc】组合键打开"开始"菜单。使用Windows 7通常从"开始"菜单出发。使用这些菜单项，用户可以完成几乎所有的任务，例如，连接Internet、启动应用程序、打开文档、查找文件及退出系统等。

5. 状态按钮区

状态按钮区包括输入法工具栏和通知区。输入法工具栏用于文字输入，通过它可以添加和删除输入法、切换中/英文输入状态、切换中文输入法等。通知区显示活动的和紧急的通知图标，隐藏不活动的图标。

四、Windows 7窗口的基本操作

在Windows 7中，打开一个应用程序或文件（夹）后，将在屏幕上弹出一个给该程序或文件（夹）使用的矩形区域，这个矩形区域就是窗口。Windows 7是一个多任务、多线程操作系统，每运行一个应用程序都要打开一个窗口，用户可以同时打开几个不同的窗口。不管打开多少窗口，总有一个当前正在使用的应用程序，该程序所在的窗口称为"当前窗口""前台窗口"或"活动窗口"，其他程序则是后台程序（窗口）。前台程序（窗口）的标题栏为高亮显示，位于所有窗口的最上层。

1. 窗口的组成

在Windows 7中，每个窗口不会完全相同，但在每个窗口中，都有一些相同的元素。一个典型的Windows 7窗口通常由标题栏、菜单栏、地址栏、工具栏、搜索框、导航窗格、细节窗格等组成，如图2.2.8所示。

（1）标题栏。显示窗口的标题，双击可最大化或还原窗口。标题栏包含了窗口调整按钮，单击最小化按钮，可最小化窗口；单击最大化（还原）按钮，可最大化（还原）窗口；单击关闭按钮，可关闭窗口。

（2）菜单栏。存放菜单命令。

（3）工具栏。用于显示针对当前窗口或窗口内容的一些常用的工具按钮，通过这些按钮可以对当前的窗口和其中的内容进行调整或设置。打开不同的窗口或窗口中选择不同的对象，工具栏中显示的工具按钮是不一样的。

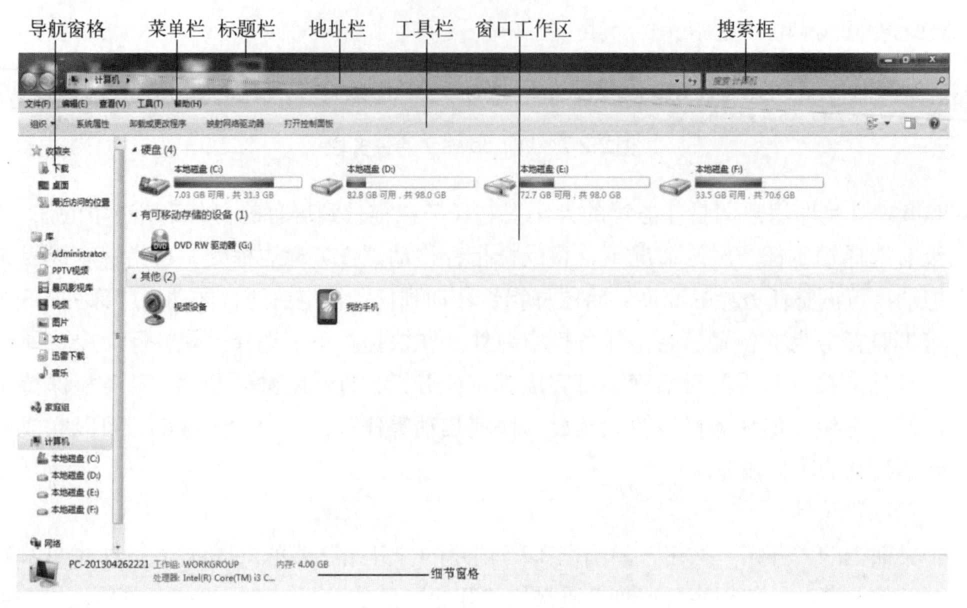

图2.2.8　Windows 7窗口界面

（4）地址栏。是“计算机”窗口中重要的组成部分，通过它可以清楚地知道当前打开的文件或程序的保存路径，也可以直接在地址栏中输入路径来打开保存该文件或程序的文件夹。

（5）搜索框。窗口右上角的搜索框与“开始”菜单中“搜索程序和文件“搜索框的使用方法和作用相同，都具有在计算机中搜索各类文件和程序的功能。使用搜索框时，如在“计算机”窗口中打开某个文件夹窗口，并在搜索框中输入内容，表示只在该文件夹窗口中搜索，而不是对整个计算机资源进行搜索。

（6）导航窗格。显示文件夹列表中的文件夹即可快速切换到相应的文件夹中。

（7）窗口工作区。显示当前窗口的内容或执行某项操作后显示的内容。

（8）细节窗格。显示计算机的基本信息或文件大小、创建日期等目标文件的详细信息。

2. 窗口的基本操作

窗口是Windows 7环境中的基本对象，对它的操作主要包括打开窗口、关闭窗口、改变窗口大小、移动窗口、排列窗口和在窗口间切换等。

（1）打开窗口。从“开始”菜单中单击某一命令可以打开相应窗口；双击文件（夹）可以打开文件（夹）窗口。

（2）关闭窗口。关闭窗口的方法有：双击窗口控制菜单按钮；选择“文件”→“关闭”命令；单击窗口右上角的“关闭”按钮；按【Alt+F4】组合键；用鼠标右击任务栏上该窗口对应的任务按钮，在弹出的快捷菜单中选择“关闭”命令。

（3）窗口最大化和最小化。单击窗口右上角的“最小化”、“最大化”、“还原”按钮，可以最小化、最大化和还原窗口；双击窗口标题栏可以最大化（还原）窗口。

（4）调整窗口大小。用户可以根据自己的需要，上、下、左、右任意调整窗口的大小。将鼠标指针移动到窗口的边框或角，此时鼠标指针变成“双箭头”或“斜双箭头”图标，按住鼠标左键并拖动边框，拖到适当位置后，释放鼠标左键，此时窗口大小即被改变。

（5）移动窗口。为了不让多个窗口相互重叠，需要适当移动某些窗口的位置。将鼠标指针移动到窗口的标题栏上，按住鼠标左键，将其拖动到适当的位置后松开，窗口即被移动到新的位置。

（6）窗口间切换。按【Alt+Tab】组合键，弹出窗口图标方框，按住【Alt】键不放，通过不断松开、按下【Tab】键逐一挑选窗口图标，当方框移动到要使用的窗口图标时，松开【Alt】和【Tab】即可。按住【Alt】键不放，通过不断松开、按下【Esc】键直接切换各个窗口，不出现窗口图标方框选择。

3. 查看窗口中的内容

（1）查看窗口中隐藏的内容。如果窗口中的内容过多，即使将窗口最大化，也可能会有一部分内容超过了窗口区域的范围，此时，窗口的右方或下方会出现滚动条，移动滚动条的位置，可以查看隐藏的内容。

（2）改变窗口的显示方式。在浏览窗口内容时，用户可以根据自己的需要，选择合适的内容显示方式。Windows 7提供了“超大图标”、“大图标”、“中等图标”、“小图标”、“列表”、“详细信息”、“平铺”和“内容”8种显示方式，单击工具栏上的查看图标按钮，从弹出的查看菜单中，选择相应的菜单项即可切换显示方式。

五、Windows 7菜单的操作

1. 菜单的组成

菜单是将命令分门别类地集合在一起，类似于餐馆里的菜单，然后将其显示在窗口的菜单栏上，以方便用户操作。Windows 7 默认安装时，关闭了菜单栏，用户可以在工具栏上的“组织”→“布局”级联菜单中，选择“菜单栏”命令，即可显示菜单栏。

Windows 7菜单分为下拉菜单、弹出菜单和快捷菜单。下拉菜单包含可用菜单、不可用菜单、级联菜单、单选菜单、复选菜单、带对话框菜单。Windows 7菜单如图2.2.9所示。

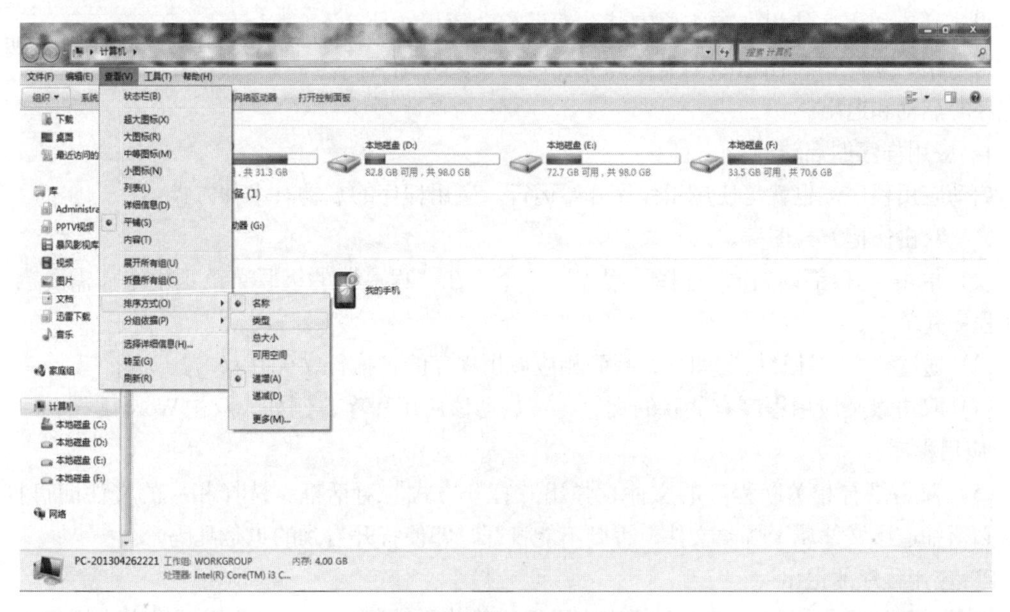

图2.2.9 Windows 7菜单

(1) 可用菜单。菜单中字体为黑色的菜单项。

(2) 不可用菜单。菜单中变灰的菜单项，表明它在此状态下不能用，通过改变状态，某些可用的菜单项可能变成不可用菜单项，不可用的菜单项可能变为可用菜单项。

(3) 级联菜单。在菜单项的右边带有“▸”符号，将鼠标指针放到该菜单项上，会出现下一级菜单，单击该菜单项不做任何命令操作。

(4) 单选菜单。在菜单的前面存在“•”符号，并且一组菜单项中只能选中一个菜单项。

(5) 复选菜单。在菜单的前面存在“√”符号，并且一组菜单项中可选中一个或多个菜单项。

(6) 带对话框菜单。在菜单的后面存在“…”符号，单击该菜单项弹出一个对话框。

2. 菜单操作

单击菜单栏上相应的菜单项，在弹出的下拉菜单中单击所需要的菜单命令即可。

六、Windows 7 对话框的操作

在Windows 7的系统中，经常会用到一些带省略号的菜单，单击它会弹出一个对话框，如图2.2.10所示。

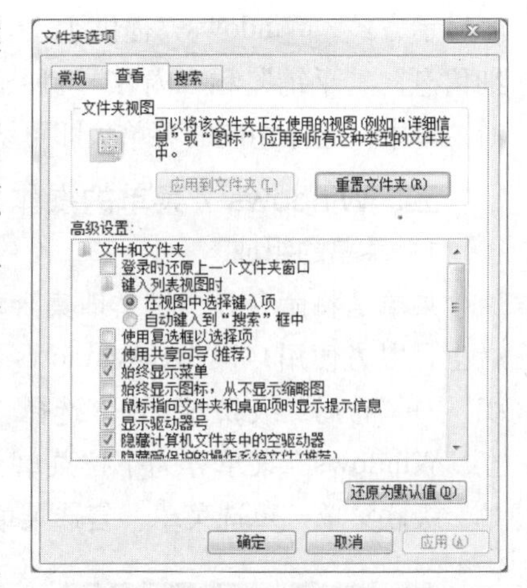

图2.2.10 Windows 7对话框

对话框中在标题栏下方往往有“选项卡”（例如，常规、查看等），可以在“选项卡”中进行切换；对话框中的选项按钮有“单选”按钮和“复选”按钮，在一组“单选”按钮中只能选择其中一项，“复选”按钮则可以根据需要选择一项或多项；还存在有“列表框”按钮，在列表中显示内容；还有“命令按钮”、“下拉列表框”和“分组框”等。

七、应用程序的启动与退出

任何一台计算机除了需要安装操作系统以外，还必须有应用程序。应用程序使用之前需要安装，然后启动使用，使用后再退出，从此不再使用的则需要卸载。这里主要介绍应用程序的启动和退出。

1. 应用程序的启动

启动应用程序，也就是使应用程序开始运行。应用程序的启动有多种方式：

(1) 双击快捷方式图标。

(2) 单击“开始”按钮，选择“程序”命令，在“程序”的级联菜单项中选择需要启动的应用程序并单击。

(3) 通过双击“计算机”图标，找到相应应用程序的可执行文件并双击。

(4) 双击跟某应用程序有关联的文件，可启动该应用程序，例如，双击Word文档，可启动Word应用程序。

(5) 双击没有相关联程序的文件，弹出“打开方式”对话框，选择相应的文件即可打开。用户必须知道该文件属于哪类文件，否则不能打开，即使打开看到的也是乱码。

2. 应用程序的退出

当用户使用完应用程序或需要暂停应用程序的使用并释放内存时，需要退出应用程序。然

而不同的应用程序，退出方式不同。

（1）对于一般的Windows程序，其窗口右上角都有“×”按钮，单击该按钮则可退出应用程序；也可以单击“文件”→“退出”命令，退出程序。

（2）有些应用程序不存在“×”按钮，也不存在菜单，而是存在“退出”按钮。如果不存在明显的“退出”按钮，一般可通过【Esc】键或鼠标右键、【F10】键调出相应菜单，然后退出。

（3）采用上述方法都不能退出时，可把应用程序最小化，在任务栏中，右击该应用程序图标，在弹出的快捷菜单中选择“关闭”命令可退出该程序，也可以用【Ctrl+Alt+Del】组合键在任务管理器中结束该任务。

八、快捷方式

快捷方式是显示在Windows 7桌面上的一个图标，双击这个图标可以迅速而方便地运行一个应用程序。用户可以根据需要给常用的应用程序、文档文件或文件夹建立快捷方式，常用的方法如下：

（1）利用“计算机”、“开始”菜单或其他方式找到要建立快捷方式的对象，右击该对象，在弹出的快捷菜单中选择“创建快捷方式”命令即可。

（2）找到要建立快捷方式对象将其图标直接拖到桌面上即可。

右击快捷方式图标，可利用其快捷菜单对其进行更名、查看、修改属性、移动、复制、删除等操作。

任务三　掌握Windows 7的文件管理

任务描述

小张的计算机用了一段时间后，发现计算机中的文件太杂乱，他想把文件分类，方便自己以后使用。

任务实施

视频

Windows 7的文件和文件夹管理

一、文件及文件夹的概念

计算机中除了应用程序运行过程中产生的临时数据之外，任何程序和数据都是以文件形式存在，掌握合理地管理文件和文件夹的技能是非常重要的。

1. 文件

（1）文件的概念。文件是最基本的存储单位，计算机中的信息都是以文件的形式保存的。一个文件就是一组相关信息的集合，例如，一个程序、一个Word文档、一张图片等。

（2）文件的命名规则。在Windows 7系统中，每一个文件都有一个文件名，文件名由主文件名和扩展文件名组成。主文件名一般具有实际意义，扩展文件名由文件的类型确定。例如，用“学习计划.doc”命名学习计划文档，其中“学习计划”为主文件名，“doc”为扩展文件名。

文件名命名规则如下：

① 文件名由字符、数字、下画线和汉字组成，主文件名不能超过255个英文字符（127个汉字），扩展名一般由1～3个字符组成。

② 文件名可以有扩展名间隔符“.”，但不能有？ \ / * ：“ ‘ < > |这些字符。

③ 在Windows 7中支持大小写，但是对大小写不作区别。例如，book.doc和BooK.doc，系统认为是同一个文件。

（3）文件通配符。通配符是可以代替所有字符的符号，它有星号“*”和问号“？”，对一类文件进行操作或进行模糊查询时，常常会用通配符代替一个或一串字符。

① 星号（*）：在使用时，它代替零个或多个字符。

② 问号（?）：在使用时，它代替一个字符。

（4）文件的类型。根据文件所含的信息内容和格式的不同，文件可分为不同的类型。常见文件的扩展名所代表文件类型如表2.3.1所示。

表2.3.1 Windows 7部分文件类型

扩展名	类　型	扩展名	类　型
.docx（.doc）	Word文档文件	.exe	应用程序文件
.xlsx（.xls）	Excel文档文件	.swf	Flash影片文件
.txt	文本文件	.mov	视频文件
.html	超文本文件	.avi	声音影像文件
.jpg	压缩图像文件	.gif	压缩图像文件
.psd	Photoshop图像文件	.rar	WinRAR压缩文件
.bmp	画图图像文件	.pptx（.ppt）	演示文稿文件

常见文件的图标如下：

① 文档文件：docx、xlsx、txt、html等，如图2.3.1所示。

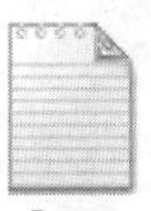

图2.3.1 文档文件图标

② 图片文件：jpg、bmp、gif、tif等，如图2.3.2所示。

图2.3.2 图片文件图标

③ 音频文件：mp3、mid、wma、wav等，如图2.3.3所示。

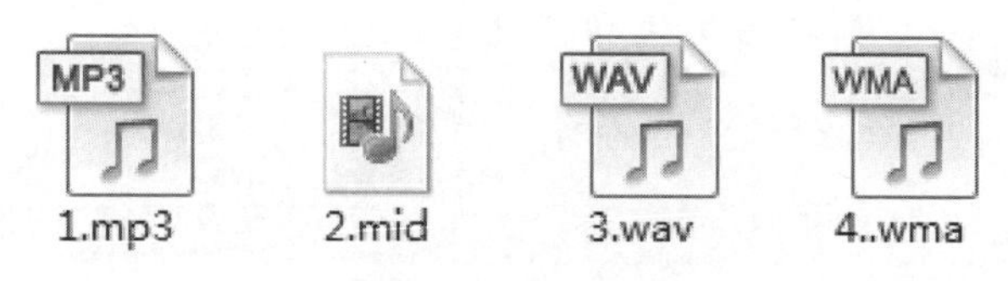

图2.3.3　音频文件图标

④ 视频文件：avi、swf、mov等，如图2.3.4所示。

图2.3.4　视频文件图标

2. 文件夹

查过英语词典的人都知道，词典中的单词是以单词中字母的先后顺序分类的。例如，第一个字母为A的单词在最前面，第一个字母为Z的单词在最后面。这样分类的目的是为了对单词进行有效的管理，方便单词的查找。同理，如果把成千上万的文件存放在一个目录下，要查找一个文件的难度可想而知。所以，操作系统就使用文件夹让用户来管理自己的文件。这样，用户就可以根据自己的需要分门别类地建立不同的文件夹来组织计算机的文件。

文件夹中可以包含文件和文件夹，被包含的文件夹称作包含它的文件夹的子文件夹，文件夹可以嵌套很多层。

二、"计算机"窗口

用户通过使用"计算机"窗口，可以轻松浏览磁盘上的文件或文件夹、查看硬盘的空间等，通常启动"计算机"的具体步骤如下：

单击"开始"→"计算机"命令，在"计算机"图标上右击，在弹出的快捷菜单中选择"打开（O）"命令，打开图2.3.5所示的"计算机"窗口。

提示：如果用户在桌面上建立了快捷方式，可双击桌面上的"计算机"图标，也可以使用快捷键【Win+E】。

窗口上除了有标题栏、菜单栏、工具栏、地址栏等之外，还有两个操作窗口。左边的是导航窗口，默认状态下打开的是"计算机"窗口，其中显示了计算机中所有的文件、文件夹和驱动器的树状结构。右侧是固定窗口，即文件区，显示当前选定文件夹中的内容。

左侧窗口与右侧窗口是联动的，如图2.3.6所示，在左侧窗口中选定任意驱动器或文件夹，右侧的窗口中就会显示该驱动器或文件夹中包含的所有内容。

资源管理器窗口操作和"计算机"窗口的操作基本相同，在此不再赘述。

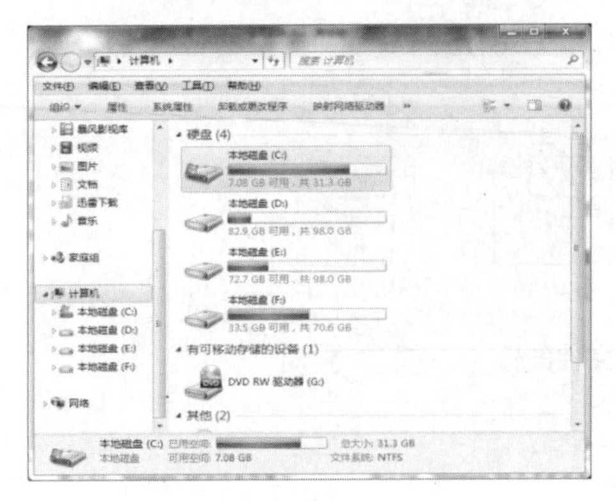

图2.3.5 “计算机”窗口

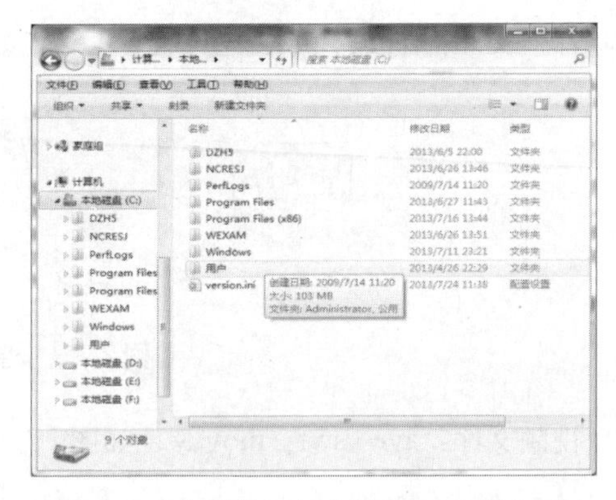

图2.3.6 左侧窗口与右侧窗口的联动显示

三、文件和文件夹的管理

对文件和文件夹的基本操作主要有新建、打开、选定、复制、发送、移动、重命名、删除和还原文件或文件夹，以及设置文件或文件夹的属性等。

1. 新建文件或文件夹

（1）一般情况下，创建文件时都是在对文件编辑完成之后，通过保存来完成。然而不打开应用程序也可以直接创建文件。具体操作步骤如下：

通过“计算机”窗口打开目标文件夹，如果将文件或文件夹创建在桌面上，则可省略这一步。

在空白处右击，选择“新建”命令，从其子菜单中选择要创建的文件类型（例如，选择“文本文档”命令）或文件夹，如图2.3.7所示。

图2.3.7 右键快捷菜单

Windows系统自动给新建文件命名为“新建文本文档”或文件夹命名为“新建文件夹”，当文件名或文件夹名高亮显示时，用户可以输入新的文件名（例如，输入“测试文本”）或文件夹名（例如，输入“我的文件夹”）。

（2）打开“文件”菜单，从中选择“新建”命令，然后再从其子菜单中选择要创建的文件类型或文件夹，则可以完成同样的新建操作。

2. 打开文件或文件夹

（1）选定要打开的文件或文件夹，单击“文件”→“打开”命令，即可打开文件或文件夹。

（2）在要打开的文件或文件夹图标上双击，即可打开文件或文件夹。

（3）在相应的应用程序中，单击“文件”→“打开”命令，在弹出的“打开”窗口中选择相应的文件，单击“打开”按钮即可打开。例如，在Word中，单击“文件”→“打开”命令，在“打开”的对话框中选择Word文档，单击“打开”按钮即可。

3. 选定文件或文件夹

（1）单击某个文件或文件夹选择单个文件或文件夹。

（2）按住鼠标左键从开始选项的左上角拖动鼠标，拖动到结束选项的右下角，拖出一个矩形框，选定框中的文件和文件夹。

（3）先单击鼠标左键，选定起始文件或文件夹，再按住【Shift】键，同时在另一个文件或文件夹上单击，即可选定连续的多个文件或文件夹。

（4）按住【Ctrl】键，同时单击文件或文件夹，可选定不连续的多个文件或文件夹。

（5）通过单击“编辑”→“全选”命令或按【Ctrl+A】组合键可选定当前活动窗口中的所有文件和文件夹。

（6）按住【Ctrl】键，同时单击已选定的文件或文件夹，则取消选定。

4. 复制文件或文件夹

（1）复制和粘贴的方法。打开原文件或文件夹所在的窗口，选定原文件或文件夹，右击，在弹出的快捷菜单中选择“复制”命令或使用工具栏上的“组织”→“复制”命令，也可以使用快捷键【Ctrl+C】。然后打开目的窗口，在目的窗口中右击，在弹出的快捷菜单中选择“粘贴”命令或使用工具栏上的“组织”→“粘贴”命令，也可以使用快捷键【Ctrl+V】。

（2）拖动的方法。打开源、目的两个窗口，并纵向平铺，然后选定源文件或文件夹，按住【Ctrl】键，同时按住鼠标左键拖动，直至拖到目的窗口中。在操作的过程中，如需要取消操作可按【Esc】键。

提示：用户要完成一次复制文件或文件夹的操作，必须有复制和粘贴两个操作。未执行其他操作时，可按【Ctrl+Z】组合键撤销本次操作。

5. 移动文件或文件夹

（1）剪切和粘贴的方法。打开源文件或文件夹所在的窗口，选定源文件或文件夹并右击，在弹出的快捷菜单中选择“剪切”命令或使用工具栏上的“组织”→“剪切”命令，也可以使用快捷键【Ctrl+X】，然后打开目的窗口，在目的窗口中右击，在弹出的快捷菜单中选择“粘贴”命令或使用工具栏上的“组织”→“粘贴”命令，也可以使用快捷键【Ctrl+V】。

（2）拖动的方法。打开源、目的两个窗口，并纵向平铺，然后选定原文件或文件夹，按住【Shift】键，同时按住鼠标左键拖动，直至拖到目的窗口中。在操作的过程中，如需要取消操作可按【Esc】键。

提示：用户要完成一次移动文件或文件夹的操作，必须有剪切和粘贴两个操作。未执行其他操作时，可按【Ctrl+Z】组合键撤销本次操作。

6. 重命名文件和文件夹

（1）选定要重新命名的文件或文件夹并右击，在弹出的快捷菜单中选择“重命名”命令，此时在图标下出现一黑框，源文件名在黑框中变成反白色，重新输入文件名，在空白处单击或按【Enter】键即可。

（2）选定要重新命名的文件或文件夹，单击“文件”→“重命名”命令，此时在图标下出现一黑框，原文件名在黑框中变成反白色，重新输入文件名，在空白处单击或按【Enter】键即可。

提示：如果对已经被打开的文件进行重命名操作，系统会弹出出错提示框，要求必须关闭文件后才可以操作。同理，如果要对某个文件夹重命名，该文件夹中的任何文件都应该处于关闭状态。

如果对文件重命名时输入新名称的扩展名与文件原来的扩展名不同，系统会弹出警告框，单击“否”按钮使输入的新名字无效，单击“是”按钮则强制改成所输入的扩展名。

7. 删除文件或文件夹

（1）选定要删除的文件或文件夹并右击，在弹出的快捷菜单中选择“删除”命令，打开“删除文件”对话框，单击“是”按钮或按【Enter】键即可。

（2）选定要删除的文件或文件夹，单击“文件”→“删除”命令，打开“删除文件”对话框，单击“是”按钮或按【Enter】键即可。

（3）选定要删除的文件或文件夹，按【DEL】/【Delete】键，打开“删除文件”窗口，单击“是”或按【Enter】键即可删除

（4）在“回收站”中再删除文件或文件夹，此时文件或文件夹将被物理删除，正常情况下无法还原。

（5）选定要删除的文件或文件夹，按【Shift+Del】/【Shift+Delete】组合键，此时文件或文件夹将被物理删除，正常情况下无法还原。

8. 还原文件或文件夹

（1）在“回收站”窗口工具栏上单击“还原所有项目”按钮，将还原“回收站”中的所有文件和文件夹。

（2）选定要还原的文件或文件夹，单击“文件”→“还原”命令，可以还原选定的文件或文件夹。

（3）右击要还原的文件或文件夹，在弹出的快捷菜单中选择“还原”命令，可以还原右击的文件或文件夹。

9. 设置、查看文件或文件夹的属性

通过查看文件属性，可以了解文件的大小、文件占用磁盘的空间、创建时间，这些都是文件被创建和使用时被系统自动保存的。文件还可以具有只读、隐藏属性，设置这些属性的用途如下：

只读属性：文件具有只读属性，文件中的信息将不能被修改，要想改变文件内容，必须先取消其只读属性。

隐藏属性：文件具有隐藏属性的文件，主要是用来把文件隐藏起来，默认情况下打开其所在的文件夹，将看不到该文件的存在，同时其文件内容与只读属性一样也不能做任何修改。

选定要设置属性的文件或文件夹并右击，在弹出的快捷菜单中选择“属性”命令，打开如图2.3.8所示文件或文件夹的“属性”窗口，即可进行“只读”和“隐藏”属性的设置。如果要设置文件或文件夹的存档属性，则需要单击图2.3.8所示对话框中的“高级”按钮，弹出图2.3.9所示的“高级属性”对话框，勾选“可以存档文件夹”复选框即可。

提示：设置了隐藏属性，但是在窗口中并没有发现它消失掉，该文件夹的图标颜色只是比过去淡了一些，这是因为系统设置处于“显示隐藏的文件和文件夹”状态。

10. 搜索文件及文件夹

对于具体位置不明确的文件或文件夹，可以通过搜索功能来快速定位，从而提高工作效率。

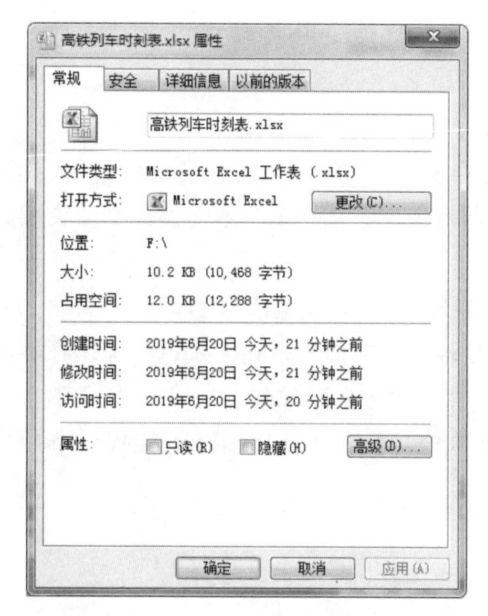

图2.3.8　文件或文件夹属性对话框

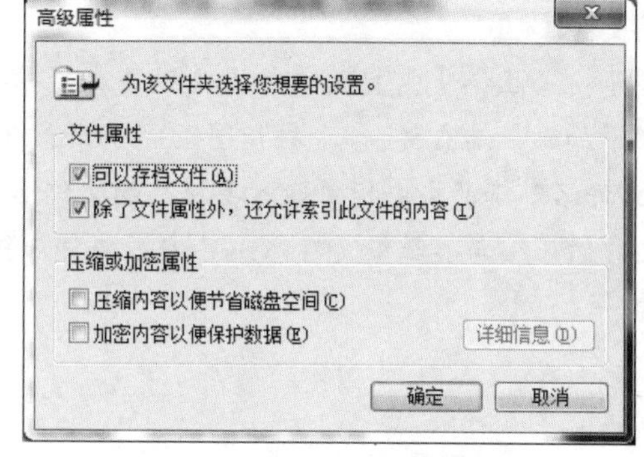

图2.3.9　“高级属性”对话框

搜索文件或文件夹的具体操作步骤如下：

(1) 双击桌面上的“计算机”图标，打开“计算机”窗口，或使用快捷键【Win+F】打开图2.3.10所示的搜索窗口。

(2) 在搜索框中，输入要搜索的文件或文件夹关键字，如“高速铁路”；如果忘记要查找的文件或文件夹名称，可以单击搜索框，在弹出的下拉列表中添加搜索筛选器，来定义文件或文件夹的相关信息。如果知道文件类型扩展名，可以在搜索框中输入“*.扩展名”，如*.docx，这样可以加快文件搜索的速度。

(3) 在搜索框中输入搜索关键字时，搜索即开始进行，随着输入的关键字越完整，符合条件的内容也将越来越少，直到搜索出完全符合条件的内容为止，结果显示到内容显示区域，如图2.3.11所示。这种在输入关键字的同时就进行搜索的方式称为“动态搜索功能”。

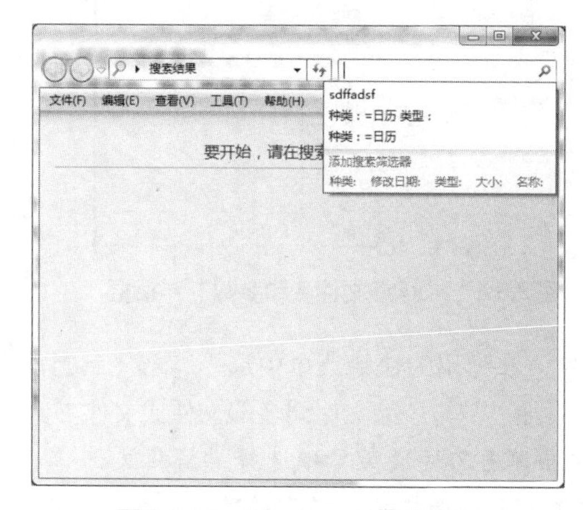

图2.3.10　Windows 7搜索窗口

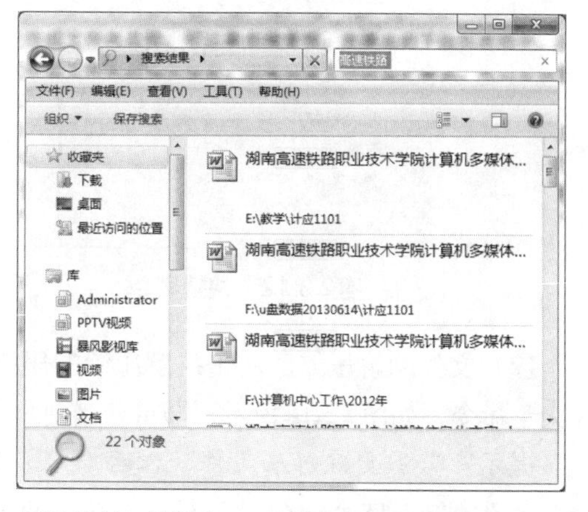

图2.3.11　Windows 7搜索结果显示窗口

提示：指定文件夹中搜索，用户只需要在“计算机”窗口中打开指定的文件夹后，在搜索框中输入要搜索的关键字即可。

11. 文件的压缩与解压缩

（1）文件的压缩。右击待压缩的文件或文件夹，在弹出的快捷菜单中选择“添加到‘×××.zip’”命令，如图2.3.10所示，即可在当前目录中添加一个与本文件或文件夹相同名称的压缩文件。

提示：若压缩中需更改文件或文件夹的保存路径或名称，则需在弹出的快捷菜单2.3.12中选择“添加到压缩文件...”，打开图2.3.13所示的对话框，单击“浏览”按钮修改保存路径，在“压缩文件名”下的文本框中输入要修改的文件名，单击“确定”按钮。

文件的压缩与解压缩是在系统已安装文件压缩软件，如常用的WinRAR或Winzip的情况下进行的。

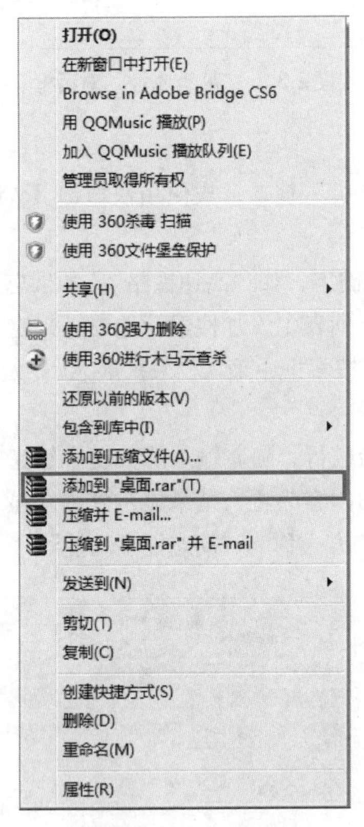

图2.3.12　快捷菜单

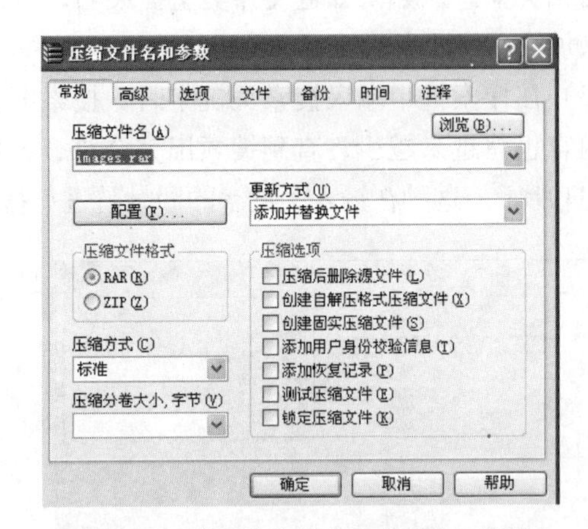

图2.3.13　“压缩文件名和参数”对话框

（2）文件的解压缩。右击待解压缩的压缩文件，在弹出的快捷菜单中选择“解压到当前文件夹”命令，如图2.3.14所示，即可在当前目录中添加一个与压缩文件同名的文件或文件夹。

提示：若需更改解压文件的保存路径，则需在弹出的快捷菜单中选择“解压文件...”命令，打开图2.3.15所示的对话框，在对话框的右侧列表中选择文件保存的路径，单击“确定”按钮。

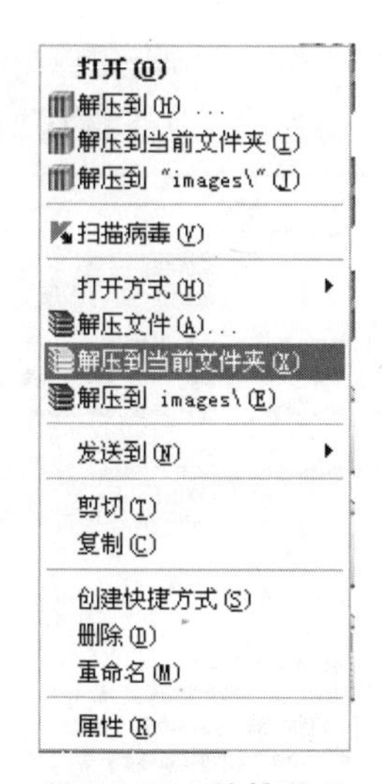

图2.3.14　快捷菜单

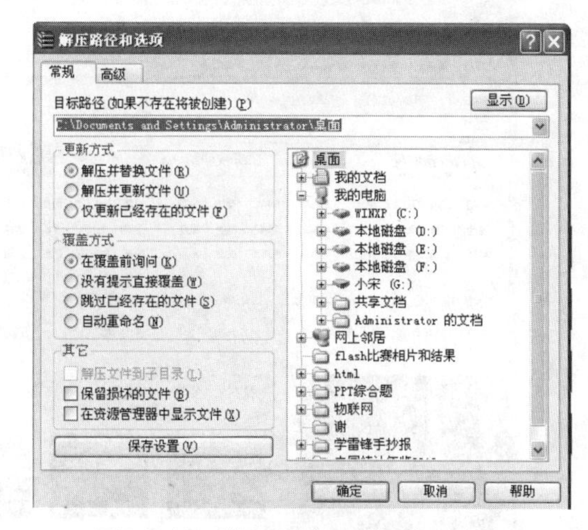

图2.3.15　“解压路径和选项”对话框

任务四　浏览器的应用

任务描述

小王同学需要到互联网上去查找一些资料，但是不知如何在互联网上进行信息浏览。

任务实施

视频

浏览器的应用

一、IE 的使用

目前浏览器的种类很多，最常用的有IE、Mozilla Firefox、Opera和Google Chrome等。IE（全名为Internet Explorer）是Microsoft公司开发的网络浏览器，它具备网页浏览、电子邮件通信、在线会议等功能。

1. IE浏览器的启动

启动IE浏览器有以下几种方法：

（1）从“开始”菜单上启动，即单击“开始”→“所有程序”→“Internet Explore”命令。

（2）从任务栏启动，即单击任务栏上的 图标。

（3）双击桌面上的“Internet Explorer”图标 。

2. IE界面介绍

启动IE后，会自动打开IE浏览器的窗口，并自动连接到系统或用户所设置的“主页”，如图2.4.1所示。标准工具栏中部分按钮说明如下：

（1）前进及后退。按钮用于返回前一显示页，通常是最近的那一页；按钮用于转到下一显示页。

（2）停止。单击✕按钮将立即终止浏览器对某一链接的访问。如果单击了某个错误的超链接，或不能忍受某个特别慢的Web页的下载时，使用此项功能。

图2.4.1　IE窗口

（3）刷新。单击图标或按【F5】键将重新刷新本页面。

提示：在标题栏上右击，在弹出的快捷菜单中勾选“菜单栏”可以显示菜单栏。

3. Internet选项设置

（1）设置IE为默认浏览器。在浏览器中单击“工具”→“Internet选项”命令，或单击⚙图标，在弹出的菜单中选择“Internet选项”命令，在打开的“Internet选项”对话框中，选择“程序”选项卡，如图2.4.2所示。单击“设为默认值”按钮，单击“确定”按钮退出设置。

（2）清除“历史记录”。选择图2.4.3所示的“常规”选项卡。在“浏览历史记录”区，单击“删除”按钮；打开“删除浏览的历史记录”对话框，单击“删除”按钮即可清除历史信息。

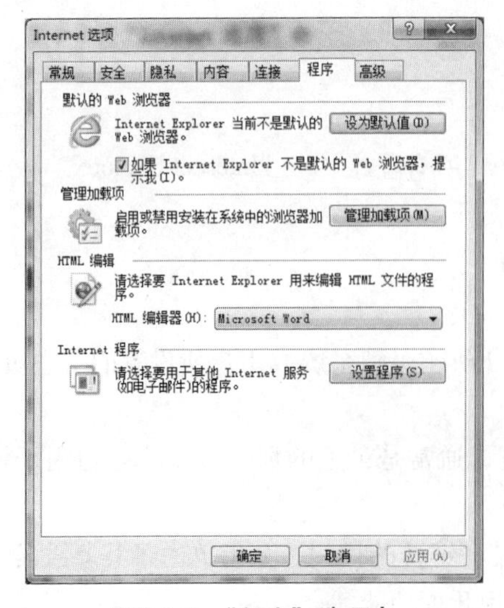

图2.4.2　“程序”选项卡

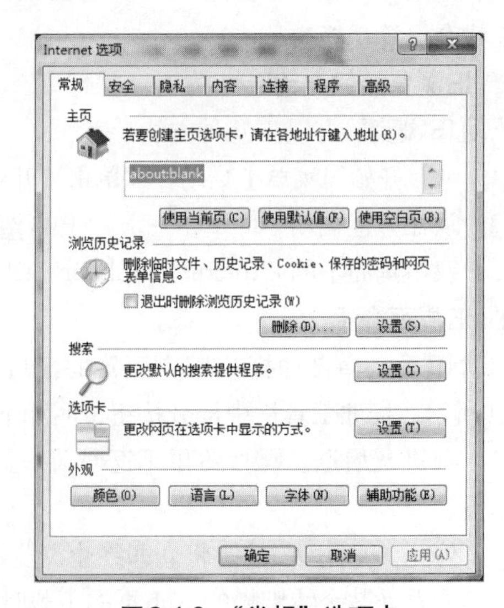

图2.4.3　“常规”选项卡

（3）设置自己的初始主页。在图2.4.3所示的“常规”选项卡中，在“主页”的地址栏输入主页地址，单击“确定”按钮。“主页”一项中还提供了“使用当前页”、“使用默认页”和“使用空白页”3个按钮，分别表示将当前浏览的网页作为默认页、使用浏览器的默认页（http://www.microsoft.com）和使用空白页。

4. 浏览Web页

例1：使用URL打开世界大学城网站。

（1）启动IE。

（2）将鼠标指针移到地址栏并单击，选择地址栏内的URL地址，使其变为蓝色，输入要访问网站的URL：“http://www.worlduc.com”。

（3）输入完成后按【Enter】键，则开始连接，当状态栏中显示“完成”字样后，表示成功。

例2：使用超链接打开搜狐网站中的“财经”内容。

（1）启动IE（主页已设好为http://265.com）。

（2）单击主页中的“搜狐”链接，进入“搜狐网站”。

（3）将鼠标指针指向搜狐网站的“财经”，鼠标指针变成小手状，单击完成进入。

5. 收藏夹的使用

收藏夹是存放网站名称及地址记录的文件夹，可以直接将这些网站加入收藏夹中。如果收藏夹中的网址太多时还可以加以组织分类。

例3：将世界大学城网站的首页添加到收藏夹。

（1）在IE地址栏中输入http://www.worlduc.com，进入世界大学城网站。

（2）单击“收藏夹”→“添加到收藏夹”命令，在打开的“添加收藏”对话框中的在“名称”栏输入“世界大学城”，单击“添加”按钮，如图2.4.4所示。

如果单击“新建文件夹”按钮，出现图2.4.5所示的“创建文件夹”对话框。在“文件夹名”一栏中输入新建文件夹的名称，例如，世界大学城，单击“创建”按钮，这时，在“收藏夹”窗口中就新增加了一个“世界大学城”的文件夹。

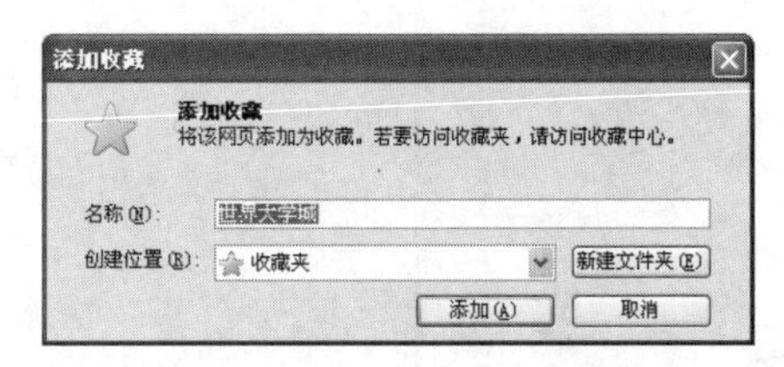

图2.4.4　“添加收藏”对话框

图2.4.5　“创建文件夹”对话框

当收藏的网站越来越多之后，就要进行整理分类。整理收藏夹的具体操作步骤如下：

（1）单击“收藏夹”→“整理收藏夹”命令，打开“整理收藏夹”对话框，如图2.4.6所示。

（2）通过单击“新建文件夹”、“重命名”、“移至文件夹”和“删除”按钮，可对收藏夹进行创建、删除、重命名等操作。

除此之外，还可以用鼠标方便地在目录树中任意选择、拖放超链接。

6. 调整字体大小

网页上字体大小是可以调整的，在网页上单击“查看”→“文字大小”→“最大”命令即可。调整字体后，位置也发生了变化；但网页上的图形大小不会没有改变。

7. 保存网页文字与图片

网页中的图形可以图形格式或HTML格式存储在用户的计算机上，网页中图形的保存方法如下：

（1）在网页图片上右击，在弹出的快捷菜单中选择“图片另存为”命令。

（2）在打开的对话框中选择保存图片的路径、文件名和文件类型，设置好后，单击“保存”按钮。

如果要保存网页中的文字，则单击“文件”→“另存为”命令，在“另存为”对话框中的“保存类型”下拉列表中选择要保存的格式。特别推荐使用“Web电子邮件档案（*.htm）”方式保存，它将网页以及网页内的所有图片保存为一个文件。

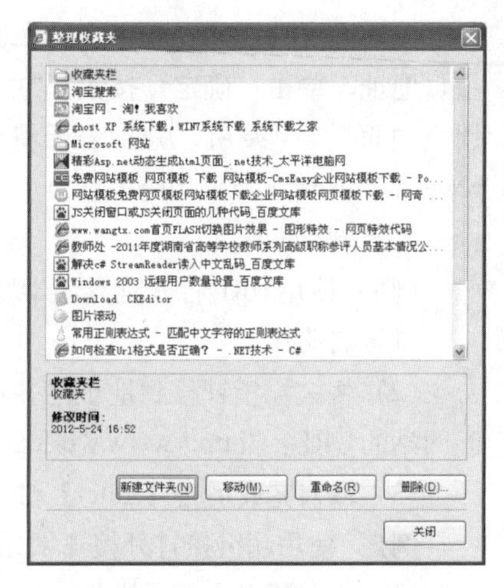

图2.4.6 “整理收藏夹”对话框

8. 将网页中的图片设为桌面背景

WWW上的网页除了可以存放在硬盘上，也可以打印出来，还可以将网上的图片和网页放到桌面上。选中网页上的图片并右击，在弹出的快捷菜单中选择“设置为墙纸”命令，即可实现。

二、在Internet上查找资料

Internet上信息非常丰富，网上同类信息也很多，用户如果不是很了解所需信息在什么网站或网页上，信息搜索就显得非常重要。网上搜索 有多种方法，本节结合实例介绍Web页上信息搜索的方法。

例1：利用IE提供的搜索引擎搜索与“北京”相关的网页。

在搜索栏中输入关键字“北京”，单击🔍按钮，即可得到相关网页，如图2.4.7所示。

图2.4.7 IE提供的搜索

例2：利用门户网站新浪网提供的搜索引擎搜索与“北京”相关的网页。

进入新浪网首页（在地址栏输入http://www.sina.com）后，在“网页”栏输入“北京”，在右边的下拉列表中选择“网页”，单击“搜索”按钮，如图2.4.8所示。同样可搜索其他类型如新闻、图片等。

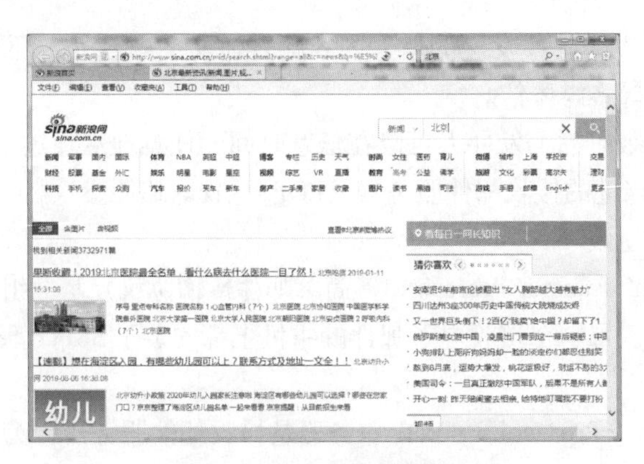

图2.4.8　网站提供的搜索

例3：利用专业搜索引擎搜索与“北京”相关的网页。

打开百度网页（在地址栏输入http://www.baidu.com），在“百度栏”输入“北京”，单击“百度一下”按钮。

也可以在Internet Explorer的“地址栏”直接输入中文，按【Enter】键或单击“转到”按钮后，Internet Explorer将自动搜索默认的搜索引擎站点来查找匹配于关键词的Web站点。

三、下载软件

网上有许多资源可以下载，这些文件可以通过网上的FTP主机取得。

例4：从网上下载极品五笔输入法。

（1）进入百度首页（在地址栏输入http://www.baidu.com），在“百度栏”输入“极品五笔下载”，单击“搜索”按钮，出现搜索结果。

（2）将鼠标指针指向某一个软件站，此时鼠标指针变为手形，单击进入该网站，选择下载服务器并单击，出现下载对话框。

（3）选择保存文件的位置，单击“保存”按钮，开始下载文件，下载完毕后，关闭对话框。

如果用户的计算机中安装了网际快车、网络蚂蚁或影音传送带等专业下载软件，则在下载服务器地址上右击，选择“使用网际快车下载”、“使用网络蚂蚁下载”等命令，可快速下载所需资源。

任务五　操作电子邮件

任务描述

小王同学想给高中同学发一个电子邮件。

任务实施

一、收发电子邮件

1. E-mail的基本特点

（1）发送速度快。给国外发信，只需要几秒或几分钟。

视频

电子邮件的操作

（2）信息多样化。电子邮件发送的信件内容除普通文字内容外，还可以是软件、数据，甚至是录音、动画、电视等多媒体信息。

（3）收发方便，高效可靠。发件人可以在任意时间、任意地点通过发送服务器（SMTP）发送E-mail，收件人通过当地的接收邮件服务器（POP3）收取邮件。

2. SMTP与POP3协议

SMTP（Simple Mail Transfer Protocol 3，简单邮件传输协议）是一组规则，用于由源地址至目的地址传送电子邮件。每一个接收电子邮件的主机上都安装了SMTP服务器，使用SMTP来发送电子邮件。

POP3代表Post Office Protocol 3。POP服务器是接收邮件服务器，为一种协议，用于处理由客户邮件程序获取邮件的请求，用户从POP服务器接收消息。

3. E-mail地址

E-mail地址是Internet上电子邮件信箱的地址，例如，computer_wu@126.com。E-mail地址具有统一的标准格式：用户名@主机域名。其中，用户名是用户在服务器上使用的信箱名，并不是用户的真实姓名，由用户在申请邮箱时自己确定。@符号将用户名与计算机域名分开，@可以读成“at”。主机域名（邮件服务器名）表示邮件服务器的Internet地址，实际上是这台计算机为用户提供的电子邮件信箱。

4. 申请邮箱

个人收发邮件必须有自己的通信地址，即个人电子邮箱。要得到电子邮箱需要向网络管理部门申请。

电话拨号入网的用户，在办理入网手续时，网络管理部门ISP会提供一个电子邮件地址，用户可依照入网登记表上“邮件接收服务器”和“邮件发送服务器”的地址来配置自己计算机上的邮件服务。

通过局域网登录Internet的用户，可向本地网络管理中心申请邮箱，有时也需要办理手续并缴纳一定的费用，就可以在自己的计算机上配置Outlook Express使用。

在Internet上可以申请免费邮箱，许多网站都提供免费电子邮件服务。

例5：在网易网站申请免费邮箱。

（1）在IE地址栏输入地址“http://news.163.com”，连接Internet。

（2）单击“免费邮箱”按钮（见图2.5.1），显示图2.5.2所示的界面。

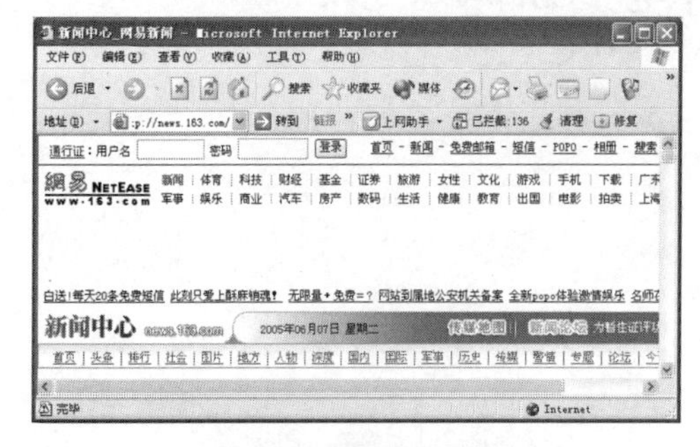

图2.5.1　申请免费邮箱

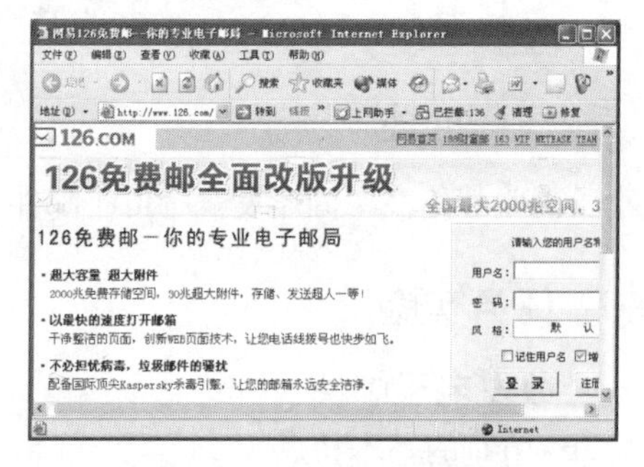

图2.5.2　新邮箱用户注册

（3）根据提示输入用户名（如computer_wu）和密码，密码至少6位数字，可以是英文字符、下画线或它们的组合。单击“注册”按钮，126将要求用户输入一些个人资料，以便忘记密码后重新登记，按提示完成即可。

电子邮箱申请成功以后，就有了一个电子邮件地址，进入网易即可收信。如要发信给别人，也必须知道对方的电子邮件地址。

二、利用 Windows Live Mail 收发电子邮件

1. 启动Windows Live Mail

Windows Vista以后，Outlook收发电子邮件软件已经没有了，取而代之是Windows Live Mail，它是Windows Live的一个组件，安装完Windows 7后，需要下载Windows Live，下载地址为http://windows.microsoft.com/zh-cn/windows-live/essentials。

Windows Live Mail是常用的收发和管理电子邮件的软件，单击“开始”图标→“所有程序”→“Windows Live Mail”命令，启动图2.5.3所示的操作界面。

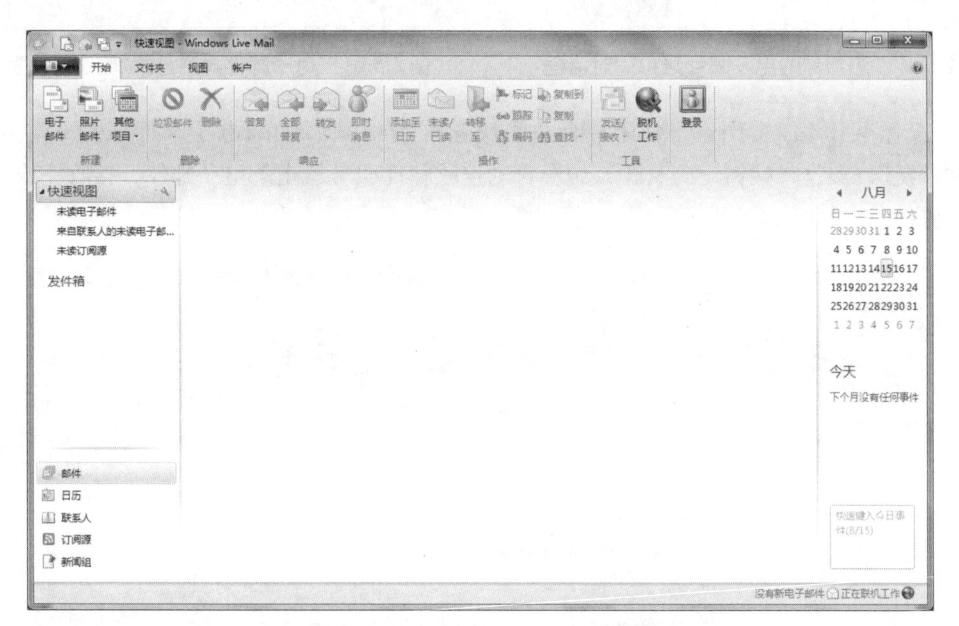

图2.5.3　Windows Live Mail界面

2. 利用Windows Live Mail收发电子邮件

例6： 设置账号：computer_wu@126.com，密码“123456”，“接收邮件服务器”和“发送邮件服务器”分别为“smtp.126.com”、“pop.126.com”，并将该设置添加到“Windows Live Mail”软件中，用它来给自己发一封电子邮件并接收查看。

（1）设置账号。

① 启动Windows Live Mail。

② 单击“账户”→“电子邮件”按钮，打开“添加你的电子邮件账户”对话框，如图2.5.4所示。在对应文本框中分别输入电子邮件账号和密码，如果想在发邮件时，附上自己的信息，可以在“发件人显示名称”文本框中输入信息即可。如果用户的电子邮件服务器需要手动设置，

勾选“手动配置服务器设置”复选框，普通用户不建议勾选此项。

③ 单击“下一步”，出现“你的电子邮件账户已添加”对话框，如图2.5.5所示。单击“完成”按钮返回Windows Live Mail操作界面。

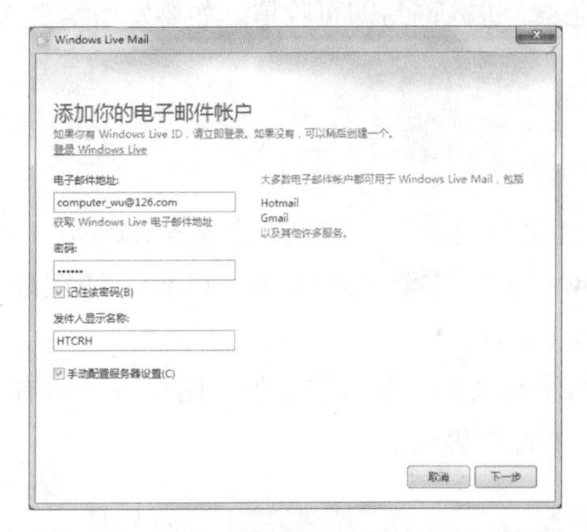

图2.5.4 “添加你的电子邮件账户”对话框

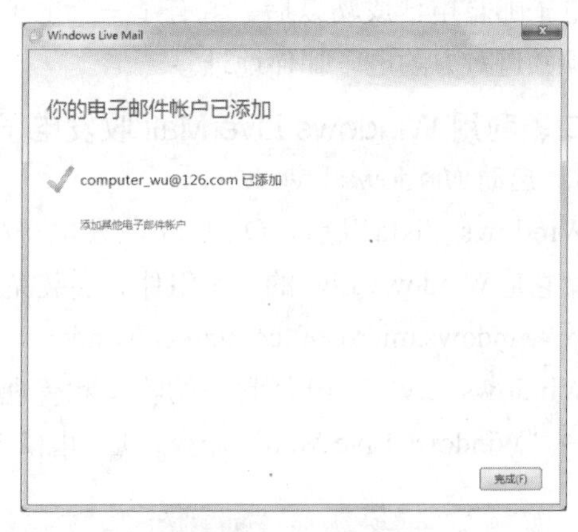

图2.5.5 “电子邮件账户已添加”对话框

④ 选择Windows Live Mail界面左侧快速视图中刚添加的电子邮件账户，单击“开始”→“发送/接收”按钮，此时，系统会自动接收邮件服务器上的电子邮件，接收完成后显示在内容窗口中，如图2.5.6所示。

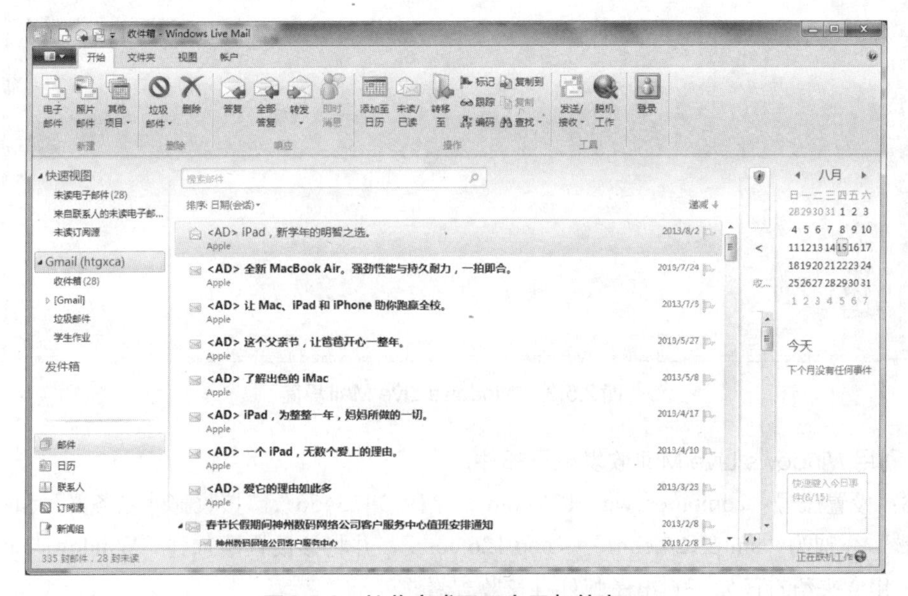

图2.5.6 接收完成显示电子邮件窗口

(2) 创建并发送邮件。上述设置完成后，可以给自己发一封信，按以下步骤进行：

① 填写地址。单击“开始”→“电子邮件”按钮，弹出邮件编写窗口。依次输入收件人：“computer_wu@126.com”、主题：“发送邮件”等项，在内容栏输入“我会使用电子邮箱”，如图2.5.7所示。

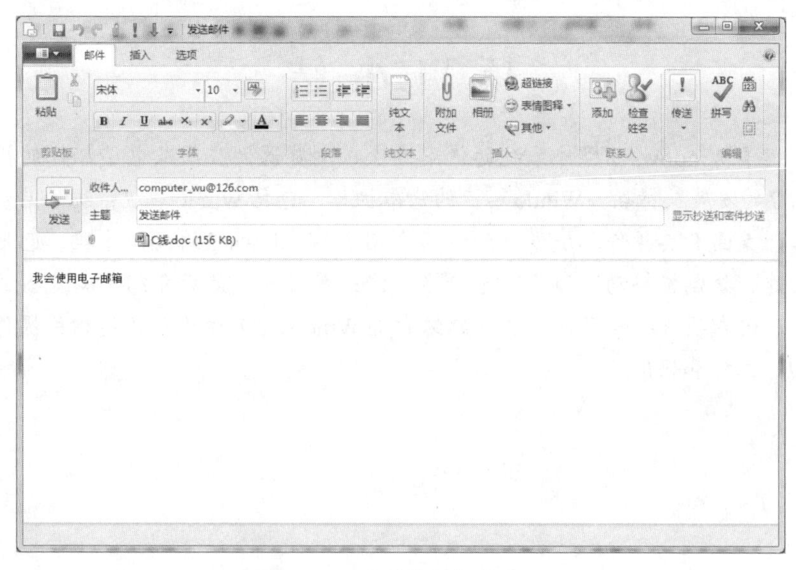

图2.6.7　发送电子邮件窗口

② 添加附件。如果有附件，则单击“邮件”→“附加文件”（回形针状图标），或单击“插入”→“附加文件”按钮，浏览本地磁盘或局域网，选择附件文件，单击“打开”按钮，附件文档就会自动粘贴到“内容”下面。

③ 发送。内容和附件准备就绪后，单击“发送”按钮。此处的“发送”实际相当于对以上操作的确认，邮件存在“发件箱”中。待回到起始的界面，系统会自动发送。

三、利用免费电子邮箱收发电子邮件

利用免费电子邮箱，可方便地收发电子邮件。例如，登录网易主页，单击“免费邮箱”按钮，在图2.5.8所示的窗口中输入用户名和密码，单击“登录”按钮进入126邮件页面，如图2.5.9所示。分别单击“收信”、“写信”按钮进入下一步操作，即可完成操作。

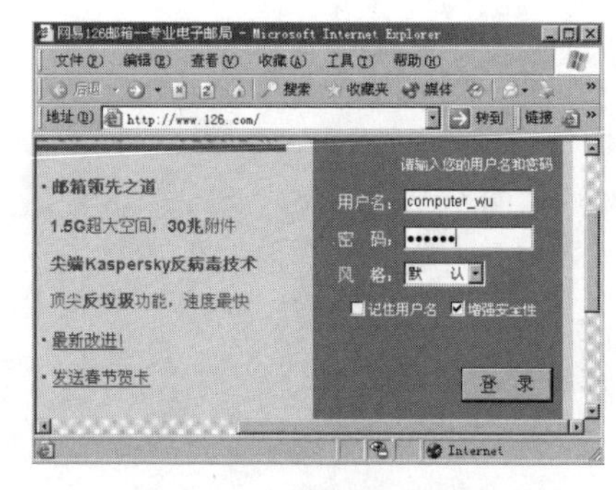

图2.5.8　邮箱进入窗口

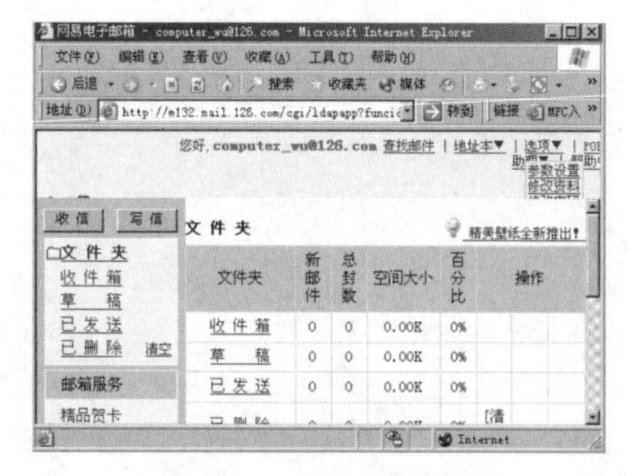

图2.5.9　邮箱使用窗口

也可以将其他文档（如.DOC文件）、动画、声音等多媒体文件作为信件附件发送。单击“附件”按钮，在本地磁盘上找到附件文件后，单击“打开”按钮，然后单击“粘贴”按钮，将附件粘贴到信件上。如果有多个附件，重复以上步骤，把所有的附件粘贴完以后，单击“完成”按钮回到发信页面。单击“发送”按钮，服务器便将信寄出。

项目小结

本项目介绍了Windows 7操作系统的使用方法、浏览器的应用及电子邮件的操作。首先介绍了Windows 7的发展及特点；Windows 7的基本操作，包括Windows 7系统的启动和退出、鼠标和键盘操作、桌面及其操作环境设置；然后介绍了Windows 7的文件管理，包括文件和文件夹的选定、新建、复制、移动、删除、重命名、修改属性等；最后介绍了浏览器的应用和电子邮件的操作。通过本项目的学习，读者可熟练掌握Windows 7 操作系统的相关操作；能够使用Internet来学习、工作和娱乐。

本部分主要介绍Office办公软件的应用，让学生能够熟练掌握使用Word、Excel、PowerPoint软件进行相关文档的制作与编排。

项目三　文字处理软件Word 2010

项目导读

本项目主要介绍Word文档的编辑和排版操作；介绍图文混排和长文档的操作应用以及常用表格的制作和编辑；简要介绍Word 2010的启动、退出及窗口组成。

学习目标：

知识目标	技能目标	职业素养
• 熟悉Word 2010的工作界面 • 学习Word文档的基本操作 • 学习字符格式、段落格式及页面格式的设置 • 学习Word中表格的制作与编辑，学习图文混排文档的编辑 • 学习Word的高级排版	• 熟练掌握Word的格式设置和排版操作 • 会在Word中制作和编辑表格 • 熟练掌握图文混排操作 • 能进行Word长文档的编排	• 信息处理素养 • 自主学习能力 • 细致严谨的工作态度

重点： Word文档的编辑和排版；表格的制作和编辑。

难点： 图文混排；长文档的编排。

建议学时： 16个课时。

视频

Word 2010 课前学习

课前学习

扫二维码，观看相关视频，并完成以下选择题：

1. Word 2010属于（　　）软件。

A. 系统　　　　B. 应用

C. 高级　　　　D. 低级

素材

项目素材

2. 下列（　　）不是Word的主要功能。

A. 表格制作　　　　B. 文字排版

C. 数据处理　　　　D. 图文混排

3. Word 2010文档的扩展名是（　　）。

A. .doc　　　　B. .exe

C. .pdf　　　　D. .docx

4. Word中在输入文本时，按（　　）组合键可以快速切换中/英文标点符号状态。

A.【Shift+Space】　　　　B.【Ctrl+Space】

C.【Ctrl+.】　　　　D.【Shift+Ctrl】

5. 在Word中，如果要将文档中的某一词语全部替换为新词组，应（　　）。

A. 先查找，再逐个替换　　　　B. 选择“插入”—“替换”命令

C. 逐个替换　　　　D. 选择“开始”—“替换”命令

任务一　初识Word 2010

视频

Word 2010
基本操作

任务描述

小明同学大三了，需要准备一篇毕业论文。了解到可以用Word软件进行编辑，虽然以前也用过这个软件，但是没有编辑过毕业论文这样的长文档，并且觉得自己对Word文档的编辑操作也不够规范，想要系统地学习这个软件。

任务实施

一、启动和退出Word 2010

1. 启动Word 2010

在Windows 7系统环境中，与大多数Windows应用程序一样，启动Word 2010主要有以下4种方法：

（1）Word 2010安装后，安装向导会在“开始”菜单中创建“程序组”，如图3.1.1所示。在“开始”菜单“所有程序”中启动“Microsoft Word 2010”。

（2）使用桌面快捷图标启动。如果在桌面上设置了快捷图标 ，双击该图标即可以启动Word 2010。

（3）在桌面空白处右击，在弹出的快捷菜单中选择“新建”→“Microsoft Word文档”命令，这时在桌面上出现“新建Microsoft Word文档”命名的文件，再右击该文档（也可以双击该文件打开），选择“打开（O）”命令，如图3.1.2和图3.1.3所示。

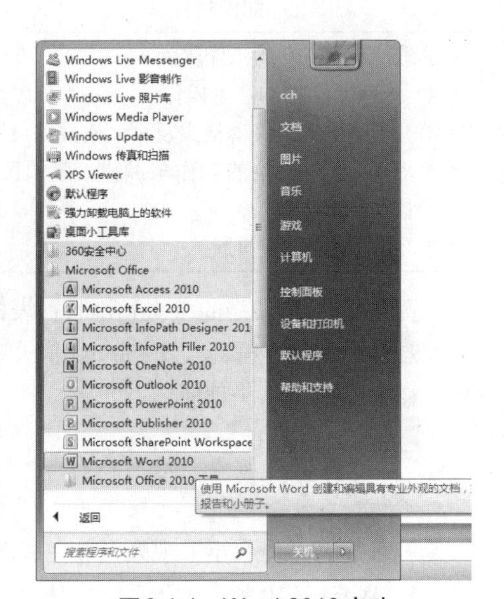

图3.1.1　Word 2010启动

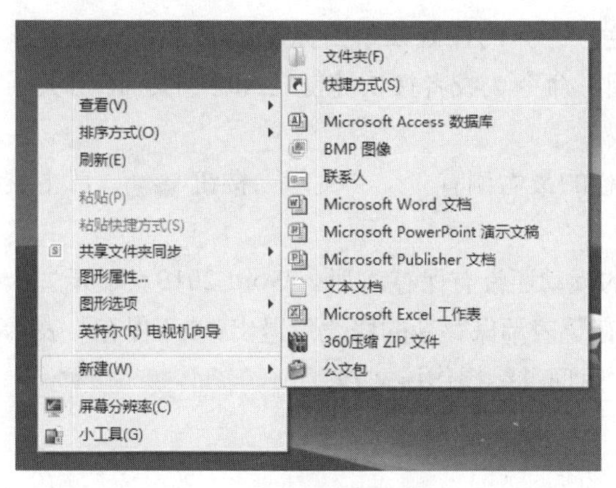

图3.1.2　新建Word文档

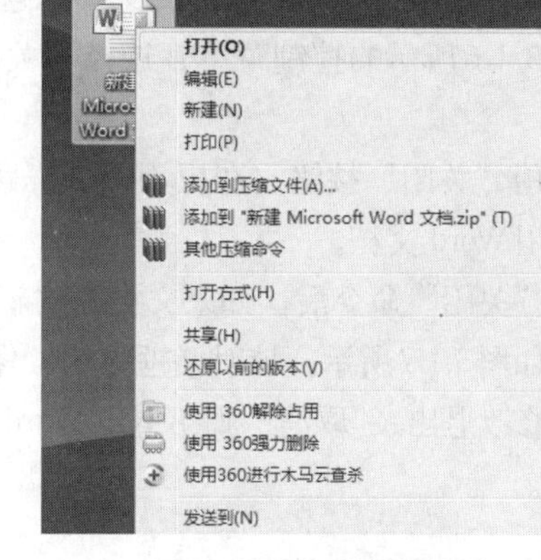

图3.1.3　打开新建文档

（4）使用已经创建的Word文档启动。通过双击“计算机”图标或桌面上已保存的Word文档来启动，双击Word文档图标，即可自启动Word 2010，并打开被双击的文档。

提示： Windows 7之所以能通过双击Word文档就可以启动Word，并在程序窗口中打开该文档，是因为在安装该应用程序时。系统建立了后缀名为.docx的文件与Word 2010应用程序的关联。

单击“开始”→“控制面板”→“程序”→“默认程序”→“设置关联”按钮，打开图3.1.4所示的窗口。建议在没有弄清扩展名与程序的关联前，不要修改默认关联，以免文件打开错误。

2. 退出Word 2010

退出Word 2010也有4种方法：

（1）使用“文件”命令退出。单击“文件”→“退出”命令．即可退出Word 2010应用程序。

（2）在任务栏的“Word图标”上右击，从弹出的快捷菜单中选择“关闭所有窗口”命令，如图3.1.5所示，即可退出Word。

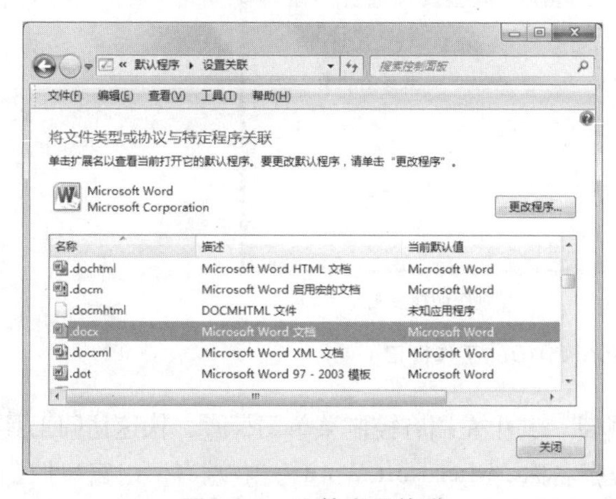

图3.1.4　文件类型关联

图3.1.5　右击快捷菜单

（3）使用控制菜单。双击Word窗口标题栏左上角的控制菜单图标；或者单击打开该图标，出现图3.1.6所示的控制菜单，选择“关闭”命令；或者按快捷键【Alt+F4】，即可关闭该文档。

（4）使用“关闭”按钮。在应用程序标题栏的最右侧有一个“关闭”按钮，单击该按钮也可以关闭Word文档。

当发出“关闭”命令后，如果文档经过新的改动还没有保存，那么Word 2010会显示一个提示对话框，如图3.1.7所示。该对话框中的“保存”表示保存新的修改后退出；“不保存”表示放弃保存新的修改退出；“取消”则不退出Word，返回继续操作该文档。

图3.1.6　左上角控制菜单

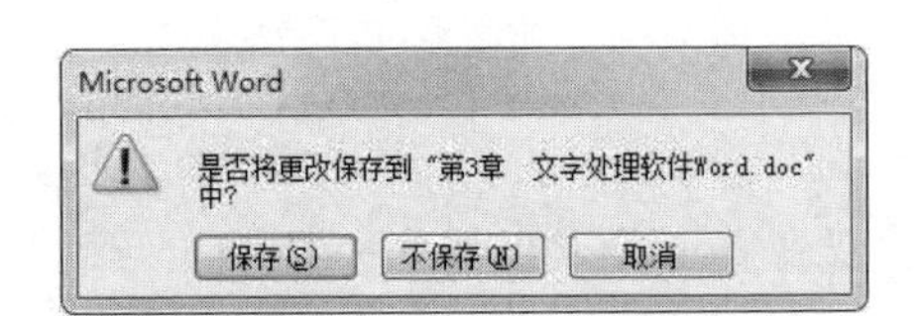

图3.1.7　保存提示

二、Word 2010的工作界面

Word 2010窗口

当启动Word 2010后，便可以看到图3.1.8的工作窗口。该窗口大致可分成标题栏、“文件”按钮、功能区、“导航”窗格、标尺、工作区、垂直滚动条、水平滚动条和状态栏等几个主要组成部分。在Word窗口的编辑区中可以对创建或打开的文档进行各种编辑和排版操作。

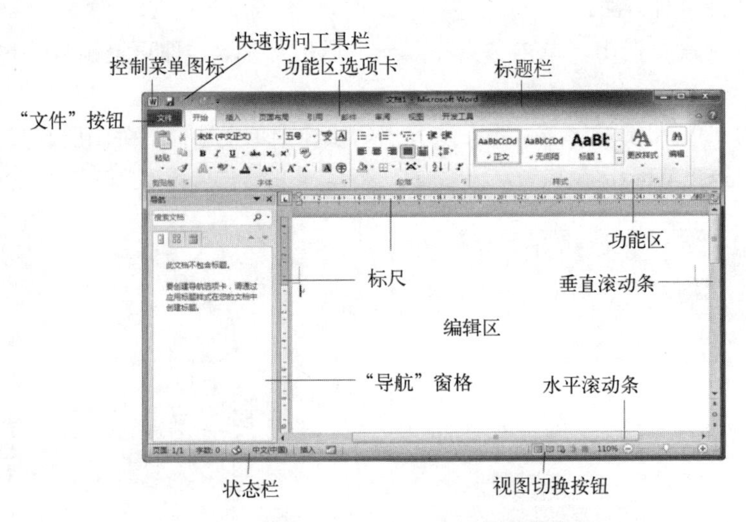

图3.1.8　Word 2010的工作窗口

（1）标题栏。标题栏位于Word窗口的顶部，其中左端有控制菜单图标、快速访问工具栏、编辑的文档名例如“文档1”和程序名称“Microsoft Word”。右端有一组窗口控制按钮，包括“最小化”按钮、“最大化”按钮或“还原”按钮和“关闭”按钮。

快速访问工具栏则集中了Word文档操作最常用的几个命令按钮，默认包括保存文档、撤销输入、重复输入等，如图3.1.9自定义快速访问工具栏可添加其他命令按钮。

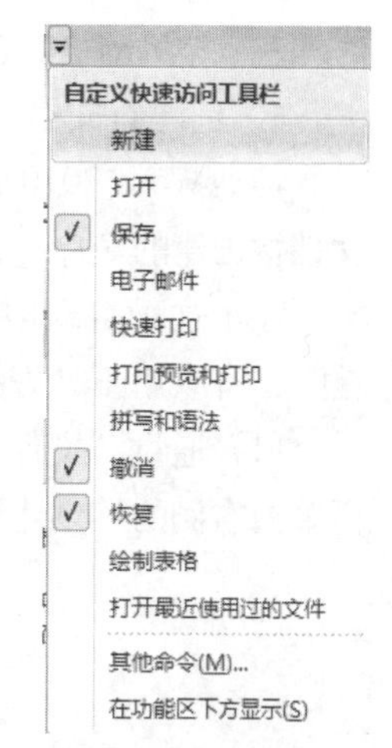

图3.1.9　自定义快速访问工具栏

当Word窗口非最大化时，用鼠标拖动标题栏可在桌面上任意移动Word窗口。

（2）“文件”按钮。“文件”按钮的主要内容是Office 2003以前的版本对文档的基本操作命令，包括新建文档，保存文档和打印文档等操作，以及“信息”和“最近所用文件”操作，还可以通过“选项”操作对Word软件进行各项设置。

（3）功能区。Word 2010标题栏下方区域是功能区，如图3.1.10所示。它替代了早期Word窗口中的菜单和工具栏。为了方便浏览，功能区包含若干个围绕特定方案或对象进行组织的选项卡，并把每个选项卡细化为几个组。

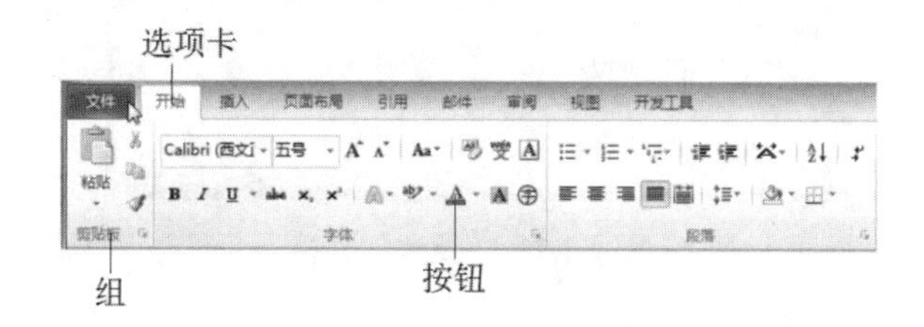

图3.1.10　Word 2010的功能区

（4）标尺。标尺有水平标尺和垂直标尺两种，位于编辑区的上方和左侧，用来显示编辑内容所在页面的实际位置、页边距尺寸，还可以设置制表位、段落、页边距尺寸等。打印预览状态中出现的垂直标尺，用于调整上下页边距和表格的行高等。

（5）编辑区。Word编辑区（或称工作区）是指位于水平标尺以下和状态栏以上的区域。在工作区中可打开一个或多个文档并对它进行录入、编辑或排版等工作。每个文档有一个独立窗口。

（6）滚动条。滚动条包括垂直滚动条和水平滚动条，分别位于编辑区的右侧和下方，通过拖动滚动条上的滚动块或单击滚动箭头，可以查看超出窗口区的内容。

（7）状态栏。状态栏位于Word窗口的最下端，它用来显示当前的一些状态，如当前插入点所在的页面、文档字数总和以及当前Word的工作状态信息。状态栏右端是视图切换按钮、显示比例按钮。

提示：如果要扩大窗口工作区，可采用以下隐藏/显示功能区、标尺方法：

① 单击标题栏右侧的按钮，即可显示/隐藏功能区。

② 选择“视图”选项卡，勾选“标尺”复选框可隐藏标尺。

隐藏了全部功能区和标尺后，窗口上只剩下标题栏和功能区选项卡，窗口的工作区得到了扩大。

三、Word 2010 的文件管理

1. 创建新文档

启动Word 2010后，系统会自动创建一个命名为“文档1”的空白文档，Word对新建的空白文档按创建的顺序，依次命名为“文档1”、“文档2”和“文档3”等。

除了这种自动创建文档的方法外，如果在编辑文档的过程中还需另外创建一个或多个新文档时，可以用下列方法之一来创建：

(1) 通过“文件”按钮。单击“文件”→“新建”命令，在中间窗格中选择要使用的模板，再单击右侧的“创建”按钮，如图3.1.11所示。

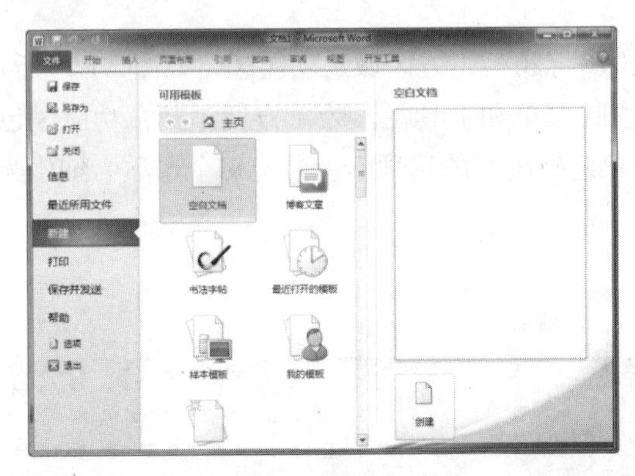

图3.1.11 “新建”文档

(2) 通过快速访问工具栏。单击自定义快速访问工具栏中的按钮▼，从中选择“新建”命令，这时“新建”按钮□就被添加到快速访问工具栏中，单击该按钮即可创建空白文档。

(3) 利用组合键。按【Ctrl+N】组合键。

2. 打开文档

打开文档就是将存储在磁盘上的文档调入内存的过程。打开单个Word 2010文档的方法有以下几种：

(1) 在桌面或“计算机”窗口中直接双击要打开的Word文档。

(2) 在Word 2010工作窗口中单击“文件”→“打开”命令。

(3) 通过快速访问工具栏：单击自定义快速访问工具栏中的按钮▼，从中选择“打开”命令，这时“打开”按钮就被添加到快速访问工具栏中，单击该按钮即可。

(4) 按快捷键【Ctrl+O】。

使用方法 (2)、(3) 和 (4) 时，会出现图3.1.12所示的对话框。如果要打开的文档名不在当前文件夹中，可从“查找范围”下拉列表中选择文档所在的磁盘，在文件列表中，双击文档所在的文件夹，选定要打开的文档，再单击右下方的“打开”按钮。

3. 保存文档

保存文档是指将驻留在内存中的信息写入磁盘文件的过程。文档的保存方法与文档是否为新建的或打开后是否修改过有关。

新文档和文档换名保存的具体操作步骤如下：

（1）新文档的保存可以单击快速访问工具栏中的“保存”按钮，或者单击“文件”→“保存”命令。如果给正在编辑的文档换名保存，需要单击“文件”→“另存为”命令，它们都会打开图3.1.13所示的“另存为”对话框。

图3.1.12 “打开”对话框

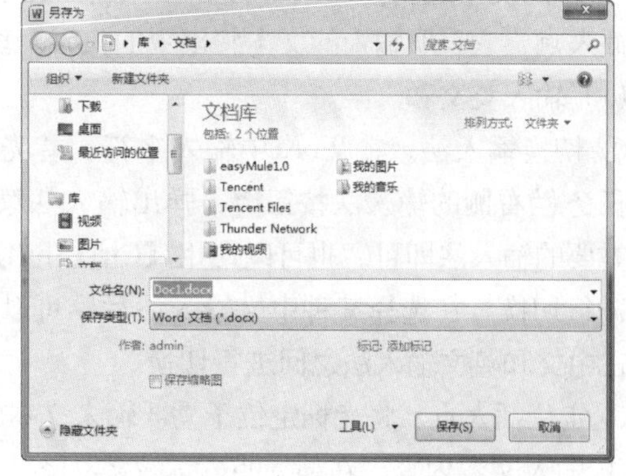

图3.1.13 “另存为”对话框

（2）默认情况下，Word将文档保存在系统“文档”文件夹中；也可以从“导航”窗格中选择相应的选项或选择相应的驱动器及所属文件夹，保存到其他文件夹中。

（3）在“文件名（N）”文本框中输入一个新文件名（默认为“文档1”或“文档2”，……），Word 2010文档的扩展名默认是.docx。

（4）单击“保存”按钮。

文档的换名保存，实际是把当前正在编辑的文档用另外一个新的文档名保存在磁盘上，不覆盖磁盘原文档内容，可以起到文档备份的作用。

4.“另存为”命令的其他功能

（1）如果需要对文件进行保护，如加密、解密或其他操作，可以通过单击“另存为”对话框中的“工具”按钮，选择其中的“常规选项”，在“安全性”对话框进行“打开文件时的密码”和“修改文件时的密码”的设置。

（2）当新建文档在保存过程中由于疏忽大意，而将文档存放在某一未知位置时，可单击“文件”→“另存为”命令，打开图3.1.13所示的“另存为”对话框，显示当前文档的所在位置。

5. 自动保存时间间隔的设置

Word 2010提供了自动保存的功能，系统能每隔一段时间就自动保存一次。设置步骤如下：

（1）单击“文件”→“选项”命令，打开“Word选项”对话框。

（2）选择“保存”选项卡，勾选“保存自动恢复信息时间间隔”复选框，在“分钟”文本框中输入时间间隔数，如图3.1.14所示。

（3）单击“确定”按钮。

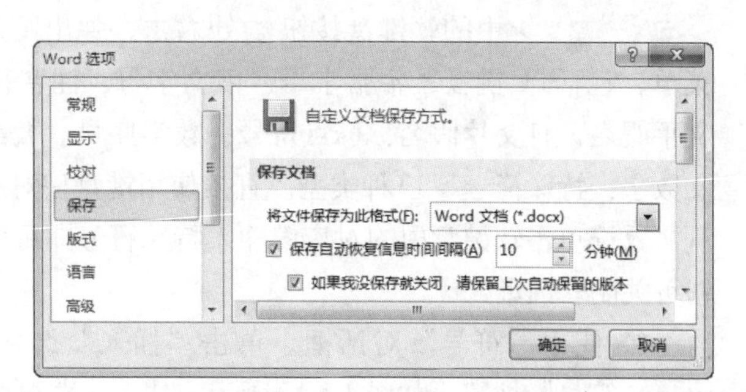

图3.1.14 “Word选项”对话框

四、Word 2010 的文档编辑

1. 文本的输入

用户要学会使用Word编辑文档的方法，第一步就是要掌握如何将内容准确地输入到文档中。

Word的文本编辑区有两种常见的标识：文本插入点标识|和段落标识↵。闪烁的黑色竖条称为插入点，它表明输入的文本将出现的位置。段落标识表示一个段落的结束、新段落的开始。

（1）输入英文和汉字。

① 切换输入法。在Word中输入字符，首先要选择合适的输入法。单击任务栏右侧的输入法按钮，弹出输入法菜单，如图3.1.15所示，选择需要的输入法即可。也可以使用【Ctrl+Shift】组合键在各种输入法之间进行切换。在选择某种中文输入法后，可以使用【Ctrl+Space】组合键在中文和英文输入法之间进行切换。

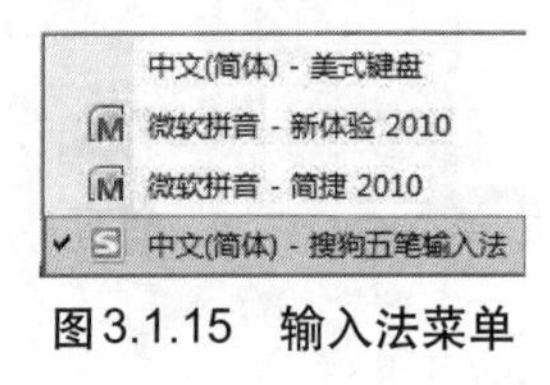

图3.1.15 输入法菜单

② 定位插入点。将光标定位于需要输入文本的位置。

③ 输入文本内容。在插入点输入文本内容，如果文字到行末还没有结束，只需继续输入文本而不必按【Enter】键，Word会自动将插入点移到下一行行首。完成一个自然段文字的输入后，按【Enter】键换行，即可开始一个新段落。

④ 输入中英文标点符号。中英文标点符号的输入是不一样的，默认状态下为英文标点输入状态。在英文标点状态下，所有标点与键盘的按键一一对应；在中文标点状态下，常用中文标点符号和键盘的对照关系如表3.1.1所示。选择好输入法后，可以看到输入法状态栏。其中为中文标点输入状态，为英文标点输入状态，为半角状态，为全角状态，为软键盘。用【Ctrl+.】组合键可以进行中／英文标点符号切换。

表3.1.1 常用中文标点与键盘符号对照表

键盘符号	,	.	\	^	&	"	'	< >	@
中文标点	，	。	、	……	—	“ ”	‘ ’	《 》	·
	逗号	句号	顿号	省略号	破折号	双引号	单引号	书名号	间隔号

（2）输入特殊符号。有时在输入文字时需要输入一些特殊符号，如罗马数字、数字序号、数字符号、希腊字母等。

在Word文档中输入这些特殊符号主要有以下2种方法：

① 使用软键盘输入。在输入法状态栏（如五笔字型输入法）中的软键盘按钮处右击，弹出图3.1.16所示的软键盘菜单，包括PC键盘、希腊字母、俄文字母、注音符号、拼音字母、日文平假名、日文片假名、标点符号、数字序号、数字符号、制表符、中文数字、特殊符号等13种类型。直接使用键盘按对应键输入特殊符号或利用鼠标单击软键盘中的对应键输入特殊符号即可。再次单击软键盘按钮可关闭软键盘。

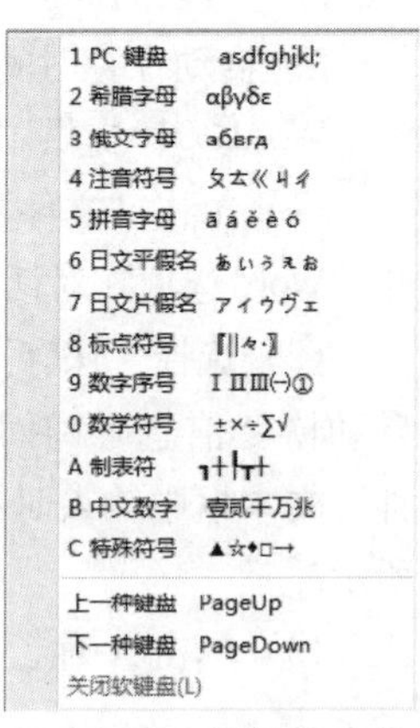

图3.1.16 软键盘菜单

② 使用“符号”对话框。单击“插入”选项卡→“符号”选项组→“符号”按钮，如图3.1.17所示，从下拉菜单中选择在文档中已使

用过的符号。如果用户未发现所需符号，单击“其他符号”按钮（或在插入点右击，从弹出的快捷菜单中选择“插入符号”命令），打开“符号”对话框，如图3.1.18所示。“符号”对话框中有“字体”和“子集”两个列表框，用户可以选择不同的字体和子集。

（3）插入文件。将光标移到指定位置，单击“插入”选项卡→“文本”选项组→“对象”下拉按钮，如图3.1.19所示，选择“文件中的文字”，即可将该文件的全部内容插入到当前文档指定的位置。

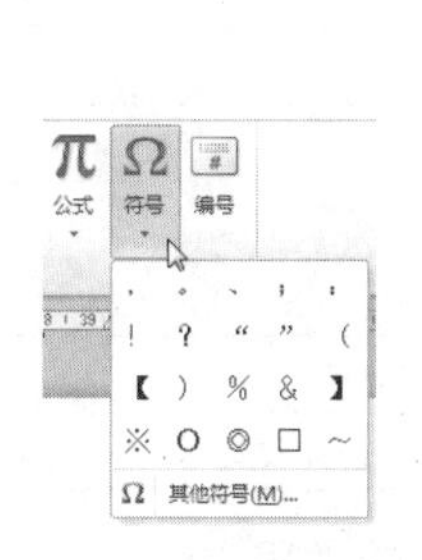

图3.1.17　“符号”下拉列表

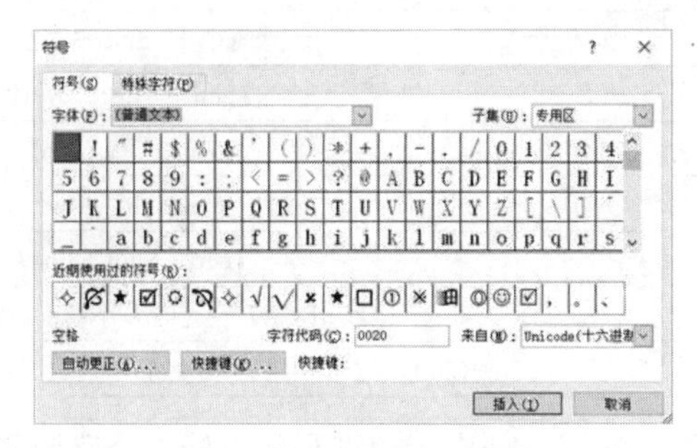

图3.1.18　“符号”对话框

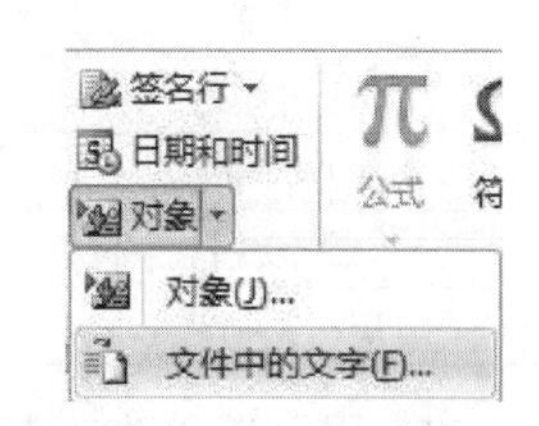

图3.1.19　“对象”下拉列表

2. 对象的选定

对象的选定是编辑文档的先导操作，只有选定了操作对象，才能对其进行移动、复制、删除等编辑操作。在Word 2010中，被选中的文本将反色着重显示。使用鼠标或键盘，都可以选定对象。

（1）用鼠标选定对象。表3.1.2列出了用鼠标选择文本的常用方法。

表3.1.2　用鼠标选择文本

选择文本	操作方法
任意数量连续的文本	在文本起始位置单击，按住鼠标左键并拖过要选定的正文
选定大范围的文本	单击选定文本块的起始处，按住【Shift】键，单击选定块的结尾处
一个单词	双击该单词
一个句子	按住【Ctrl】键，然后在该句中任何位置单击
一行文本	在该行左侧的选定区（鼠标形状呈 ↗ 状的区域）单击
一个段落	在该段左侧的选定区双击，或在该段内任意位置三击
多个段落	在选定区双击首段或末段，按住鼠标左键并向下或向上拖动
整个文档	在选定区三击

（2）用键盘选定对象。表3.1.3列出了用键盘选择文本的常用方法。

表3.1.3　用键盘选文本

选择文本	操作方法（组合键）
插入点右侧一个字符	【Shift + →】
插入点左侧一个字符	【Shift + ←】
一个单词结尾	【Ctrl + Shift + →】
一个单词开始	【Ctrl + Shift + ←】

续表

选择文本	操作方法（组合键）
至行尾	【Shift + End】
至行首	【Shift + Home】
至下一行	【Shift + ↓】
至上一行	【Shift + ↑】
至段尾	【Ctrl + Shift + ↓】
至段首	【Ctrl + Shift + ↑】
下一屏	【Shift + Page Down】
上一屏	【Shift + Page Up】
文档开始处	【Ctrl + Shift + Home】
文档结尾处	【Ctrl + Shift + End】
整篇文档	【Ctrl + A】、【Ctrl+小键盘上数字键5】
矩形文本块	【Ctrl+Shift+F8】，再用箭头键进行选择，按【Esc】键取消选定模式

（3）用鼠标和键盘选定。表3.1.4列出了用键盘和鼠标结合选择文本的常用方法。

表3.1.4　用鼠标和键盘联合选择对象

选择对象	操作方法
多个图形	在按住【Shift】键的同时单击各图形
矩形文本块	按住【Alt】键，然后将鼠标拖过要选定的文本

在编辑文档时，Word会保留更改记录，因此可以恢复修改前的状态。如果发生误操作时，可以用【Ctrl+Z】组合键恢复最近一次操作，单击快速访问工具栏中的下拉按钮，打开下拉列表，可以显示打开文档以前的操作复原点，单击需要的复原点即可复原到相应的状态。

3. 查找与替换

当用户对文档进行修订及校对过程中，利用Word 2010的查找、替换、定位功能，可以极大地提高工作效率。

（1）使用“导航窗格”查找。单击“开始”选项卡→“编辑”选项组→“查找”下拉按钮，选择“查找”（或按【Ctrl+F】快捷键），在编辑区左侧弹出图3.1.20所示的“导航”窗格，在搜索框中输入内容来进行查找搜索。

（2）高级查找。利用Word 2010提供的“高级查找”功能，能够快速地在文档中查找到指定格式的内容和其他特殊字符，并且支持利用通配符进行模糊查找。单击“开始”选项卡→“编辑”选项组→“查找”下拉按钮，选择“高级查找”，打开“查找和替换”对话框，在搜索框中输入内容来进行查找搜索。

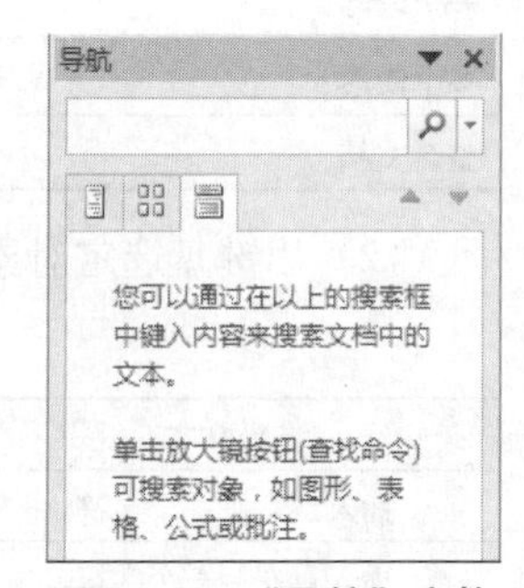

图3.1.20　“导航”窗格

若想继续查找相同的内容则单击“查找下一处”按钮，如果Word找到了用户指定查找的文本，会把该文本所在的页面显示在屏幕，并反色显示该文本。若要编辑已找到的文本，单击“取消”按钮，插入点停留在当前找到的文本处。

（3）替换。替换和高级查找的操作方法基本相同，具体操作步骤如下：

单击“开始”选项卡→“编辑”选项组→“替换”按钮（或按【Ctrl+H】快捷键），打开图3.1.21所示的“查找和替换”对话框。

单击“查找下一处”按钮，忽略替换当前查找到的内容继续查找。单击“替换”按钮则将查找到的内容替换掉，并继续查找下一匹配内容。单击“全部替换”按钮将一次全部替换文档中所有找到的文本。

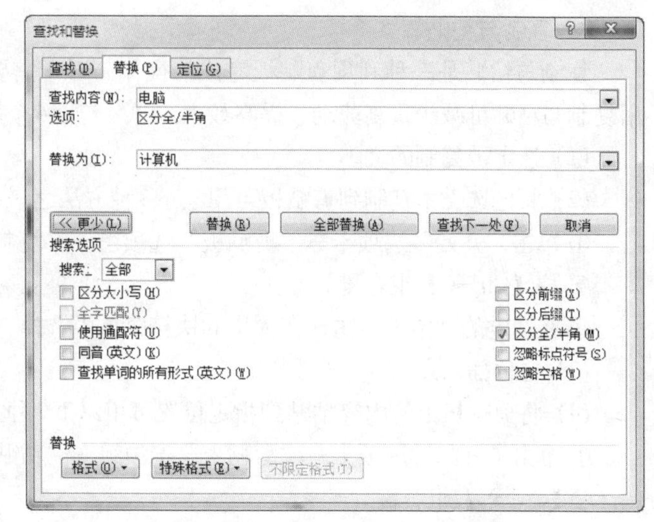

图3.1.21 “查找和替换”对话框

替换完毕后，Word会显示一个消息框，表明已经完成文档的搜索，单击“确定”按钮关闭消息框；单击“关闭”按钮关闭对话框并返回文档中。

用户可以利用对话框中的搜索选项进行更细致的设置，在对话框中单击“更多（M）>>”按钮，会出现图3.1.21所示的一些复选框和按钮。一些常用选项和按钮的功能介绍如下：

①“搜索范围”下拉列表。用于指定查找的范围，包括有向下（从插入点位置向文档末尾查找）、向上（插入点位置向文档开头关查找）和全部（在整篇文档中查找）。

②“区分大小写”选项。选中此项，只查找与“查找内容”文本框中完全相同的文本。

③“全字匹配”选项。选中此项，只查找与文本框中内容完全相同的单词，而把包含有该单词的其他单词排除。

④“使用通配符”选项。选中此项，可在查找文本框中输入通配符来代替某些字符。

⑤“同音（英文）”选项。选中此项，可找到与查找文本框中单词同音的所有单词。

⑥“查找单词的所有形式（英文）”选项。选中此项，可找到查找文本框中单词的现在时、过去时、复数等所有形式。

⑦“区分全/半角”选项。选中此项，Word在查找时将区分全角和半角的数字和符号。

⑧“格式”按钮。单击“格式”下拉按钮，可以在该下拉列表中选择待查找内容的格式，包括字体、段落、制表位、语言、图文框、样式和突出显示等。

⑨“特殊符号”按钮。单击“特殊符号”下拉按钮，可以选择待查找的特殊字符，则在“查找内容”文本框中会出现所选特殊字符的标识，如段落标记的标识^p、手动换行符的标识^l、制表符的标识^t。

（4）定位。利用Word软件提供的“定位”功能，能够快速地在文档中定位到指定的页、节、行等，方法与查找的方法相似。

提示：在输入要查找的内容时，不要在其前后插入或加上多余的空格，否则将提示找不到。

如果在“替换为”文本框中不输入内容，单击“替换”或“全部替换”按钮，将删除查找到的文本。

4. 复制与粘贴

复制与粘贴是一种利用剪贴板完成的操作。对于需要重复一些前面已经输入过的文本，使用复制与粘贴可减少重复劳动，提高效率。一般包括4个步骤：

（1）选定被复制的文本。

（2）将已选文本复制到剪贴板可用以下3种方法之一：

① 单击“开始”选项卡→“剪贴板”选项组→“复制”按钮。

② 按【Ctrl+C】组合键。

③ 在选定的文本上右击，在弹出的快捷菜单中选择“复制”命令。

（3）定位插入点。

（4）将剪贴板上的内容粘贴到指定位置可用以下3种方法之一。

① 单击“开始”选项卡→“剪贴板”选项组→“粘贴”按钮。

②【Ctrl+V】组合键。

③ 在插入点右击，在弹出的快捷菜单中选择“粘贴”命令。

提示： *若需复制的文本块较小且复制的目标位置就在同一屏幕中。先选定文本块，再按住【Ctrl】键并拖动鼠标到目标位置时，依次释放鼠标、【Ctrl】键。*

5. 选择性粘贴

以上提到的粘贴功能，只能粘贴最近一次复制的内容。

使用“选择性粘贴”功能实现更灵活地复制粘贴操作。

（1）在文档窗口，选中需要复制或剪切的文本或对象，执行“复制”或“剪切”操作。

（2）单击“开始”选项卡→“剪贴板”选项组→“粘贴”下拉按钮，出现图3.1.22所示的粘贴选项。

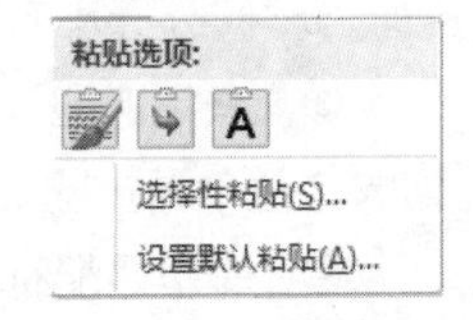

图3.1.22 粘贴选项

单击“选择性粘贴”按钮，在打开的“选择性粘贴”对话框中选中“粘贴”单选按钮，然后在“形式”列表中选中一种粘贴格式，如选中“无格式文本”选项，并单击“确定”按钮，如图3.1.23所示。

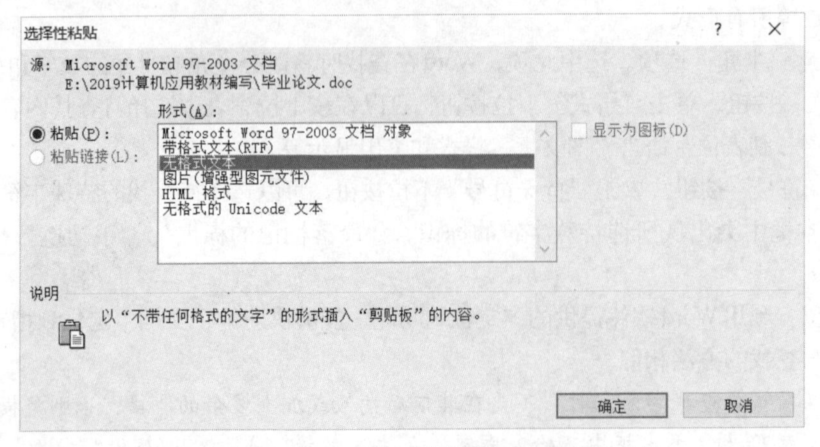

图3.1.23 “选择性粘贴”对话框

在Word 2010中，单击“开始”选项卡→“剪贴板”选项组的对话框启动器按钮，可以打开“剪贴板”窗格，则最多可以进行24次不同内容的粘贴，并且可以显示剪贴板上的缩略信息，如图3.1.24所示。

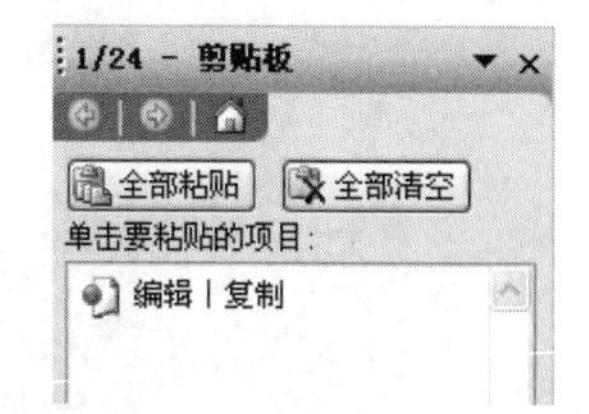

图3.1.24　“剪贴板”窗格

任务实作

子任务1：文档建立及文字录入

1. 新建文档

打开Word 2010，新建空白文档，如图3.1.25所示，文档默认的标题是“文档1-Microsoft Word”。

2. 保存新文档

单击快速访问工具栏上的“保存”按钮，打开“另存为”对话框，如图3.1.26所示。设定保存位置，系统默认的保存位置是“文档库”文件夹。输入文件名“毕业论文”，保存类型采用系统默认的Word文档。完成之后单击“保存”按钮。保存操作之后，标题栏变更为“毕业论文-Microsoft Word”。

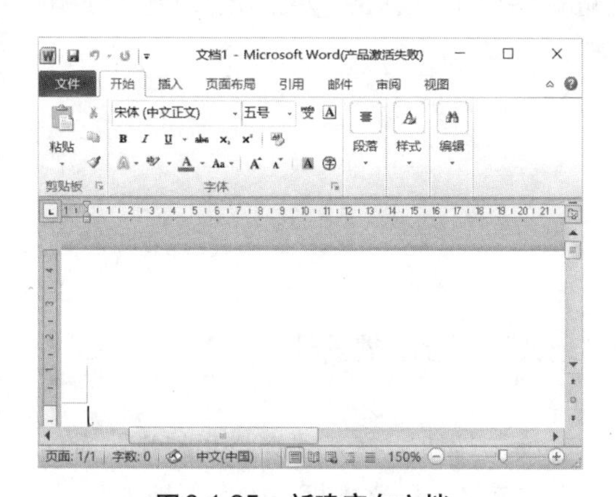

图3.1.25　新建空白文档

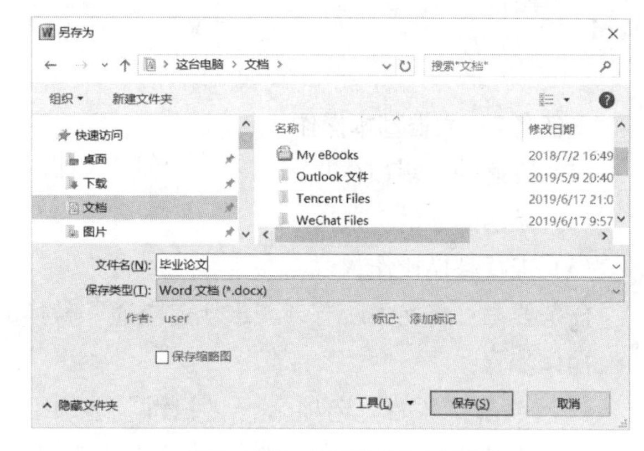

图3.1.26　“另存为”对话框

3. 录入文档内容

输入文字时先不要设置字符和段落格式，录入过程中最好不要用空格控制版面。输入一定数量的文字之后，单击快速访问工具栏上的“保存”按钮，以防意外死机丢失数据。输入过程中综合运用文档的编辑操作。

录入时注意中英文和特殊符号。录入方法如下：

（1）启动Word后，默认的输入状态是英文。输入汉字时，要先选择中文输入法。输入过程中要注意中英文输入法的切换和中英文标点符号的输入。

（2）输入特殊符号。

① 将光标定位在需要输入特殊符号的位置。

② 单击“插入”选项卡→“符号”选项组→“符号”→“其他符号”按钮，打开“符号”对话框，在“字体”下拉列表中选择“Wingdings”选项，向下拖动垂直滚动条，如图3.1.27所示，选择需要的符号。

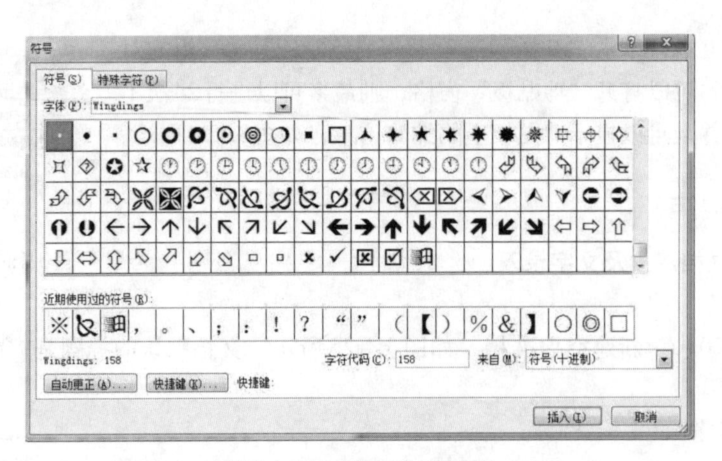

图3.1.27 “符号”对话框

③ 单击“插入”按钮，即可在插入点处插入该符号。

4. 关闭文档

输入完成或者文件编辑完成之后，单击文档右上角的“关闭”按钮 关闭该文档，并退出Word。

子任务2：文档基本操作

（1）段落的分割和合并。

（2）段落的移动。

（3）查找替换操作。

任务要求：将文中所有“城市轨道交通”替换成“地铁”，并加上着重号。

操作步骤：

（1）单击“开始”选项卡→“编辑”选项组→“替换”按钮，打开“查找和替换”对话框。在“查找内容”文本框中输入“城市轨道交通”，在“替换为”文本框中输入“地铁”，如图3.1.28所示。

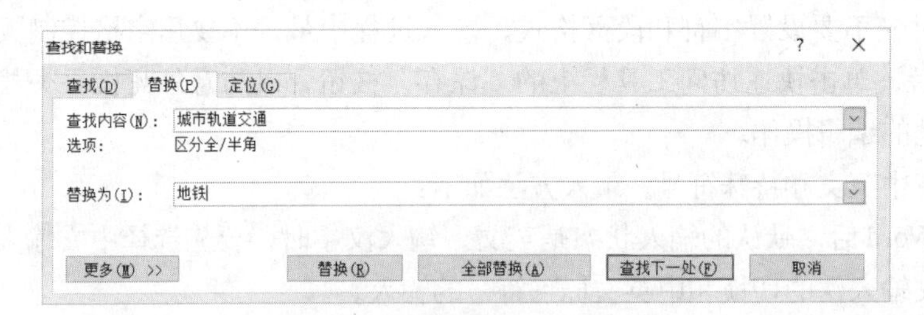

图3.1.28 “查找和替换”对话框

（2）单击“更多（M）>>”按钮，选中“地铁”文字，在“格式”菜单中选择“字体”命令，如图3.1.29所示。在打开的“查找字体”对话框中选择“着重号”，如图3.1.30所示，单击“确定”按钮。

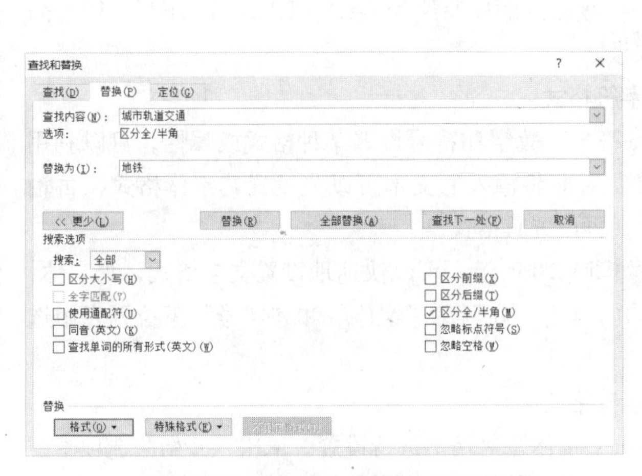

图3.1.29　“查找和替换”展开对话框

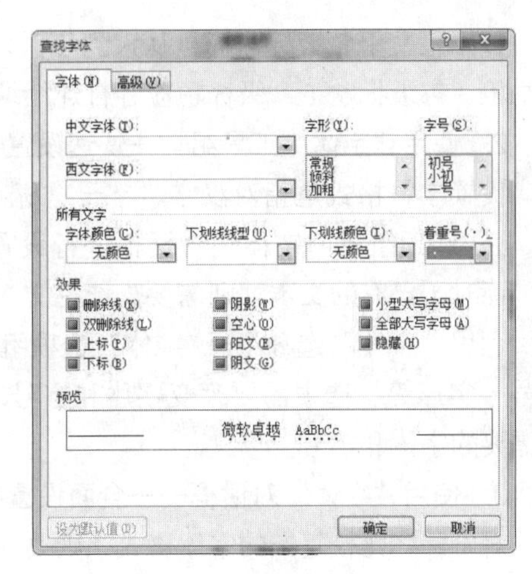

图3.1.30　“查找字体”对话框

（3）返回“查找和替换”对话框，单击“全部替换”按钮，打开图3.1.31所示的提示对话框，替换完成。

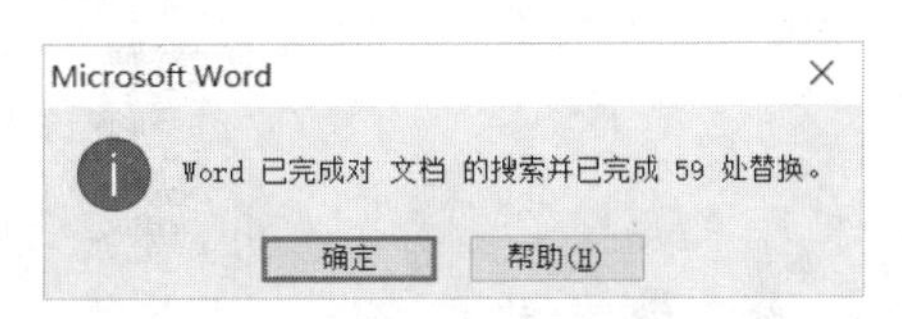

图3.1.31　提示对话框

任务二　设 置 格 式

任务描述

通过任务一的学习，小明学会了Word 2010文档的创建和文本的录入操作。但是文本没有进行格式设置不太美观，想继续学习文档格式的设置。

任务实施

一、字符格式的设置

1. 格式编排要求

（1）目录。“目录”两个字用三号黑体加粗，居中，字间空两格。目录内容只列两级，要求写明页数，具体内容用小四号宋体，20磅行距。

（2）设计方案（设计方案应明确设计思路、技术路线、工具设备要求、技术规范等）另起一页。

（3）设计方案正标题用三号黑体加粗、居中，设计题目不超过20个字。设计方案标题段后18磅或1.5行。

（4）设计方案正文小四号宋体，1.5倍行距。正文内容每段首行缩进2个字符，回行顶格。

视频

Word 2010格式设置

（5）正文中各级标题标号从大到小（1～3级）的顺序写法为“1.1、1.1.1、1.1.1.1”，四号宋体加粗，每级标题下一级标题应各自连续编号。

2. 使用“字体”工具组——快速设置字符格式

设置字符格式是指对汉字、字母、标点符号、数字和符号设置某种格式或属性，可以利用“字体”选项组或“字体”对话框进行设置。对即将输入的文本可以先设置其字体格式，再输入。而对于已有的文本，则需要先选定文本，再设置其格式。

利用“字体”选项组。“字体”选项组如图3.2.1所示，可以快速地设置文字格式，如字体、字号、字形等。选中需要改变字体和字号的内容后，分别在“字体”和“字号”下拉列表中选择需要的字体和字号。

3. 使用“字体”对话框——全面设置字符格式

对于一些比较复杂的字体格式，则要通过“字体”对话框进行设置。单击“开始”选项卡→“字体”选项组的对话框启动器按钮；或在文档窗口内右击，从弹出的快捷菜单中选择“字体”命令，打开“字体”对话框（或按【Ctrl+D】快捷键），如图3.2.2所示。

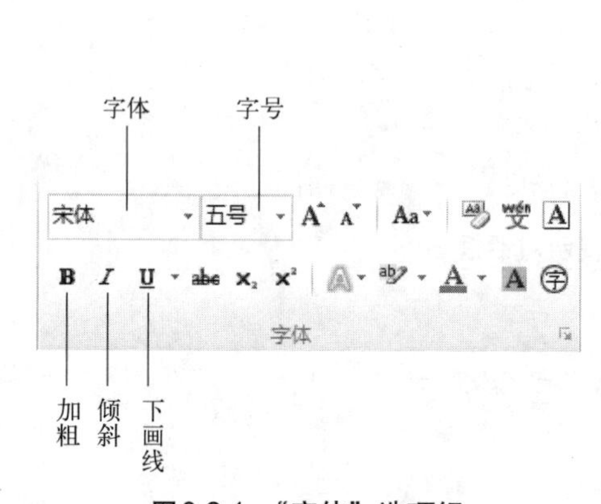

图3.2.1 “字体”选项组

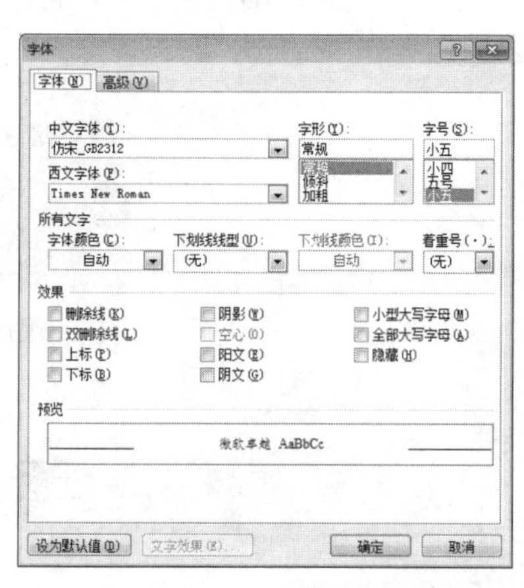

图3.2.2 “字体”对话框

（1）选中需要设置格式的文本。

（2）单击“开始”选项卡→“字体”选项组的对话框启动器按钮，打开“字体”对话框。

（3）在“中文字体”下拉列表中设置中文字体样式，常用的中文字体有宋体、楷体、黑体、仿宋、隶书等。

（4）在“西文字体”下拉列表中设置西文字体样式。

（5）在“字形”下拉列表中选择需要的字形，常见有加粗、倾斜、加粗且倾斜。

（6）在“字号”下拉列表中选择所需的字号大小。有用汉字表示的字体大小，数字越大字越小，例如，五号字小于四号字；用数字表示的字体大小，数字越大字越大。

（7）在“字体颜色”下拉列表中选择需要的文字颜色。

（8）在“下画线线型”下拉列表中选择所需的下画线线型，常见的有双实线、单实线、虚线、波浪线等。

（9）设置完成后，单击“确定”按钮即可。

4. 使用格式刷——复制字符格式

使用格式刷复制字符格式的操作步骤：先将光标停放在已经设置好格式的字符前，单击“格式刷”按钮，这时鼠标的指针变成刷子，然后拖动或单击需要设置格式的字符，即可把格式复制过来。

提示：单击“格式刷”按钮，只可以设置一次，刷子状的鼠标就会消失；双击“格式刷”按钮，可连续设置多次格式，直到取消选择格式刷。

二、段落格式的设置

在Word中，段落是文本、图形、对象及其他项目的集合。段落的最后是一个回车符，称为段落标记。设置段落格式是指设置整个段落的外观，包括对段落进行对齐方式、缩进、间距与行距、项目符号、边框和底纹、分栏等的设置。

如果只对某一段落设置格式，需将插入点置于段落中，如果是对几个段落进行设置，则需要先将它们选定。

1. 设置段落对齐方式

Word提供了5种水平对齐方式，默认为两端对齐，其含义及组合键如表3.2.1所示。

表3.2.1　水平对齐方式的含义及组合键

水平对齐方式	含　义	组合键
文本左对齐	使文本向左对齐，Word不调整行内文字的间距，右边界处的文字可能产生锯齿	【Ctrl + L】
两端对齐	使文本按左、右边距对齐，Word会自动调整每一行内文字的间距，最后一行靠左边距对齐	【Ctrl + J】
居中	使段落中的每一行都居中显示	【Ctrl + E】
文本右对齐	使正文的每行文字沿右边距对齐，包括最后一行	【Ctrl + R】
分散对齐	正文沿页面的左、右边距在一行中均匀分布，最后一行也分散充满整行	【Ctrl + Shift +J】

除了使用快捷键外，用户也可以使用以下方法设置段落的对齐方式：

（1）使用功能区工具。在“开始”选项卡→“段落”选项组中单击“文本左对齐”按钮、“居中”按钮、“文本右对齐”按钮、“两端对齐”按钮和“分散对齐”按钮。

（2）使用“段落”对话框。使用以下方法可以打开“段落”对话框（见图3.2.3）：

① 将光标移动到需要设置的段落处右击，在弹出的快捷菜单中选择“段落”命令。

② 单击“开始”选项卡→“段落”选项组的对话框启动器按钮，打开“段落”对话框，在“缩进和间距”选项卡的“常规”栏中将“对齐方式”下拉列表设置为适当的选项。

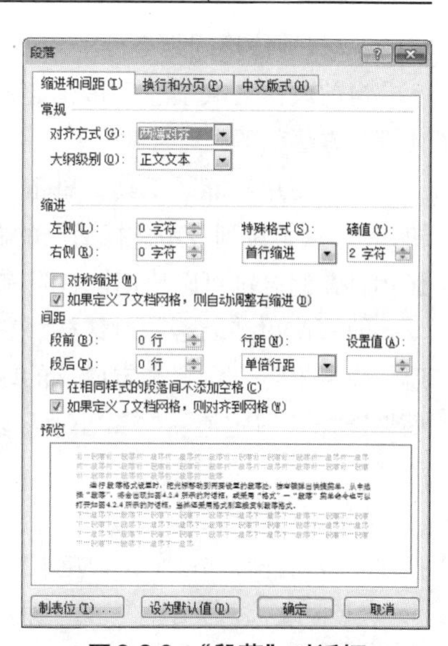

图3.2.3　“段落”对话框

2. 设置段落缩进

文本与页面边界之间距离称为段落缩进，其设置方法如下：

(1) 使用“段落”对话框。在“段落”对话框中，通过“缩进”栏的“左”“右”微调框可以设置段落的相应边缘与页面边界的距离。在“特殊格式”下拉列表中选择“首行缩进”或“悬挂缩进”选项，然后在后面的“磅值”微调框中指定数值，可以设置在段落缩进的基础上段落的首行或除首行以外的其余各行的缩进量。

从Word 2007开始，“段落”对话框增加了“对称缩进”复选框。选中该复选框后，“左侧”和“右侧”微调框会变成“内侧”和“外侧”微调框，以便设置更适合类似图书的打印样式。

(2) 使用功能区工具。切换到“页面布局”选项卡，通过“段落”选项组的“左”和“右”微调框，可以设置段落左侧及右侧的缩进量。

单击“开始”选项卡→“段落”选项组中的“增加缩进量”和“减少缩进量”按钮，可以设置段落左缩进的缩进量。

(3) 使用水平标尺。单击垂直滚动条上方的“标尺”按钮，或者切换到“视图”选项卡，勾选“显示”选项组中的“标尺”复选框，可以在文档的上方与左侧分别显示水平标尺和垂直标尺。“首行缩进”、“左缩进”和“右缩进”3个缩进标记的作用相当于“段落”对话框的“缩进”栏中的相应选项，如图3.2.4所示。

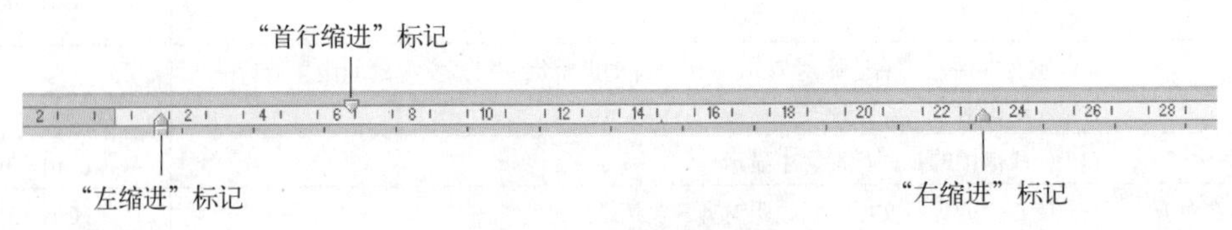

图3.2.4 段落缩进标记

3. 设置段落间距与行距

当前段落与其前、后段落之间的距离称为段落间距，段落内部各行之间的距离称为行距，其设置方法如下：

(1) 使用功能区工具。单击“开始”选项卡→“段落”选项组→“行和段落间距”下拉按钮，从下拉列表中选择适当的命令，可以设置当前段落的行距。另外按【Ctrl+1】、【Ctrl+2】、【Ctrl+5】组合键可以快速地将当前段落的行距分别设置为单倍、双倍和1.5倍。

(2) 使用“段落”对话框。在“缩进和间距”选项卡的“间距”栏中，通过“段前”、“段后”微调框可以设置选定段落的段前和段后间距；“行距”下拉列表用于设置选定段落的行距，如果选择“固定值”、“最小值”或“多倍行距”选项，可以在“设置值”微调框中输入具体的值。

提示：在“段落”选项组和“段落”对话框中，凡是含有数值及度量单位的微调框，其单位可以为“行”、“磅”或“厘米”三者之一。

“固定值”、“最小值”选项中“设置值”的默认单位是“磅”，“多倍行距”选项中“设置值”的默认单位是“行”。

三、项目符号和编号

使用项目符号和编号，可以使文档有条理、层次清晰、可读性强。项目符号使用的是符号，而编号使用的是一组连续的数字或字母，出现在段落前。使用了项目符号或编号后，在该段落结束按【Enter】键时，系统会自动在新的段落前插入同样的项目符号或编号。

1. 设置项目符号和编号

（1）选中需要设置项目符号或编号的文本。

（2）单击“开始”选项卡→“段落”选项组中的“ ”或“ ”按钮。

（3）从图3.2.5所示的“项目符号库”中选择需要的项目符号；如果需要加入编号，需要单击编号按钮，如图3.2.6所示，从中选择需要的列表编号。

图3.2.5　“项目符号”下拉列表

图3.2.6　“编号”下拉列表

2. 删除项目符号和编号

只需选中已设置项目符号和编号的段落，然后单击“开始”选项卡→“段落”选项组中的符号“ ”或“ ”按钮。

四、设置边框和底纹

1. 设置文字与段落边框

选中要设置边框的文字，在“段落”选项组中单击“边框”下拉按钮，从下拉列表中选择适当的命令，对段落的边框进行设置。用户也可以通过单击下拉列表中的“边框和底纹”按钮，在打开的“边框和底纹”对话框中对段落边框和底纹进行详细设置，如图3.2.7所示。

“边框和底纹”对话框中“应用于”下位列表中有“文字”和“段落”两个选项，选择“文字”，则只对所选文字添加边框；选择“段落”，则对选中的段落添加边框。

2. 设置页面边框

打开Word 2010文档窗口，将插入点光标移动到需要设置边框的页面中。单击“页面布局”选项卡→“页面背景”选项组→“页面边框”按钮，打开“边框和底纹”对话框，选择“页面边框”选项卡，如图3.2.8所示，在“设置”区域选中“方框”选项。

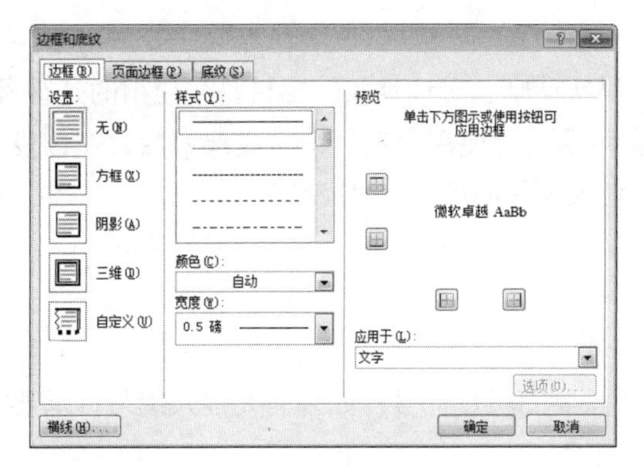

图3.2.7　边框设置

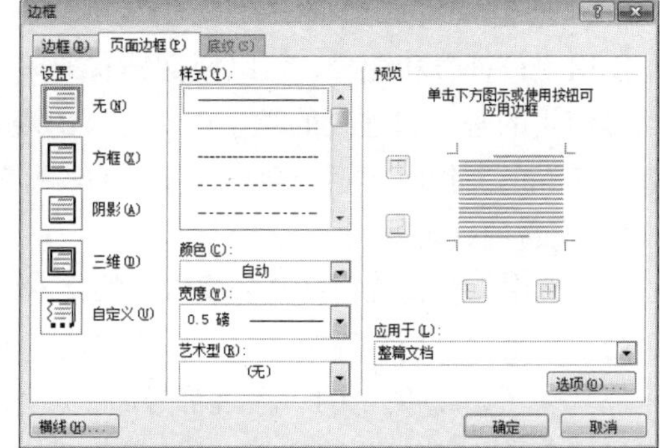

图3.2.8　页面边框设置

单击“艺术型”下拉按钮，在艺术型边框列表中选择合适的边框类型，并设置颜色和宽度。

单击“应用于”下拉按钮，在下拉列表中选择页面边框的设置范围。用户可以选择“整篇文档”、“本节”、“本节-只有首页”和“本节-除首页外所有页”4种范围，设置完毕，单击“确定”按钮即可。

提示：如果用户需要设置Word 2010文档页面边框与页边距的位置，可以单击“选项”按钮，打开“边框和底纹选项”对话框，在“度量依据”下拉列表中选中“页边”选项；在“边距”区域分别设置上、下、左、右边距数值，并单击“确定”按钮。返回“边框和底纹”对话框，单击“确定”按钮使页面边框生效。

3．设置文字与段落底纹

在Word 2010中可以对文字和段落设置带颜色或图案的底纹，为文本添加底纹的操作步骤如下：

（1）选定要添加底纹的字符或段落。

（2）利用前面的方法打开“边框和底纹”对话框。

（3）选择“底纹”选项卡，如图3.2.9所示。

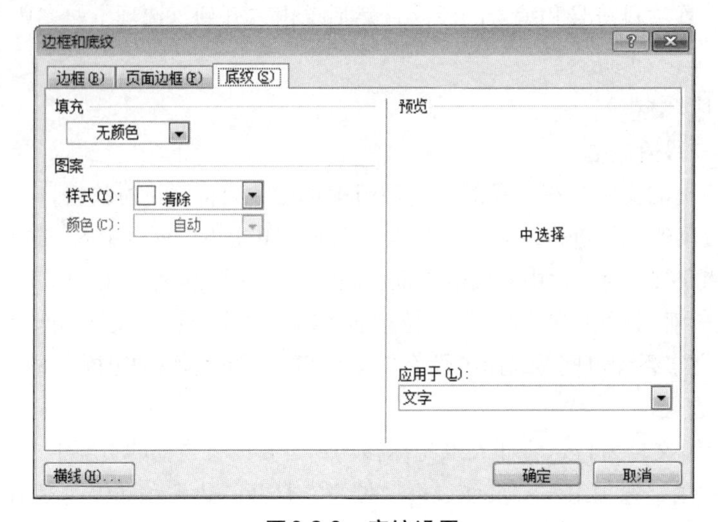

图3.2.9　底纹设置

（4）在“填充”选项组中选择底纹的底色。

（5）在“样式”下拉列表中选择底纹的图案样式。

（6）在“颜色”下拉列表中选择底纹的颜色。

（7）在“应用于”下拉列表中选择“文字”或“段落”选项。

（8）单击“确定”按钮即可。

五、页面设置

页面设置是指对文档页面布局的设置，主要包括纸张大小、页边距、版式、文档网络。

1. 设置页面纸张大小

（1）单击“页面布局”选项卡→“纸张大小”按钮，打开“纸张大小”下拉列表。

（2）选择需要的选项，如图3.2.10所示。

（3）若要自定义纸张大小，可以单击“其他页面大小”按钮，在图3.2.11所示对话框的“宽度”和“高度”数值框中输入数值。

（4）单击“确定”按钮即可。

图3.2.10　“纸张大小”下拉列表

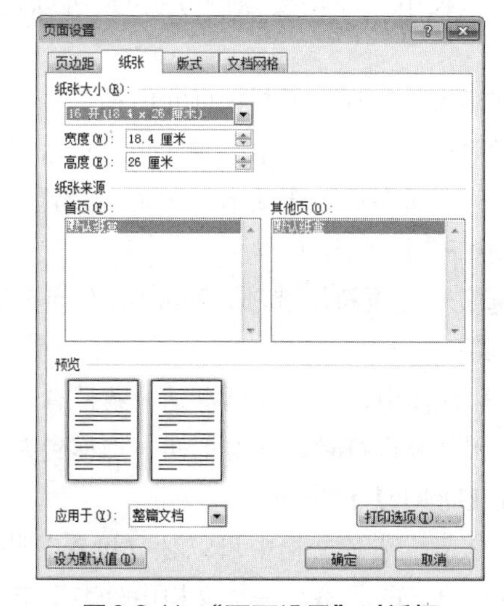

图3.2.11　“页面设置”对话框

2. 设置页边距

（1）单击“页面布局”选项组→“页边距”下拉按钮，打开“页边距”下拉列表。

（2）选择需要的选项，如图3.2.12所示。

（3）若要自定义页边距，可以单击“自定义边距”按钮，在图3.2.13所示的对话框设置上、下、左、右的边距值。

（4）在“纸张方向”选项组中选择“纵向”或“横向”显示页面。

（5）单击“确定”按钮即可。

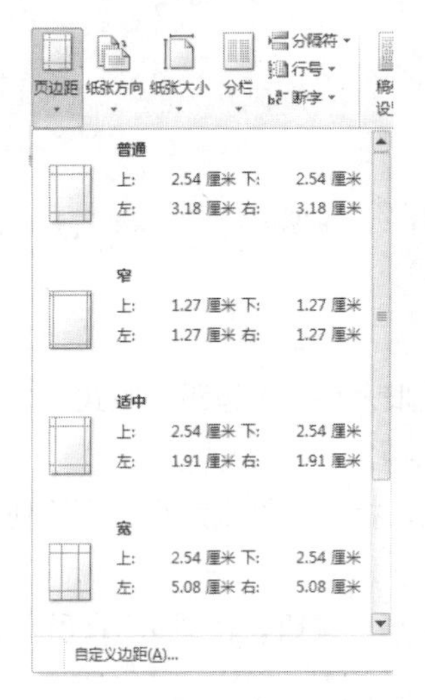

图3.2.12 “页边距”下拉列表

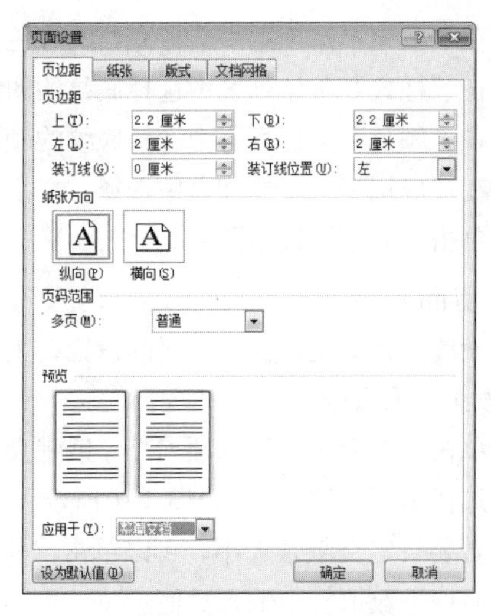

图3.2.13 “页面设置”对话框

3. 分页与分节

（1）分页。文档排版过程中，若文字已录满一个页面并继续录入时，Word会自动跳转到一个新页面，即自动分页，新页具有相同的页边距和纸张大小等相关信息。有时要将某段文本放在下一页中（即需要强制分页），可以通过在文档中插入一个分页符来实现。具体步骤如下：

① 将插入点移到要强制分页的位置。

② 按【Ctrl + Enter】组合键。也可单击“插入”选项卡→“页”选项组→“分页”按钮，或者单击“页面布局”选项卡→“页面设置”选项组→“分隔符”按钮，打开“分隔符”下拉列表，如图3.2.14所示。

③ 选定“分页符”选项，Word会在当前插入点位置处插入一个分页符。

在草稿视图中，人工分页符是一条带有“分页符”字样的水平虚线。删除分页符时，只要把插入点移到人工分页符的水平虚线中，按【Delete】键即可。

（2）分节。节是文档中可以独立设置某些页面格式的部分，用户可以按自己的风格在一个文档中分多个节，每一节可以设置不同的版式，比如一个文档可设置不同纸张。

① 插入分节符：在图3.2.14所示的“分隔符”下拉列表中，根据需要，选择其中一项即可。其中：“下一页”表示插入一个分节符，新节从下一页开始；“连续”表示插入一个分节符，新节从同一页开始；“奇数页”或“偶数页”表示插入一个分节符，新节从下一个奇数页或偶数页开始。

② 删除分节符：单击“视图”选项卡→“文档视图”选项组→“草稿视图”按钮，这时可以看到分节符标记，将插入点移

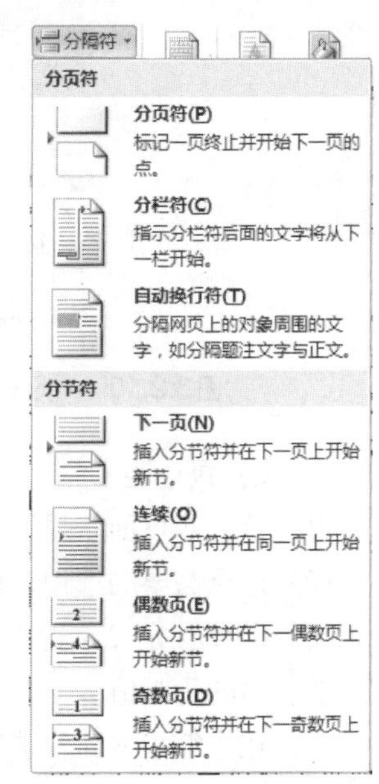

图3.2.14 “分隔符”下拉列表

到分节符标记处，按【Delete】键或退格键即可删除分节符。其他分隔符的删除也可以采用此方法。

六、特殊排版方式

1. 竖排文字

打开一篇文档，单击“页面布局”选项卡→“文字方向”下拉按钮，打开图3.2.15所示的下拉列表。选择任一种格式。如想进一步设置，可以单击“文字方向选项”按钮，打开图3.2.16所示的对话框进行设置。

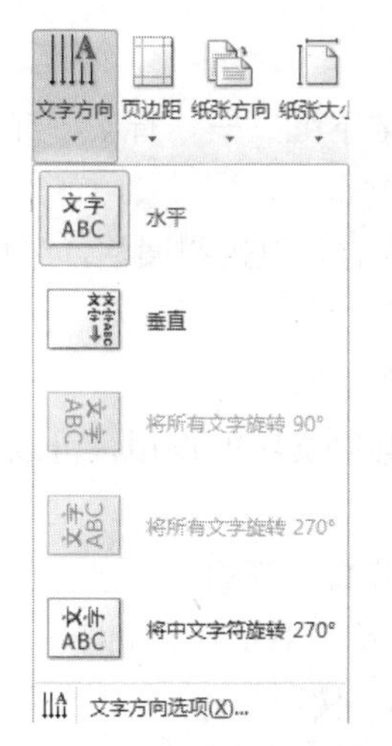

图3.2.15 “文字方向”下拉列表

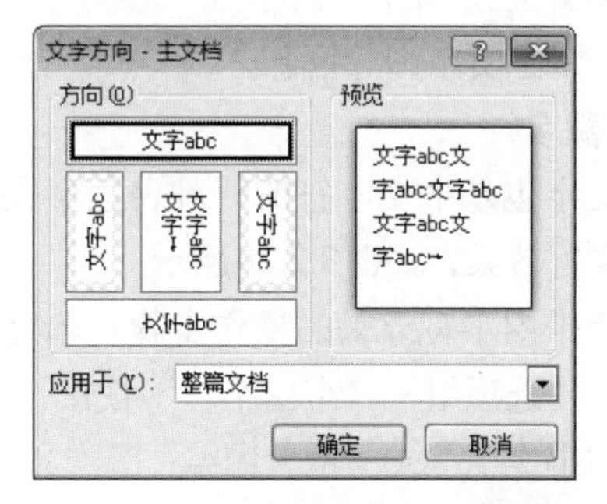

图3.2.16 “文字方向”对话框

2. 分栏排版

创建分栏的具体操作步骤：先将插入点移到要分栏的节内，单击“页面布局”选项卡→“页面设置”选项组→“分栏”按钮，在图3.2.17所示的下拉列表中选择合适的划分的栏数，若想进一步设置，可以单击“更多分栏”按钮，打开“分栏”对话框，如图3.2.18所示。

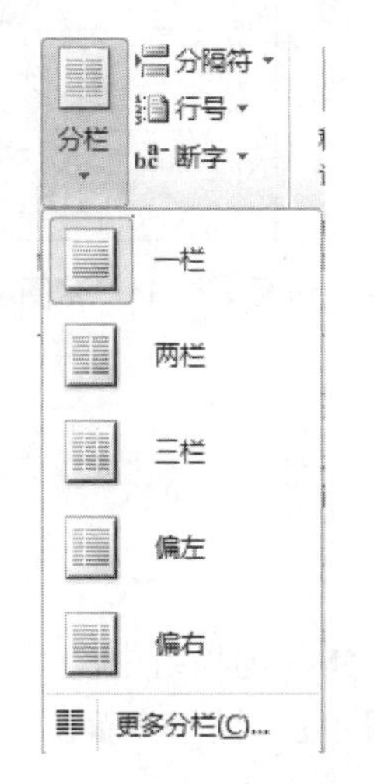

图3.2.17 “分栏”下拉列表

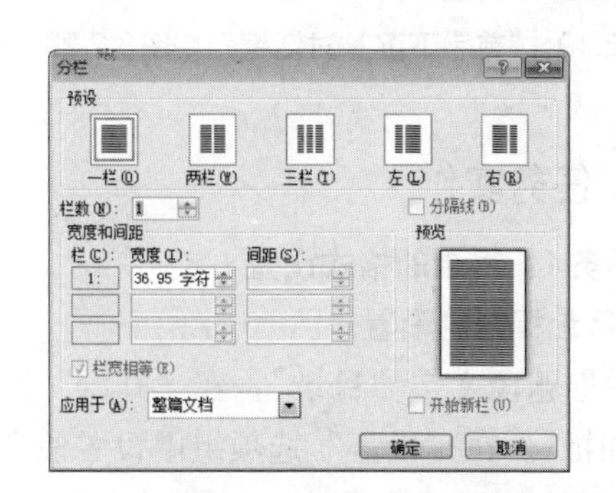

图3.2.18 “分栏”对话框

在“预设”框中，单击要使用的分栏样式。在“栏宽和间距”区，可以输入各栏的宽度和栏间距。

选中“分隔线”复选框可以在栏间加上分隔线，在“应用于”列表中选择应用范围是“整篇文档”或“插入点之后”，最后单击“确定”按钮。只有在“页面视图”或“打印预览”下才能显示分栏效果。

3. 首字下沉/悬挂

首字下沉就是通过对行首的文字进行设置，达到一种特殊的排版效果，首字下沉分为首字下沉和首字悬挂，设置首字下沉/悬挂的操作如下：

(1) 将光标定位到需要设置首字下沉的段落中。

(2) 单击“插入”选项卡→“文本”选项组→“首字下沉”→“首字下沉选项”按钮，打开图3.2.19所示的对话框进行设置。

(3) 选中位置中的“下沉”/“悬挂”，“选项”中的内容可以进行调整，在此可以设置字体、下沉行数、距正文距离等信息。

4. 带圈字符

带圈文字也是中文字符的一种表达形式，为了强调某些文字的作用，可以为这些文字设置为带圈的字符效果，如图3.2.20所示。

设置为带圈字符效果的操作步骤：选定需要设置为带圈字符的一个字，单击“开始”选项卡→“字体”选项组→“带圈字符”按钮，打开“带圈字符”对话框，如图3.2.21所示，用户可以选择“缩小文字”或“增大圈号”等选项，单击“确定”按钮即可。

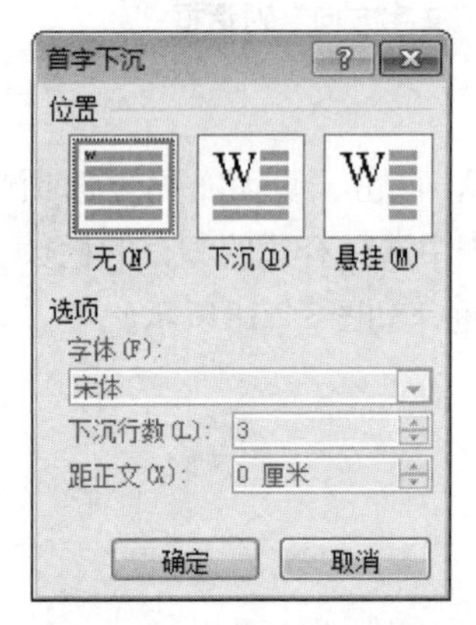

图3.2.19 “首字下沉”对话框

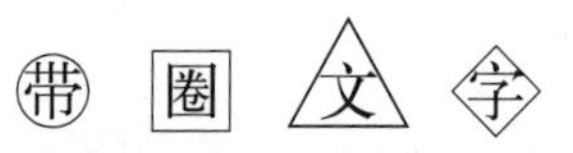

图3.2.20 带圈字符效果

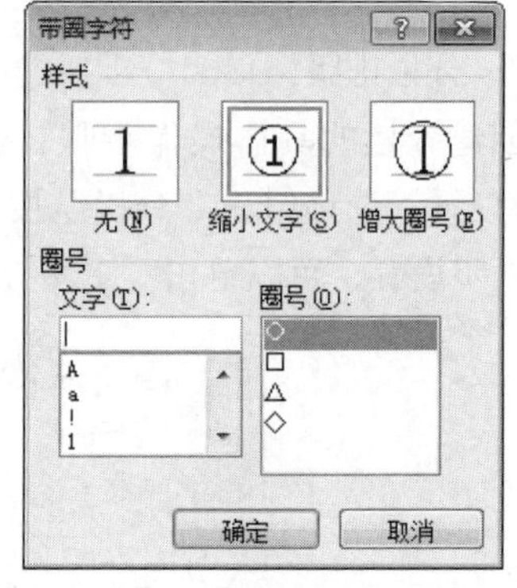

图3.2.21 “带圈字符”对话框

任务实作

子任务1：目录的格式设置

1. 目录标题的设置

选中标题段文字“目录”，在“开始”选项卡→“字体”选项组中设置字体格式为三号、黑体、加粗”。在“段落”选项组中设置段落格式为“居中”，操作步骤及完成后的效果图如图3.2.22所示。

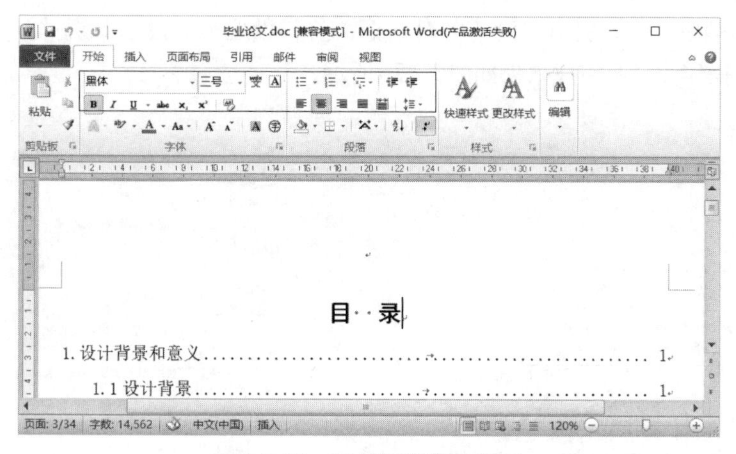

图3.2.22　目录标题格式设置

2. 目录正文的设置

(1) 选择目录正文，单击“开始”选项卡→“字体”选项组的对话框启动器按钮，打开“字体”对话框，设置字体格式为“小四号宋体”，操作步骤及完成后的效果图如图3.2.23所示。

(2) 选择目录正文，单击“开始”选项卡→“段落”选项组的对话框启动器按钮，打开“段落”对话框，将其设置为“固定值：20磅行距”。操作步骤及完成后的效果图如图3.2.24所示。

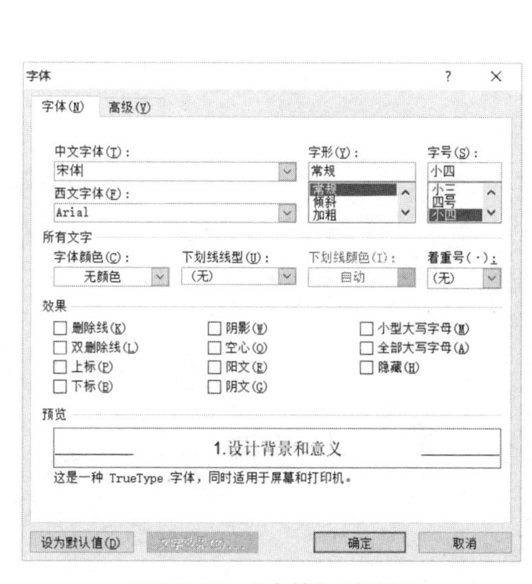

图3.2.23　“字符”对话框

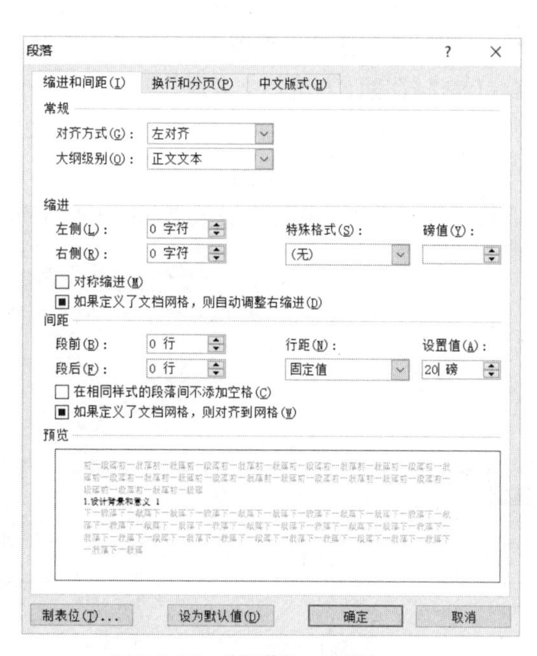

图3.2.24　“段落”对话框

子任务2：设计方案的格式设置

1. 设计方案标题的设置

(1) 选中标题段文字，在“开始”选项卡→“字体”选项组中设置字体格式为三号、黑体、加粗。在“段落”选项组中设置段落格式为“居中”，操作步骤及完成后的效果图如图3.2.25所示。

（2）选中标题段文字，打开“段落”对话框，将其设置为“段后1.5行”，单击“确定”按钮，完成操作。操作步骤及完成效果如图3.2.26所示。

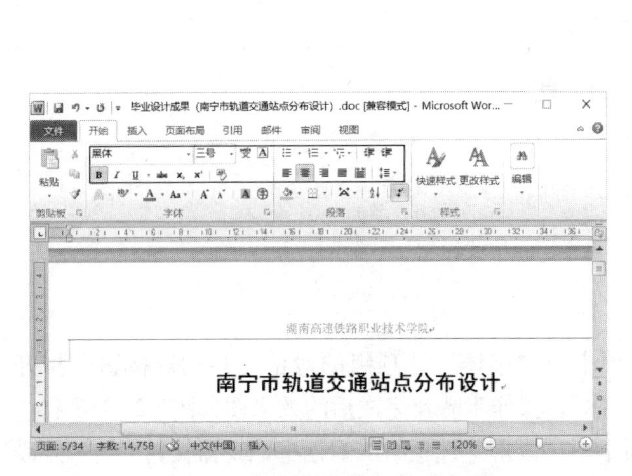

图3.2.25　标题“字符”格式设置

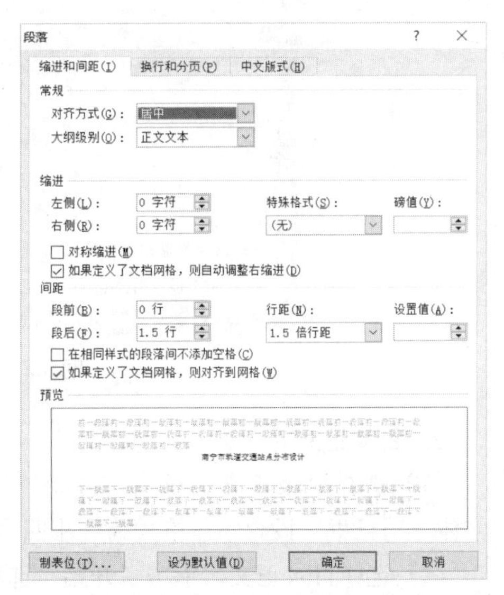

图3.2.26　标题“段落”格式设置

2. 设计方案正文的设置

（1）选择设计方案正文各段，在“开始”选项卡→“字体”选项组中设置字体格式为小四号、宋体。操作步骤及完成后的效果图如图3.2.27所示。

（2）打开“段落”对话框，将其设置为“1.5倍行距，首行缩进2个字符”，单击“确定”按钮完成操作。操作步骤及完成效果如图3.2.28所示。

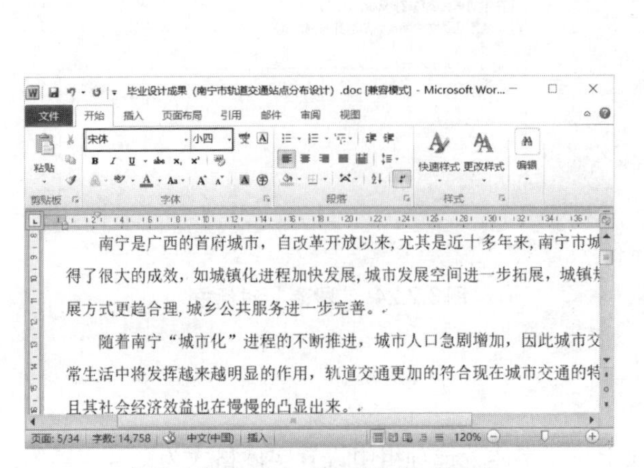

图3.2.27　正文“字符”格式设置

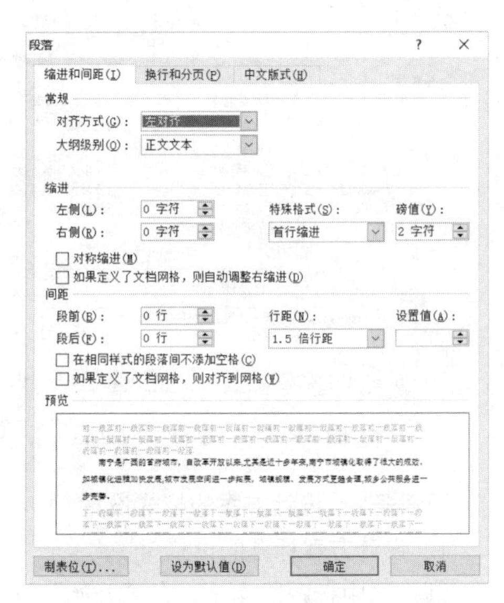

图3.2.28　正文“段落”格式设置

任务三　制作表格

任务描述

通过前面的学习，小明学会了Word 2010文档的格式设置，已经可以按照学校规定的格式编排好论文，但是论文中还有一些表格需要制作，所以想学习Word中表格的制作。

视频

Word 2010表格制作

任务实施

一、创建表格

1. 任务要求

创建表3.3.1所示的表格。

表3.3.1　南宁市城市中心组团结构情况表

位置	居住人口（万）	建设用地（km²）	区域定位
中心片区	96	94	综合型居住社区
江南片区	69	69	花园式居住新城
青秀片区	30	32	东盟商务中心
西乡塘片区	30	30	科研教育中心
邕宁片区	25	26	特色休闲旅游度假区
良庆片区	40	47	自治区级文化体育中心

具体要求如下：

(1) 表格标题文字，宋体，五号，居中，段后0.5行。

(2) 按表3.3.1所示制作表格，表格居中对齐。

(3) 表格前三列，宽度3厘米；最后一列，宽度4.5厘米；表格高度0.8厘米。

(4) 表格第一行文字：黑体，五号；其余各行：宋体，五号；表格文字水平居中。

(5) 表格上下框线，1.5磅单实线；内框线，0.75磅单实线；左右没有边框线。

(6) 表格第一行设置底纹：橄榄色，强调文字颜色3，淡色60%。

2. 使用“插入表格”按钮快速创建简单表格

简单表格是指各列等宽、总宽度与页面宽度相同的规范表格。单击“插入”选项卡→“表格”选项组→“表格”按钮，此时会出现一个网格，沿网格向右拖动鼠标指针，定义表格的列数；向下拖动鼠标指针，定义表格的行数，释放鼠标即在编辑区插入一张表格。

3. 使用“插入表格”对话框创建表格

如果在创建表格的同时需要指定表格的列宽，单击“插入”选项卡→“表格”选项组→“表格”→“插入表格”按钮，打开图3.3.1所示的“插入表格”对话框。在“列数”框中输入表格的列数；在“行数”框中输入表格的行数。利用

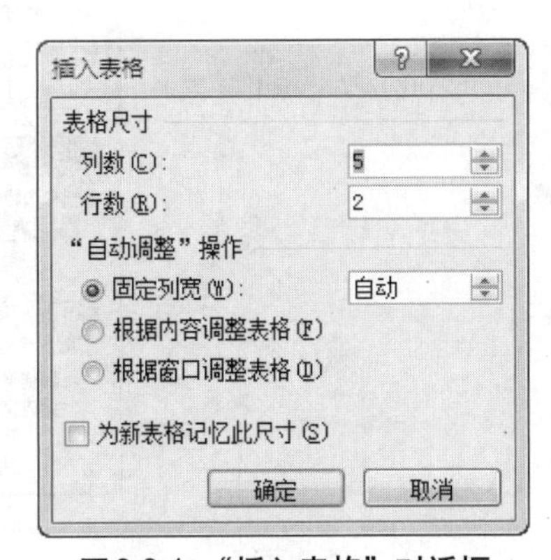

图3.3.1　“插入表格”对话框

“自动调整”操作区中的3个选项调整列宽。勾选“固定列宽”复选框，可以在其后的数值框中输入列的宽度，或者使用默认的“自动”选项让页面宽度在指定列数之间平均分配。

勾选“根据窗口调整表格”复选框，表示表格的宽度与窗口或Web浏览器的宽度相适应。

勾选“根据内容调整表格”复选框，表示列宽自动适应内容的宽度。

单击“确定”按钮，即在编辑区插入一张2行5列的标准表格，如表3.3.2所示。

表3.3.2　2行5列标准表格

二、单元格操作

1. 单元格的选择

（1）选定一个单元格。把光标移动到单元格的左侧空白处，当指针从“I”变成向右斜倒粗黑箭头↗时单击；或者将光标放在该单元格后右击，从弹出的快捷菜单中选“选择”→“单元格”命令。单元格选定之后，该单元格背景反显。

（2）选定连续的多个单元格。光标向单元格的左侧移动，当指标呈↗时拖动鼠标扫过需要选择的单元格即可，被选定的多个单元格背景反显。

2. 单元格内容的输入与编辑

（1）将光标移到要输入内容的单元格。

（2）表格内容的输入与编辑和文档的操作一样。单元格的内容可以视为一普通的段落。可以设置缩进、行距等。

3. 单元格大小与对齐调整

将光标移到要调整的单元格并右击，从弹出的快捷菜单中选择“表格属性”命令，打开图3.3.2所示的对话框，设置宽度与对齐方式后，单击“确定”按钮即可。还可以通过单击“选项”按钮，可调整“单元格边距”和“自动换行”。

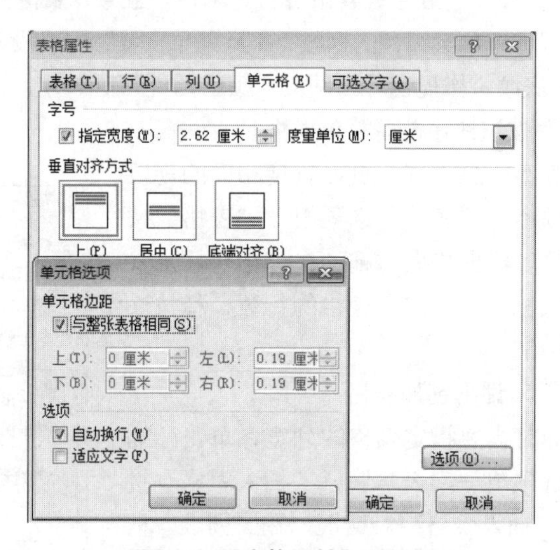

图3.3.2　“表格属性”对话框

4. 单元格的拆分

单元格的拆分是指将选定的单元格分成多个单元格。

（1）选定要拆分单元格并右击。

（2）从弹出的快捷菜单中选择“拆分单元格”命令。

（3）在图3.3.3所示的对话框中输入要拆分成的行数和列数，单击“确定”按钮即可。

5. 单元格合并

表格的合并是把多个相邻的单元格、整行的各单元格和整列的各单元格，合并为一个单元格。合并前单元格内的原有内容在合并后也将自动按原来顺序合并到新的单元格内。

（1）右击要合并的两个以上的连续单元格（选定要合并的行或列）。

（2）从弹出的快捷菜单中选择“合并单元格”命令。

6. 绘制斜线表头

斜线表头常见于各种中文表格，Word表头是直线和文本框组合而成的图形，需要有足够的区域才能放下表头的内容。以前版本斜线表头样式较为复杂，前版本斜线表头在单元格发生变化时，斜线表头的内容不随之变化，因此不是很方便。

Word 2010表格工具只提供单斜线表头绘制，这种表头是随单元格同步变化的；对于多斜线表头则需要插入直线与文本框完成。操作单斜线表头步骤如下：

（1）拖动行线和列线的位置将表头单元格设置足够大，再选定该单元格。

（2）单击“表格工具／设计”选项卡→“边框”下拉按钮，打开图3.3.4所示的下拉列表，选择需要的“斜下框线”，分别输入“星期”、“节次”，并设置好“字体大小”，完成表头设置，如表3.3.3所示。

图3.3.3　拆分单元格

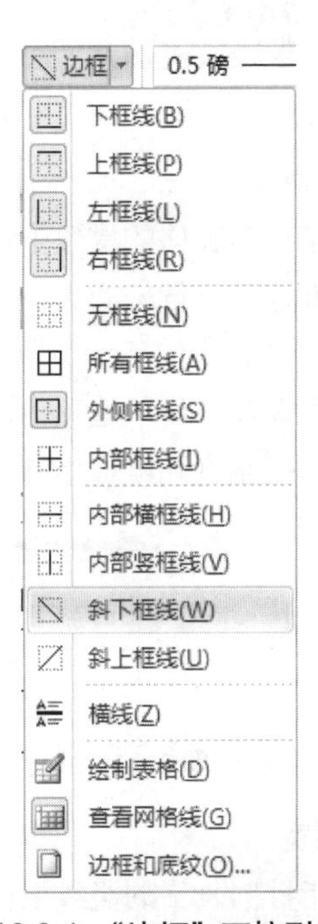

图3.3.4　“边框”下拉列表

表3.3.3　斜线表头示例

星期 节次	星期一	星期二	星期三
1-2	数学	语文	外语
3-4	生物	体育	自然

（3）删除斜线表头的方法是单击要删除的斜线表头单元格，采用表格线删除工具完成。

三、行和列操作

1. 行与列的选择

（1）选定一行。光标向表格的左侧移动，当鼠标指针变成右倒空心箭头时单击；选定一个单元格后再一次双击；或者将光标放在该行任意一个单元格，单击“表格工具／布局”选项卡→“选择”→“选择行”按钮，被选中的行以反色显示。

（2）选择连续的多行。光标向表格的左侧移动，当鼠标指针变成右倒空心箭头时拖动扫过表格行，被选中的行以反色显示。

（3）选定一列。光标向表格的上边缘移动，当鼠标指针变为实心向下的黑箭头时单击；或者光标放在该列后，单击“表格工具／布局”选项卡→“选择”→“选择列”按钮，被选中的列以反色显示。

（4）选择连续的多列。光标向表格的上边缘移动，当鼠标指针变为实心向下的黑箭头时拖动扫过表格行，被选中的列以反色显示。

（5）选择不连续的行与列。第一个按上述方法直接选，后边的按住【Ctrl】键再选，如图3.3.5所示。

图3.3.5　选中不连续的列

2. 表格的行高

（1）将鼠标指针向表格的横线上移动，当鼠标指针变为双箭头时拖动，如图3.3.6所示。

（2）拖动垂直标尺上行标志。

（3）将光标移到表格的任一个单元格，单击“表格工具／布局”选项→“表格属性”按钮，在打开的对话框中选择“行”选项卡，即可设置行高。

表格中出现的控制点和鼠标指针形状的意义如图3.3.6所示。

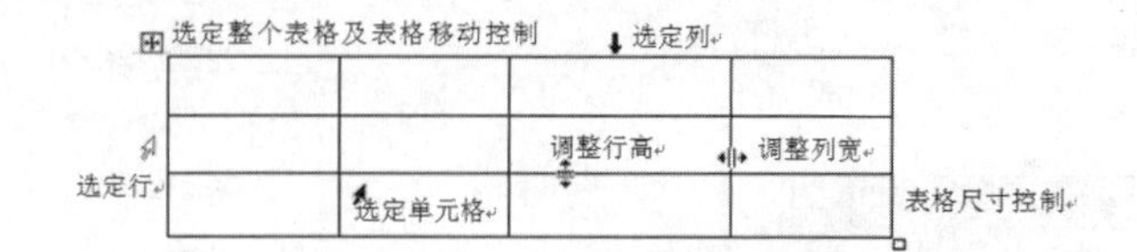

图3.3.6　表格中出现的控制点和鼠标指针形状的意义

3. 表格的列宽

（1）将鼠标指针向表格的竖线上移动，当鼠标指针变为双箭头时拖动。

（2）拖动水平标尺上的列标志。

（3）将光标移到表格的任一个单元格，单击“表格工具／布局”选项卡→“表格属性”按钮，在打开的对话框中选择“列”选项卡。

四、表格操作

1．选定整个表格

当鼠标指针移向表格内，在表格外的左上角会出现按钮“⊞”，这个按钮就是“全选”按钮，单击它可以选定整个表格，或者单击“表格工具／布局”选项卡→“表格属性”按钮，在打开的对话框中选择“整个表格”选项卡。

2．在表内插入新的行和列

（1）选定要插入的位置。

（2）单击“表格工具／布局”选项卡→“行和列”选项组中相应的按钮。

3．表格的删除

（1）选定要删除的单元格或行或列。

（2）单击“表格工具／布局”选项卡→“行和列”选项组→“删除”下拉按钮，如图3.3.7所示。

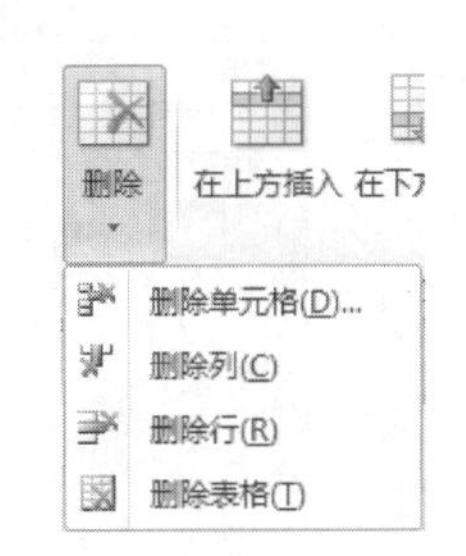

图3.3.7　“删除”下拉列表

4．将一个表拆分成两个表

（1）单击表格要拆分的位置。

（2）单击“表格工具／布局”选项卡→“拆分表格”按钮，表格变成两个表格，表格内容随之变动。

5．边框和底纹

选中表格后单击“设计”选项卡→“表格样式”选项组→“边框”按钮，单击“边框和底纹”按钮，打开图3.3.8所示的“边框和底纹”对话框。在“边框”和“底纹”选项卡中可以设置表格的边框和底纹。需要注意的是，在设置表格的边框和底纹前，应该先把插入点移到表格内部或选定表格。

（1）边框设置。在“边框”选项卡中，可以设置表格是否有边框、边框线的线型、粗细、颜色和内部是否有斜线等，还可以单独设置表格的某一条线，在“预览”下方可以看到设置的效果。在“应用范围”列表框中有“文字”、“段落”、“单元格”和“表格”等项，设置时要注意选择。选择“自定义”，可以给一个表格设置不同格式的边框。

（2）底纹设置。可在“底纹”选项卡中进行设置，如图3.3.9所示。

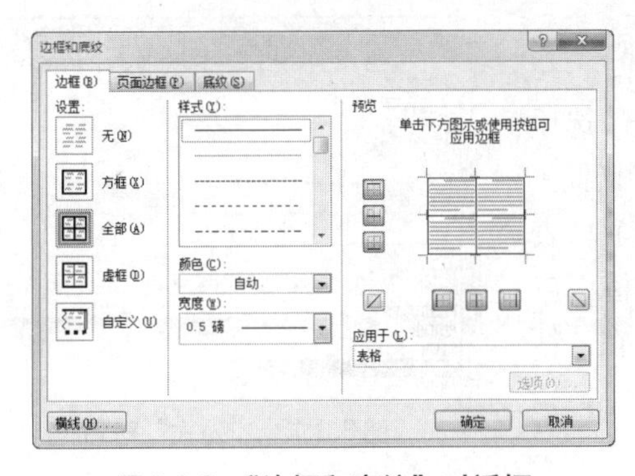

图3.3.8　“边框和底纹”对话框

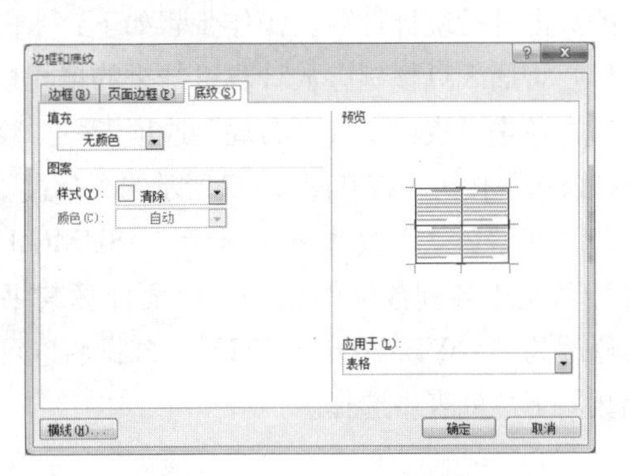

图3.3.9　“底纹”选项卡

6. 表格内文字的对齐方式

表格中的每一个单元格可以看成一个独立的编辑区。在表格中输入文本同文档中输入文本一样，将插入点移到需要输入文本的位置，再进行输入。每个单元格输入完后可以用鼠标或【Tab】键（只能平行移动）将插入点移到其他单元格。在每一个单元格内，文字对齐方式除了水平对齐外还有垂直对齐。设置方法如下：

选中表格，单击“布局”选项卡→“表”选项组→“属性”按钮，打开“表格属性”对话框，选择“单元格”选项卡，如图3.3.10所示，可以将单元格文字设置成“上”、“居中”或“底端对齐”。单击“选项”按钮，可以对“单元格边距”等进行设置。

也可以右击目标单元格，在弹出的快捷菜单中选择“单元格对齐方式”命令，如图3.3.11所示。这种方式既可以设置垂直对齐也可以设置水平对齐。

图3.3.10 “单元格”选项卡

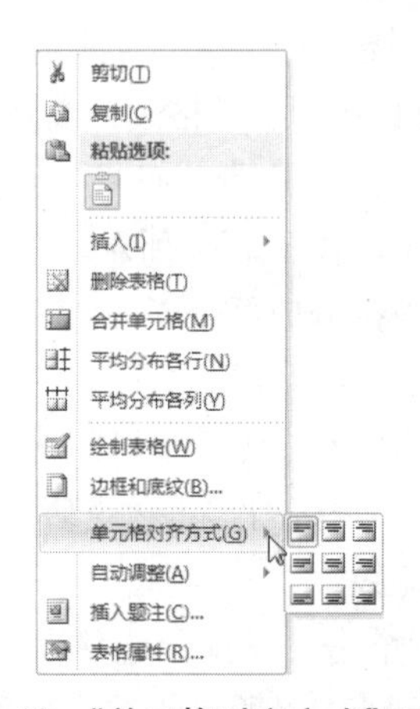

图3.3.11 “单元格对齐方式”子菜单

7. 表格自动套用格式

Word已预先编辑了多种格式的表格，如果所需要的表格格式与之相同，可以直接使用。选中表格，在“设计”选项卡→“表格样式”选项组的列表框中选择一种格式的表格，在“修改表格样式”中进行相关设置。

五、表格排序与计算

Word提供了对表格数据一些诸如求和、求平均值等计算功能。利用这些计算功能可以对表格中的数据进行统计计算。操作步骤如下：

（1）将插入点移到存放计算机结果的单元格中。

（2）单击“表格工具/布局”选项卡→“数据”选项组→“公式”按钮，打开图3.3.12所示的“公式”对话框。

（3）在“公式”文本框中显示“=SUM(LEFT)”，表明要计算左边各列数据的总和，而要计算其平均值，应将其修改为“=AVERAGE(LEFT)”，公式名也可以在“粘贴函数”下拉列表中选择。

图3.3.12 “公式”对话框

SUM( )表示返回一组数值的和，ABS(X)表示返回X的绝对值，AVERAGE( )表示返回一组数值的平均值，COUNT( )表示返回列表中的项目个数。

（4）在“编号格式”列表框中选择“0”格式，表示没有小数位，“0.0”表示保留一位小数。

（5）最后，单击“确认”按钮，得到计算结果。

以表3.3.4“学生成绩表”为例，先将光标定位在F2单元格，单击“表格工具／布局”选项卡→“数据”选项组→“公式”按钮，打开“公式”对话框，输入公式“=SUM(B2:E2)”（注意：此处不能用“=SUM(LEFT)”命令，因为会把第一列的序号计算进去），单击“确定”按钮。同理，下面的两个总分可以分别用公式“=SUM(B3:E3)”、“=SUM(B4:E4)”计算得到。平均分可用公式“=AVERAGE(ABOVE)”计算得到。

表3.3.4　学生成绩表

序号	语文	数学	物理	化学	总分
1	70	85	63	78	296
2	86	89	74	76	325
3	87	90	52	67	296
平均分	81.0	88.0	63.0	73.7	305.7

提示：其中的LEFT、ABOVE是函数的参数，表示计算范围，LEFT表示计算单元格左边所有数值，ABOVE表示计算单元格上面的所有数值。

继续以表3.3.4“学生成绩表”为例，介绍排序操作。假设按总分进行递减排序，当两人的总分相同时，再按语文成绩递减排序。操作步骤如下：

（1）将插入点置于要排序的表格中，选定表3.3.4的前1～4行。

提示：不要全选，否则平均成绩也将参与排序。

（2）单击“表格工具／布局”选项卡→“数据”选项组→“排序”按钮，打开图3.3.13所示的“排序”对话框。

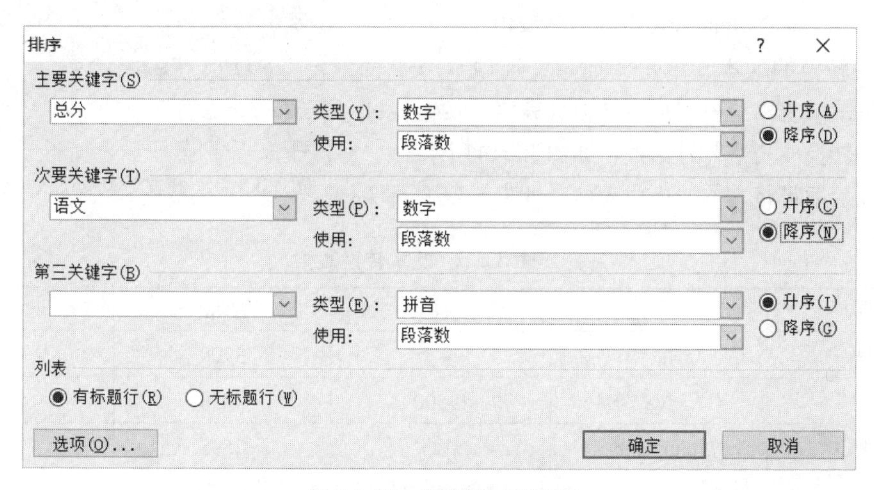

图3.3.13　“排序”对话框

(3) 在“列表”选项组中，单击“有标题行”单选按钮。

①“有标题行”：对列表排序时不包括首行。

②“无标题行”：对列表中所有行排序，包括首行。

(4) 在“主要关键字”列表中选定“总分”项，其右边的“类型”下拉列表中选定“数字”，再选择“降序”单选按钮。

(5) 在“次要关键字”列表中选定“语文”项，其右边的“类型”列表框中选定“数字”，再选择“降序”单选按钮。

(6) 单击“确认”按钮即可。

排序后的结果如表3.3.5所示。

表3.3.5　成绩表排序后的结果

序号	语文	数学	物理	化学	总分
2	86	89	74	76	325
3	87	90	52	67	296
1	70	85	63	78	296
平均分	81.0	88.0	63.0	73.7	305.7

六、文本与表格的互相转换

1. 将已有文本转换成表格

将文本转换成表格必须在每项之间插入分隔符（如逗号、制表符、空格等），这些符号用来区分将成为表格的各列的文本。例如，将下面的文本转换成表格：

品牌/型号/规格/价格/数量

联想/昭阳E46G/14寸/3900/5

三星/GALAXY S4/I9500/4820/10

苹果/Ipad Mini/16G/2598/40

选中要转换的文本，单击“插入”选项卡→“表格”选项组→“表格”→“文本转换成表格”按钮，打开“将文字转换成表格”对话框，如图3.3.14所示。

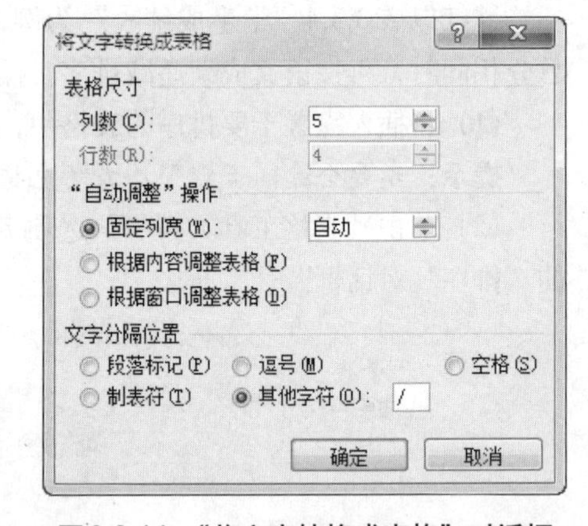

图3.3.14　“将文字转换成表格”对话框

设置以后即可将文本转换成表格，如表3.3.6所示。

表3.3.6　文本转换表格

品牌	型号	规格	价格	数量
联想	昭阳E46G	14寸	3900	5
三星	GALAXY S4	I9500	4820	10
苹果	Ipad Mini	16G	2598	40

2. 将表格转换成文本

选定要转换成文字的表格，单击“布局”选项卡→“数据”选项组→“转换为文本”按钮，打开“表格转换成文本”对话框，如图3.3.15所示，设置以后即可将表格转换成文字。

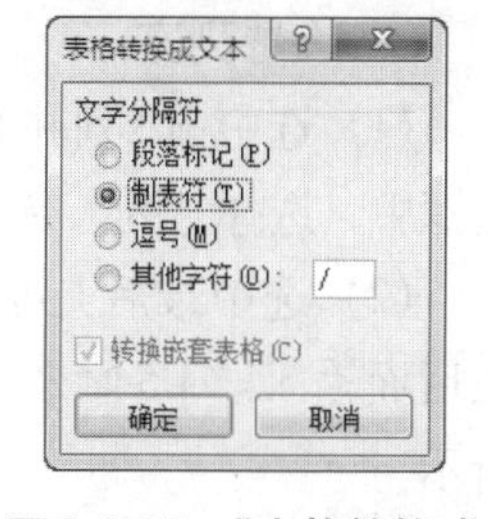

图3.3.15 “表格转换成文本”对话框

任务实作

子任务1：表格标题文字格式设置

（1）在“开始”选项卡→“字体”选项组中设置字体格式为宋体、五号。

（2）打开“段落”对话框，设置段落格式为“居中，段后0.5行”。

子任务2：表格的制作

1. 插入一个7行4列的空白表格

单击“插入”选项卡→“表格”选项组→“插入表格”按钮，打开“插入表格”对话框，分别输入列为“4列”，行为“7行”，完成一个7行4列的空白表格的制作。操作步骤及完成效果分别如图3.3.16和图3.3.17所示。

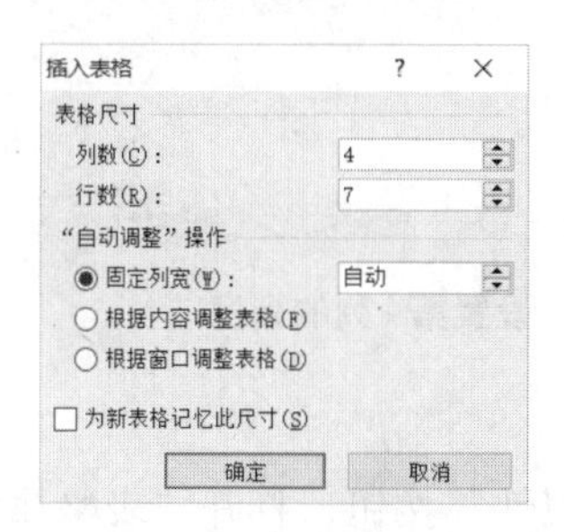

图3.3.16 “插入表格”对话框

表1 南宁市城市中心组团结构情况表

图3.3.17 7行4列的空白表格

2. 表格对齐及单元格对齐

选定整张表格，单击“表格工具/布局”选项卡→“属性”按钮，打开“表格属性”对话框，分别在“表格”选项卡中设置对齐方式为“居中”，“单元格”选项卡中设置垂直对齐方式为“居中”。操作步骤分别如图3.3.18和图3.3.19所示。

图3.3.18 “表格”选项卡

图3.3.19 “单元格”选项卡

3. 设置列宽

(1) 选中前3列并右击，在弹出的快捷菜单中选择“表格属性”命令，打开“表格属性”对话框中，选择“列”选项卡，勾选“指定宽度”，在后面输入“3厘米”，单击“确定”按钮。

(2) 选中最后1列，同理进入“表格属性”对话框，在“列”选项卡中勾选“指定宽度”，在后面输入“4.5厘米”，单击“确定”按钮，完成操作。操作步骤分别如图3.3.20和图3.3.21所示。

图3.3.20 设置前3列的列宽

图3.3.21 设置第4列的列宽

4. 设置行高

同时选中表格各行，单击“表格工具/布局”选项卡→“属性”按钮，打开“表格属性”对话框，选择“行”选项卡，勾选“指定高度”，在后面输入“0.8厘米”，单击“确定”按钮，图3.3.22所示。

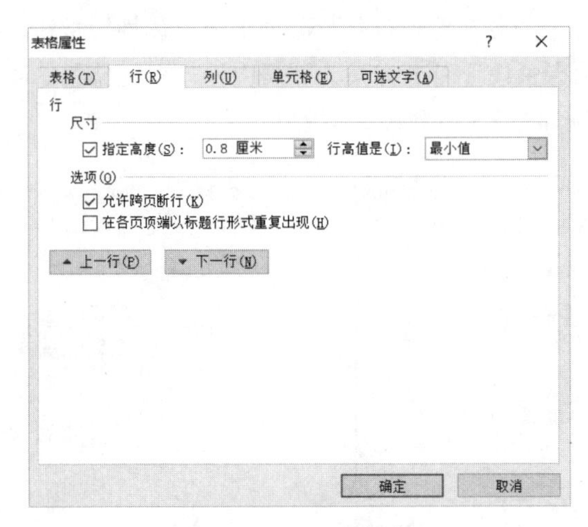

图3.3.22 设置行高

子任务3：表格文字的设置

(1) 按样文所示输入表格文字，输入全部数据后选择文字，在“开始”选项卡→“字体”

选项组中设置为宋体、五号；选择第一行文字，设置为黑体、五号。

（2）选择表格文字，单击“表格工具／布局”选项卡→“对齐方式”选项组→“水平居中”按钮；或者打开“表格属性”对话框，选择“单元格”选项卡，选择垂直对齐方式为“居中”，如图3.3.23所示。

图3.3.23　表格文字对齐设置

子任务4：边框和底纹的设置

1. 设置单元格的边框线

选中表格，单击“表格工具／设计”选项卡→“边框和底纹”按钮，打开“边框和底纹”对话框，在左边设置栏中选中“自定义”，在“样式”中选择“单实线”，“宽度”选择“1.5磅”，在右边的“预览”窗口单击上、下两条边的线形，设置成1.5磅；再在“样式”中选择“单实线”，“宽度”选择“0.75磅”，在右边的“预览”窗口单击单元格中间的横线和竖线，设置成0.75磅；最后单击左右两侧的框线，直到没有线型。完成后单击“确定”按钮，如图3.3.24所示。

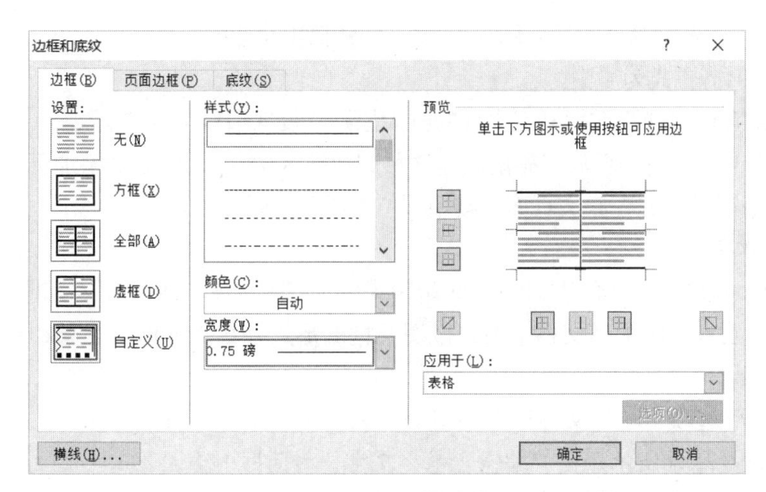

图3.3.24　设置边框

2. 设置单元格的底纹

选择表格第一行，单击“表格工具／设计”选项卡→“底纹”下拉按钮，在其下拉列表中选择“主题颜色”→“橄榄色，强调文字颜色3，淡色60%”，如图3.3.25所示。

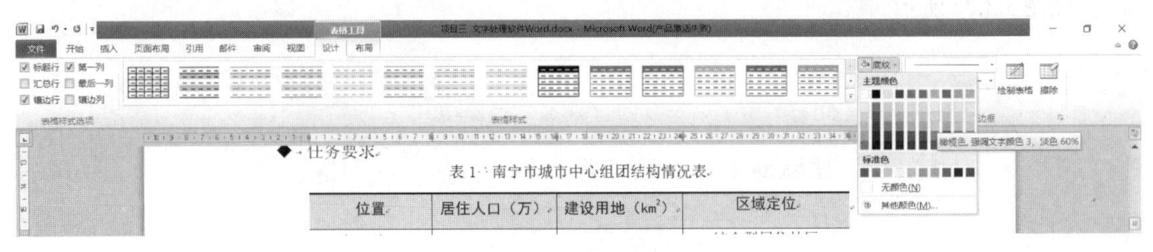

图3.3.25　设置底纹

最后，单击“保存”按钮，完成文件的保存。

任务四　图 文 混 排

任务描述

通过前面的学习，小明学会了Word 2010中表格的制作和编辑，已经在论文中做好了相关表格，但是为了让论文更加图文并茂，需要插入一些图片，所以还想学习Word中图文混排的操作。

视频

Word 2010
图文混排

任务实施

一、艺术字的编辑和使用

1. 任务要求

（1）在正文第3页绘制“设计思路流程图”，文本框文字设置为宋体，小四号；箭头颜色：黑色，箭头样式：样式5；文本框和箭头“左右居中”。

（2）在正文第5页适当位置插入图片“南宁市城市总体规划图.jpg”，大小为原图的56%，上下型环绕，水平对齐方式为居中。

（3）为正文第12页线路虚拟站点生成的五大原则，设置项目符号“✧”。

（4）为正文奇数页添加页眉“湖南高速铁路职业技术学院”，偶数页添加页眉“南宁城市轨道交通站点分布设计”；并在正文页面底端中间位置添加页码。

2. 插入艺术字

艺术字是Word的一种图形对象，Word 2010提供了艺术字库，通过对文字进行变形处理，以增强视觉效果。艺术字添加到文档中后，以图文框的形式存在。外框、背景和环绕都按文本框进行设置。

单击“插入”选项卡→“文本”选项组→“艺术字”下拉按钮，在其下拉列表中选择一种艺术字式样，如图3.4.1所示，在“编辑艺术字文字”对话框中输入艺术字的文字内容，选择合适的字体和字号，还可以设置加粗或倾斜字形，如图3.4.2所示。

图3.4.1 艺术字样式库

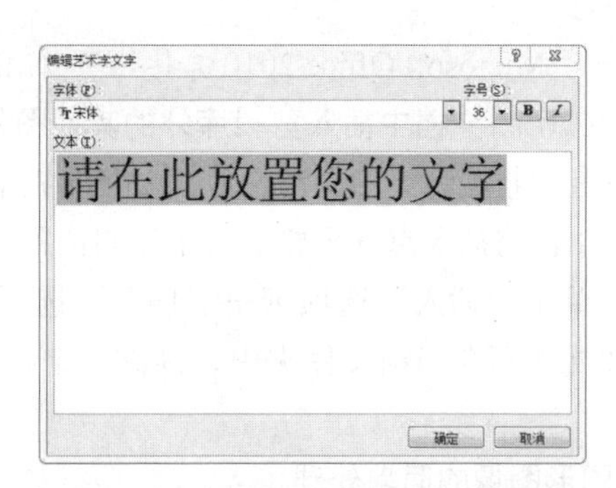

图3.4.2 “编辑艺术字文字”对话框

提示： 如果要将正文中的文字转变为艺术字，可先选中文字，再进行插入艺术字的操作。

3. 编辑艺术字

选中艺术字后，出现“艺术字工具”选项卡，如图3.4.3所示。可以对艺术的“文字”、“艺术字样式”、“阴影效果”、“三维效果”、“排列”和“大小”等进行修饰。

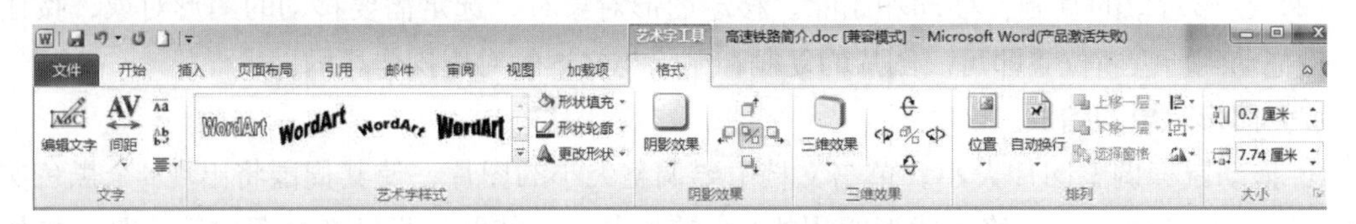
图3.4.3 “艺术字工具”选项卡

二、插入和编辑图片

1. 插入剪贴画

剪贴画是Office 2010程序附带的一种矢量图片，Office收藏集中包含有39类剪贴画供选用，包括人物、工具、建筑、标志等各个领域，精美而且实用，有选择地在文档中使用它们，可以起到美化和点缀文档的作用。插入剪贴画可以按以下操作步骤进行：

（1）将插入点移到指定位置。

（2）单击“插入”选项卡→“插图”选项组→“剪贴画”按钮，打开“剪贴画”窗格，如图3.4.4所示。

（3）在“搜索文字”文本框中输入描述所需剪辑（剪辑：一个媒体文件，包含图片、声音、动画或电影）的词汇，或输入剪辑的全部或部分文件名，并单击“搜索”按钮，下方列表中显示所包含的剪贴画图标，选择所需的剪贴画图标，在右键快捷菜单中选择“复制”命令。

（4）回到文档插入点位置，在右键快捷菜单中选择“粘贴”命令。

提示： 老版本Word的“剪辑管理器”功能已移到Microsoft Office程序组中的Microsoft Office 2010 工具中，如果想使用“剪辑管理器”功能可单击“开始”→“所有程序”→“Microsoft

图3.4.4 “剪贴画”窗格

Office” → “Microsoft Office 2010工具” → “Microsoft剪辑管理器”命令。

2. 在Word文档中插入剪辑库外的其他图片

可以直接将磁盘上的图像文件插入到文档中。操作方法如下：

（1）单击将插入点置于要插入图片的位置。

（2）单击“插入”选项卡→“插图”选项组→“图片”按钮，弹出“插入图片”对话框。如果图像文件不在当前文件夹中，则需指定磁盘和文件夹，选定需要的文件，单击“确定”按钮即可。

3. 图形图像的简单处理

（1）选定图形对象。将鼠标指针指向图形，当指针变成✥形状时单击，图形框线上会立即出现多个控制点，称作选定或选中。

① 选定单个图形。直接用鼠标单击该图形的任意位置。

② 选定多个图形。用鼠标拖动扫过图片选定；单击选中第一个，然后按住【Shift】键不放，单击其余图形。

（2）图形对象的复制、移动和删除。移动图形对象时，选定需要移动的图形对象，按住鼠标左键拖动到所需新位置即可。图片的复制和删除与文本的对应操作相同。

（3）图形对象的缩放。

① 拖动鼠标调整图片大小。单击文档中要调整大小的图片，使其周围将出现8个黑色实心控制点，然后将鼠标指针移到图形四周的8个控点之一，待鼠标指针变成双向箭头时，按住鼠标左键拖动，会出现一个虚线框，该框表示图片缩放后的大小，如果达到了要求，即可释放左键。

② 利用对话框调整图片大小（精确设置）。单击图片，单击“图片工具／格式选项卡→“大小”选项组的对话框启动器按钮，打开“布局”对话框，切换到“大小”选项卡，如图3.4.5所示，单击“确定”按钮。

（4）设定图文混排的格式。选定要修改排版格式的图形或图片，单击图片，单击“图片工具／格式”选项卡→“大小”选项组的对话框启动器按钮，打开“布局”对话框，切换到“文字环绕”选项卡，如图3.4.6所示，单击“确定”按钮。

图3.4.5 设置图片大小

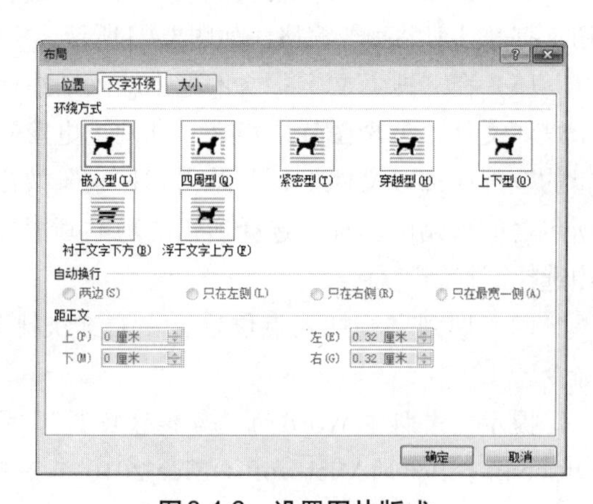

图3.4.6 设置图片版式

（5）图形的叠放次序。当两个或多个图形对象重叠在一起时，最后绘制的图形总是覆盖以前的图形。就需要利用“图片工具／格式”选项卡→“排列”组→“位置”按钮或右键菜单来调整各图形之间的叠放次序。

选定要调整叠放次序的图形，单击“图片工具／格式”选项卡→“排列”选项组→“位置”按钮；或在选定的图形上右击，把指针移到菜单中的“置于顶层”或“置于底层”命令，弹出级联菜单，如图3.4.7所示。选择级联菜单中相应的命令，例如“上移一层”等。

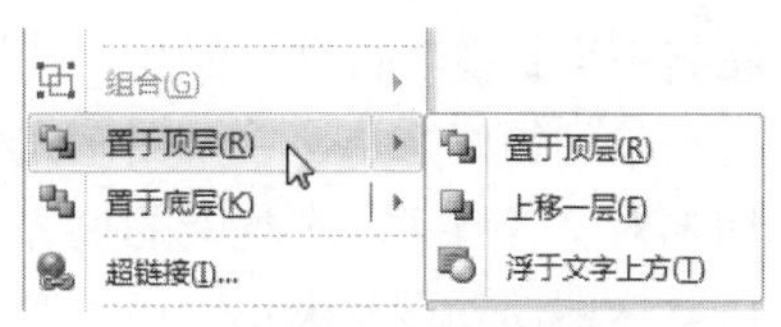

图3.3.7　右键菜单

（6）用图片工具条调整图片颜色。选择插入文档的图片，利用“图片工具／格式”选项卡→“颜色”下拉按钮，如图3.4.8所示，可以为图片设置饱和度、色调、重新着色等不同的显示效果。

图3.4.8　“图片工具／格式”选项卡

4. 其他属性设置

无论是绘制的几何图形还是插入的图形文件，都可以通过右击图形，选择快捷菜单中的“设置图片格式”命令，在弹出的“设置图片格式”对话框中进行图片格式设置，如图3.4.9所示。

图3.4.9　“设置图片格式”对话框

也可以选中图片后，在“图片工具／格式”选项卡中，设置图形的“位置”“自动换行”。还可以设置图片样式、图片的调整等。在图文混排设计中，该项设置相当重要。

以上属性的设置方法，同样适用于艺术字、文本框等对象的格式设置。

三、绘制和编辑基本图形

1. 绘图画布

绘图画布是文档中的一个特殊区域。用户可以在其中绘制多个图形，相当于一个“图形容器”。因为所绘制的图形包含在绘图画布中，画布中所有的图形对象就有了一个绝对的位置，在进行编辑时可以整体移动和调整大小，还能避免被文本中断或分页时出现图形异常。

打开Word 2010文档窗口，单击“插入”选项卡→“插图”选项组→“形状”→“新建绘图画布”按钮。绘图画布将根据页面大小自动被插入到Word 2010页面中。

在绘图时选中画布并右击，从弹出的快捷菜单中选择“设置绘图画布格式”命令，将打开图3.4.10所示的对话框。

图3.4.10 “设置形状格式”对话框

2. 插入自选图形

只有在“页面视图”方式下才能在Word中插入图形，因此在创建和编辑图形前，应把视图切换到“页面视图”模式。

Word提供了八大类约130种自选图形。利用“绘图工具／格式”选项卡提供的工具，可以绘制许多简单的图形，如在“形状”中可以选择绘制各种线条、箭头、标记、流程图、矩形、椭圆等多种图形，如图3.4.11所示。

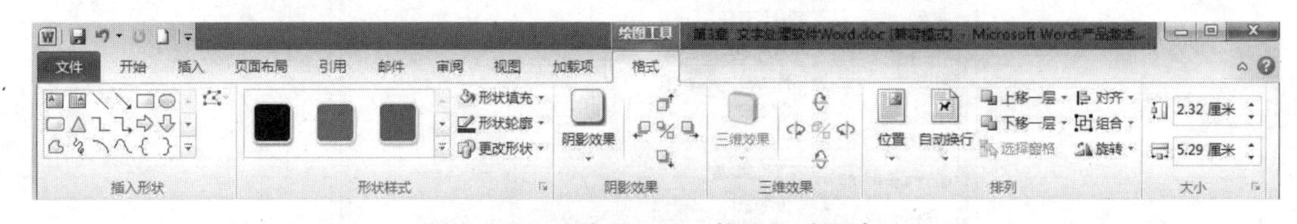

图3.4.11 “绘图工具／格式”选项卡

（1）创建图3.4.12的形状，操作方法如下：

① 单击“插入”选项卡→“插图”选项组→“形状”按钮，选择“星与旗帜”中的“前凸带形”，此时鼠标指针变成十字形状。

② 将鼠标指针移至文档中的某一点，按住鼠标左键拖动，便画出了相应的几何图形。

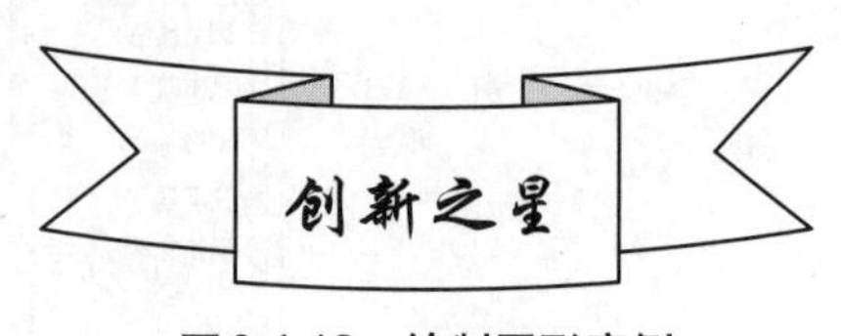

图3.4.12 绘制图形实例

提示： 如果在释放鼠标左键前按住【Shift】键，则可以成比例绘图；如果在释放鼠标左键前按住【Shift】键，则可在两个相反方向同时改变大小。

图形绘制好后，往图形中添加文字，方法有两种：单击“插入”选项卡→“文本”选项组→“文本框”按钮，或右击图形，选择快捷菜单中的“添加文字”命令，便可以向图形中添加文字。

同时还可以利用“绘图工具／格式”选项卡的工具，还可以设置图形边框线的线型、颜色，图形的填充颜色、字体颜色、阴影和三维效果等。

（2）编辑自选图形（如填充颜色）。单击，可在“绘图工具／格式”选项卡中设置自选图形的填充颜色、线条、大小、旋转角度以及版式。

（3）图形对象的组合。排版时通常需要把若干图形对象、艺术字、文本框等组合成一个大的对象，以便于整体移动、缩放等操作。操作步骤为：按住【Shift】键不放，单击要组合的各个对象，从而同时选中多个对象，右击，在弹出的快捷菜单中选择“组合”→“组合”命令即可。

四、文本框的插入和编辑

文本框是一个特殊的图形对象，文本框中可以添加文字和图片，框中的内容随文本框的移动而移动，它与给文字加边框是两个不同的概念。利用文本框可以把文档编排得更加丰富多彩。可以放置于页面上的任意位置，便于使用。

1. 插入文本框

一般使用以下两种方法插入文本框：

（1）单击“插入”选项卡→“文本”选项组→“文本框”按钮，在弹出的下拉列表中选择一种文本框式样。如要实现文字竖排效果，可单击“绘图工具／格式”选项卡→“文本”选项组→“文字方向”按钮。

（2）单击“插入”选项卡→“文本”选项组→“文本框”按钮，在弹出的下拉列表中单击“绘制文本框”或“绘制竖排文本框”。随后将十字形状鼠标指针移至文档中的某一点，按住鼠标左键并拖动至另一点，释放左键后，在两点之间就会插入一个文本框。插入文本框后，若需更改文字方向，可单击“格式”选项卡→“文字方向”按钮进行设置。

2. 文本框格式的设置

将鼠标指针移至文本框边框处，形状变为十字形箭头时单击，其周围出现网状边框，这是文本框的选中状态，此时可删除文本框，也可设置其格式。

设置文本框格式，主要有以下两种方法：

（1）单击文本框，打开“文本框工具／格式”选项卡，如图3.4.13所示，可以设置文本框的样式、阴影效果、三维效果、排列、大小等。

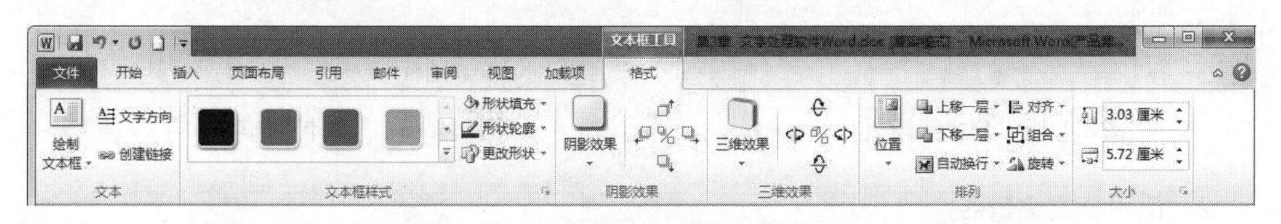

图3.4.13 “文本框工具／格式”选项卡

（2）选中文本框并右击，选择“设置文本框格式”命令，打开图3.4.14所示的对话框。前3个选项卡分别设置文本框的填充颜色、线条颜色、大小、版式等；后两个选项卡分别设置文本框的边距、垂直对齐方式、可选文字等。

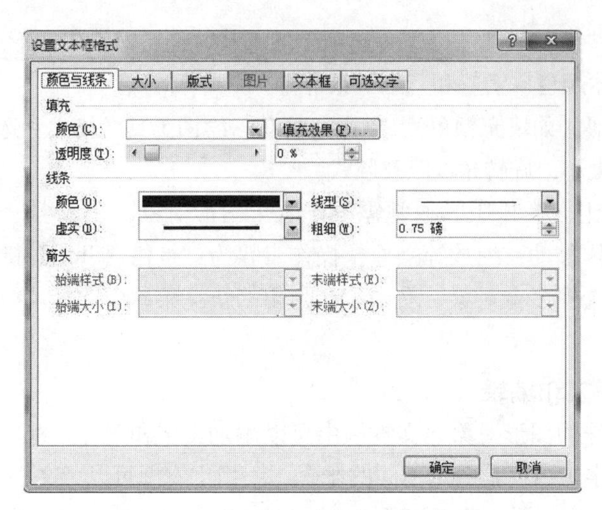

图3.4.14 “设置文本框格式”对话框

五、公式编辑器的使用

利用“公式编辑器”，可以在文档中较方便地加入复杂的数学公式和符号。

1. 调出公式编辑器

（1）单击“插入”选项卡→“文本”选项组→“对象”按钮，在打开“对象”对话框的“新建”选项卡中选择“Microsoft公式3.0”，单击“确定”按钮后，将看到图3.4.15所示的屏幕状态。

（2）单击“插入”选项卡→“符号”选项组→“公式”按钮，从下拉菜单中选择内置的公式。若想自行输入公式，可单击“插入新公式”按钮，进入图3.4.16所示的界面，利用“公式工具/设计”选项卡中相应的选项创建新公式。要从“公式编辑器”状态下的屏幕返回正常Word状态下，单击编辑区的空白处即可。

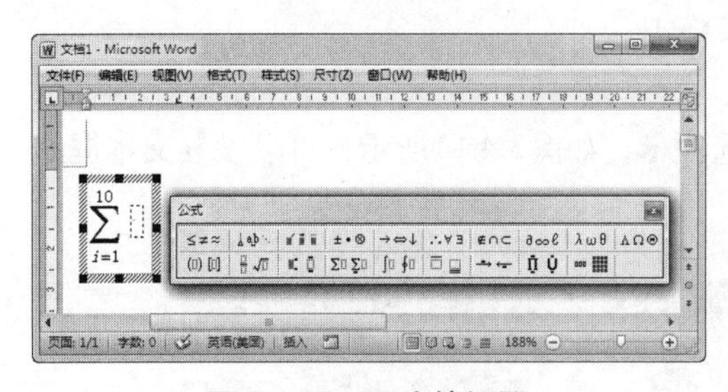

图3.4.15 公式编辑器

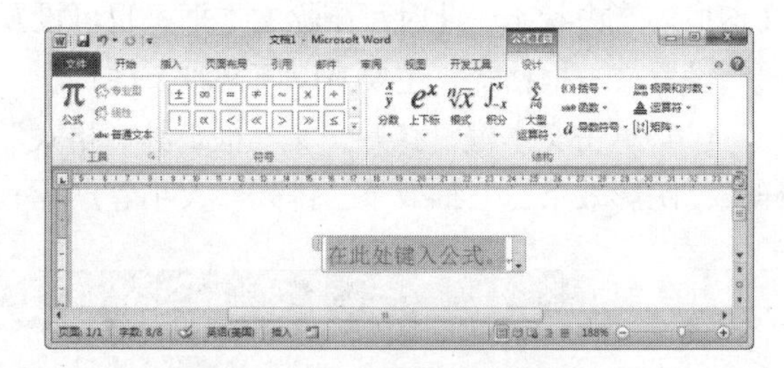

图3.4.16 “设计”选项卡

2. 使用公式编辑器

打开公式编辑器后，利用图3.4.17所示的“公式”工具栏即可建立和修改公式。

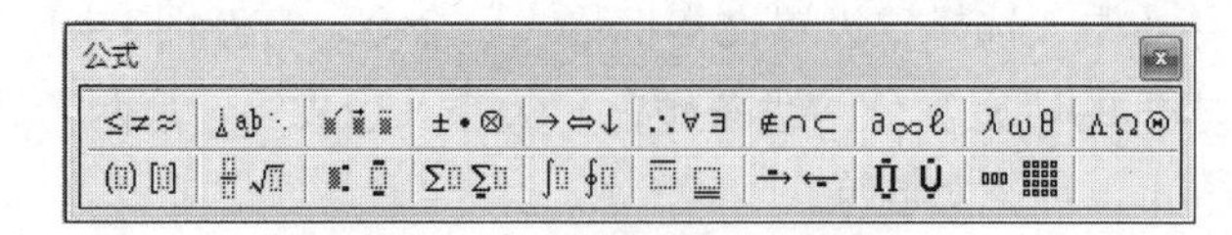

图3.4.17 “公式”工具栏

输入公式时，小方框中出现的竖线插入点指出了用户从工具栏中选定的符号和模板的插入点位置。例如，输入图3.4.18所示公式，步骤如下：

① 启动公式编辑器。

② 从工具栏上选择模板，再从模板中选择符号。

③ 输入需要的文字，按【Tab】键移动插入点。

公式输入后，单击方框外的任一处关闭公式编辑器，返回原文档。

双击公式，可以打开公式编辑器窗口修改公式。

$$f(x) = a_0 + \sum_{n=1}^{\infty}\left(a_n \cos\frac{n\pi x}{L} + b_n \sin\frac{n\pi x}{L}\right)$$

图3.4.18　傅里叶级数

六、页眉和页脚

页眉和页脚的设置。页眉和页脚是打印在一页顶部和底部的注释性文字或图形。页眉位于一页的顶部，经常用于放置书名和章节号等。页脚位于一页的底部，通常用来显示页号、总页数或日期等。

添加页眉和页脚

（1）单击“插入”选项卡→“页眉和页脚”选项组→“页眉”或“页脚”按钮，打开页眉或页脚的下拉式列表，选择页眉或页脚的样式，如图3.4.19所示。此时文档中原有的内容呈灰色，不可编辑，并在功能区中出现“页眉和页脚工具／设计”选项卡。如果在草稿视图或大纲视图下执行此命令，Word会自动切换到页面视图。

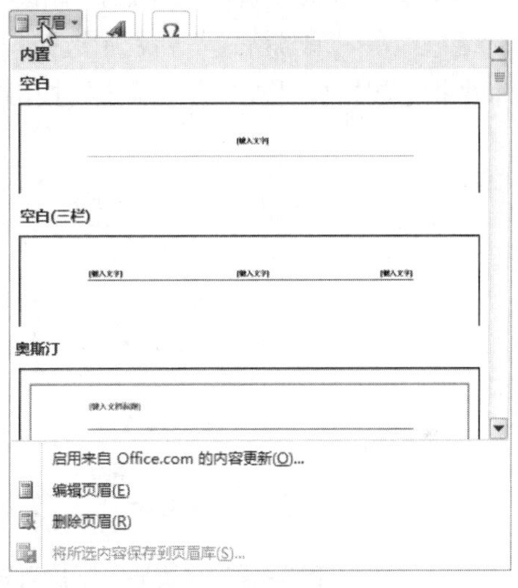

图3.4.19　插入页眉

“页眉和页脚工具／设计”选项卡中的各按钮如图3.4.20所示。在页眉区输入页眉文本，或者选择插入其他对象等按钮。

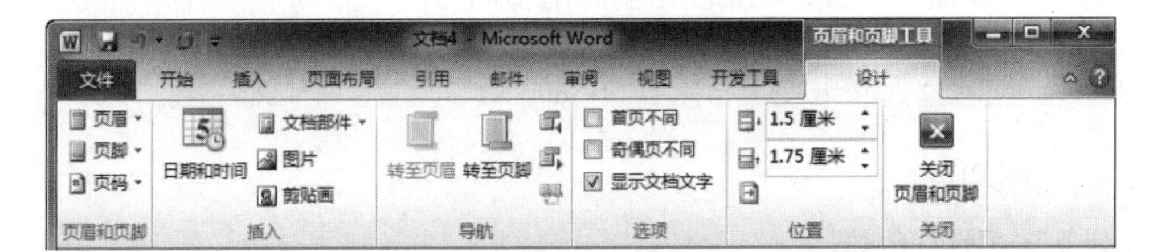

图3.4.20　“页眉和页脚工具／设计”选项卡

单击“设计”选项卡→“转至页脚”按钮，切换到页脚区输入相应的页脚信息。在页眉区或页脚区输入文本后，可以像对待普通文本一样设置格式。设置完毕后，单击“关闭页眉和页脚”按钮返回文档中。

（2）创建首页和奇偶页上不同的页眉和页脚。选择“页眉和页脚工具／设计”选项卡，在“选项”选项组中勾选“首页不同”或“奇偶页不同”复选框，再单击选项卡中的“关闭页眉和页脚”按钮返回文档中即可。

如果要删除或修改页眉和页脚，只要双击页眉或页脚，进行修改和删除即可。页眉和页脚通常用来显示文档的附加信息，例如，徽标、单位名称、时间、日期、页码等。其中，页眉位于页面的顶部，页脚位于页面的底部。页眉和页脚与Word文档的正文区域不能同时处于编辑状态。

（3）页码设置。Word可以在文档中插入页码，页码的样式可选择，并可插入在不同的位置。具体操作如下：

① 单击“插入”选项卡→“页眉和页脚”选项组→“页码”按钮，打开图3.4.21所示的“页码”下拉列表。

② 在菜单列表中可以选择页码在页面上的位置，如果要设置奇、偶数页的页码位置不同，则注意选择“左侧”和“右侧”。

③ 如果要改变页码的样式，单击“设置页码格式”按钮，打开图3.4.22所示的“页码格式”对话框，在“编号格式”列表中选择一种页码格式，例如“1，2，3…”；还可以在“起始页码”框中指定起始页码。单击“确定”按钮完成页码的插入。

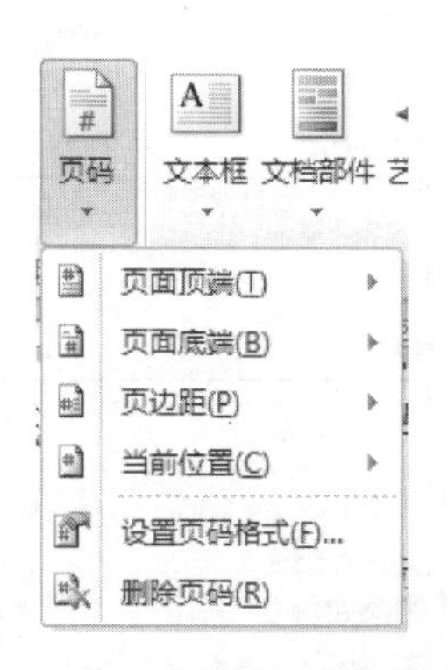

图3.4.21 “页码”下拉列表

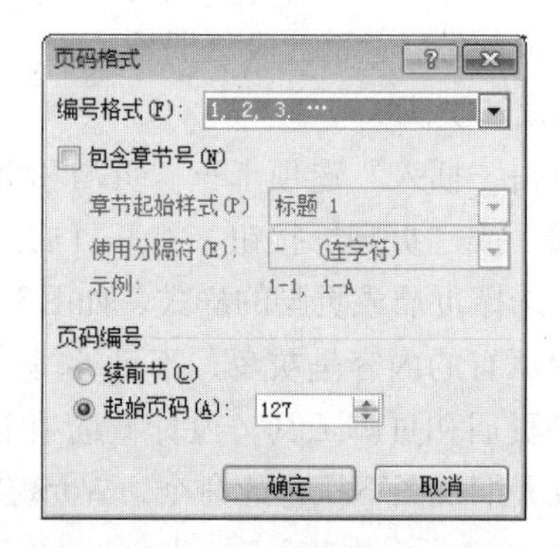

图3.4.22 “页码格式”对话框

页码的设置效果只能在“页面视图”和“打印预览”下才能查看。

要删除页眉页脚中的横线，可以先切换到页眉页脚视图下，选中页眉所在行，然后单击“页面布局”选项卡→“页面背景”选项组→“页面边框”按钮，在打开的对话框中选择“无”即可把那条横线去掉。或者选中横线，然后按【Ctrl+Shift+N】组合键，即可删除横线。

任务实作

子任务1：流程图的绘制

（1）在正文第3页的位置单击“插入”选项卡→“文本框”→“绘制文本框”按钮，如图3.4.23所示。鼠标指针变成十字形，按住鼠标左键，拖动十字指针可画出矩形框，当大小合适后释放左键。此时插入点在文本框中，可输入文字，文字设置为宋体、小四号。

（2）单击“插入”选项卡→“形状”下拉按钮，选择“线条”→“箭头”按钮，按住【Shift】键垂直向下绘制箭头，如图3.4.24所示。选中图形，选择“绘图工具”→“格式”→“形状轮廓”命令，选择“主题颜色”中的“黑色，文字1”，设置箭头颜色。选择“箭头”→“箭头样式5”，设置箭头样式，如图3.4.25所示。

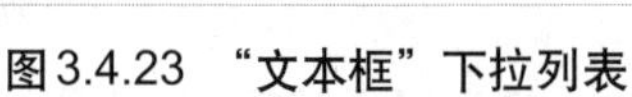

图3.4.23　“文本框”下拉列表

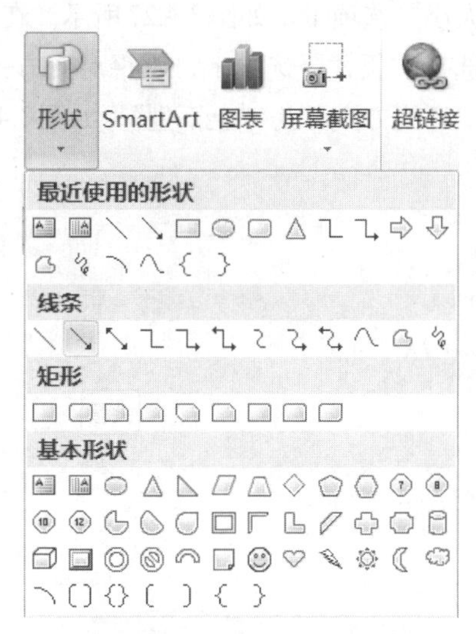

图3.4.24　“形状”下拉列表

（3）选中绘制的文本框和箭头，复制，粘贴，完成所有文本框的绘制。

（4）按住【Shift】键选中所有文本框和箭头，单击“对齐”下拉列表中的“左右居中”按钮，如图3.4.26所示，将文本框和箭头居中对齐。

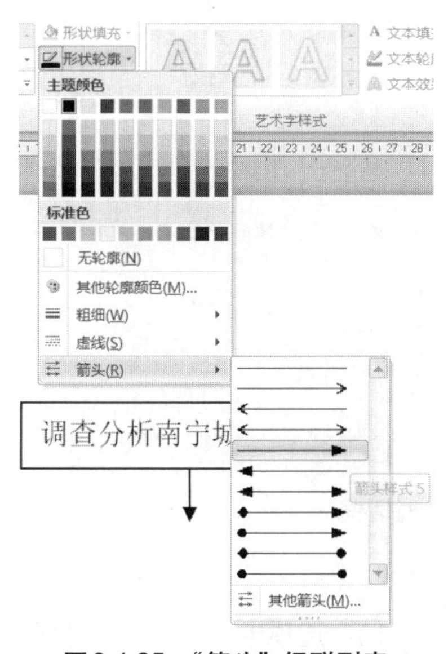

图3.4.25　“箭头”级联列表

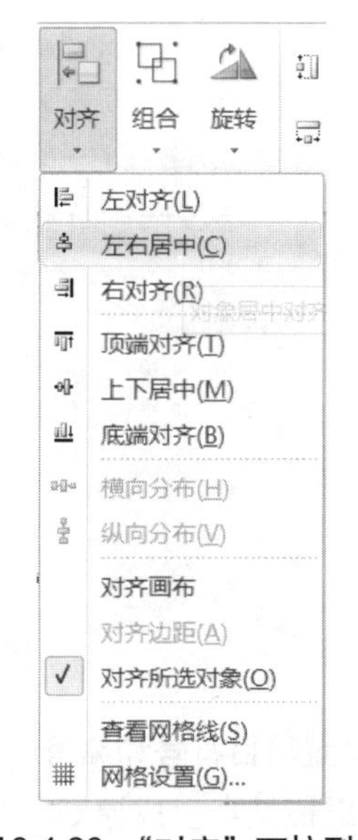

图3.4.26　“对齐”下拉列表

子任务2：图片的插入与设置

（1）将光标定位到正文第5页适当位置，单击“插入”选项卡→“插图”选项组→“图片”按钮，选择picture文件夹，选择素材文件“南宁市城市总体规划图.jpg”。

（2）选中插入的图片，单击“图片工具／格式”选项卡→“大小”选项组对话框启动器按钮，或在图片上右击，在快捷菜单中选择“设置图片格式”命令，在“设置图片格式”对话框中选择“大小”选项卡，如图3.4.27所示。在缩放栏中将高度和宽度都设置为“56%”。

（3）选择“版式”选项卡，水平对齐方式设为“居中”，如图3.4.28所示。单击“高级”按钮，设置“环绕方式”为“上下型”，如图3.4.29所示，单击“确定”按钮，完成操作。

图3.4.27 “大小”选项卡

图3.4.28 “版式”选项卡

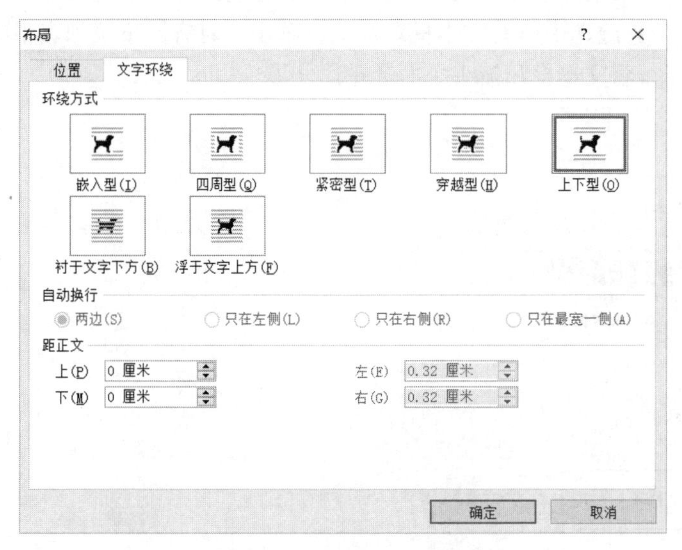

图3.4.29 “布局”对话框

子任务3：设置项目符号和编号

选择“线路虚拟站点生成原则”各段落，单击“开始”选项卡→“段落”选项组→“项目符号”下拉按钮，在“项目符号库”中选择项目符号“✧”。

子任务4：设置奇偶页不同的页眉页脚

（1）单击“插入”选项卡→“页眉和页脚”选项组→“页眉”下拉按钮，在其下拉列表中选择“空白”页眉的样式，如图3.4.30所示。

（2）在“页眉和页脚工具／设计”选项卡中勾选“奇偶页不同”复选框，如图3.4.31所示，此时文档中会出现不同标识的页眉虚线框区域，在奇数页页眉处写入“湖南高速铁路职业技术学院”，在偶数页页眉处写入“南宁城市轨道交通站点分布设计”，单击“关闭页眉页脚”按钮。

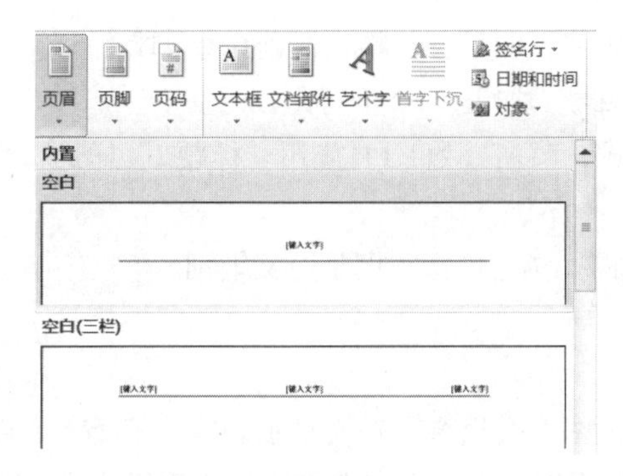

图3.4.30　“页眉”对话框

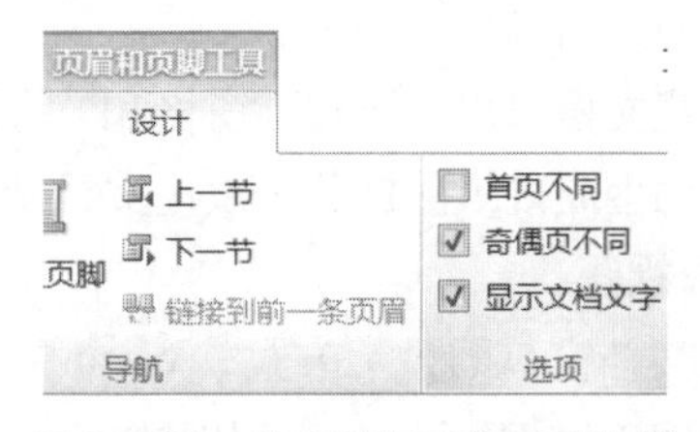

图3.4.31　“页眉和页脚工具”栏

（3）将插入点置于除首页外的页面，单击“插入”选项卡→“页眉和页脚”选项组→“页码”下拉按钮，在其下拉列表中选择“页面底端”→“普通数字2”页码的样式，如图3.4.32所示，注意不要勾选“奇偶页不同”复选框，单击“链接到前一条页眉”按钮，取消本页页码与前一节的链接，如图3.4.33所示。如果目录页设置了页码，则删除。

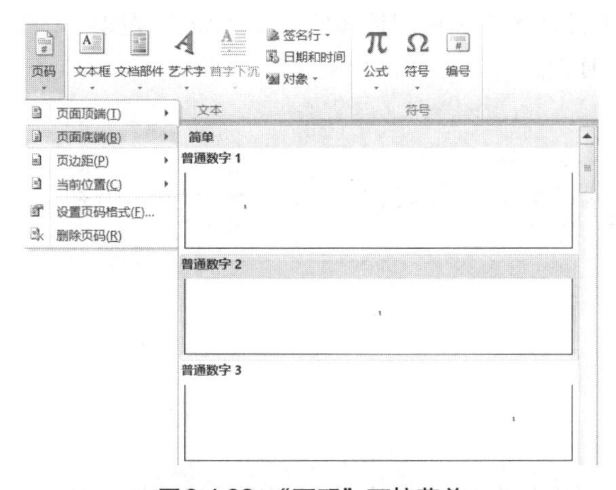

图3.4.32　“页码”下拉菜单

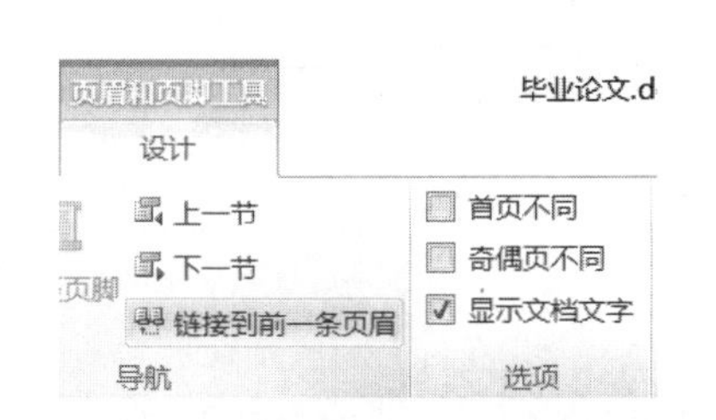

图3.4.33　“页码”设置菜单

任务五　高级编排

任务描述

通过前面的学习，小明学会了在Word中插入和编辑图片的方法，已经能够编排一篇图文并茂的论文，还有最后一项任务就是论文目录的制作，所以想学习Word的高级编排。

任务实施

一、Word的视图模式

1. 任务要求

（1）插入分节符。在封面、目录页后插入分节符，使之从新的一页开始。

（2）修改样式。将“标题1”的样式修改为宋体、四号、加粗，段前6磅，段后6磅，1.5倍行距；“标题2”、“标题3”的样式修改为宋体、四号、加粗、1.5倍行距。

视频

Word 2010
高级编排

（3）设置样式。将各章名应用“标题1”样式，节名（如1.1）应用“标题2”样式，小节名（如1.2.1）应用“标题3”样式。

（4）浏览文档。用“导航”窗格和“大纲视图”浏览论文，调整论文级别。

（5）自动生成目录。自动生成论文目录。

2. 页面视图

视图是文档窗口的显示方式，Word提供的视图方式很多，在文档窗口左下角有5个视图选择按钮，如图3.5.1所示。改变视图的方法是在“视图”选项卡中选择需要的视图方式；或单击文档窗口左下角的5个按钮来实现。

在页面视图中，可以看到包括正文及正文区之外版面上的所有内容。此时，屏幕显示的文档内容与打印输出的效果完全一致，就是所谓的“所见即所得”。这种方式常用于检查文档的外观，比较适合于编辑和格式化操作。

3. 阅读版式

如果打开文档是为了进行阅读，阅读版式视图将优化阅读体验。阅读版式视图会隐藏除“阅读版式”和“审阅”工具栏以外的所有工具栏。

图3.5.1　视图模式

4. Web版式视图

用联机版式视图在屏幕上显示和阅读文档效果最佳。它不按实际页面显示文档，而是将正文内容按窗口大小自动折行显示。

5. 大纲视图

大纲视图可按要求显示文档内容，便于生成目录操作。例如，只显示文档的各级标题，可检查和安排文档的结构；也可通过拖动标题实现移动或复制操作来调整重组正文内容。

6. 草稿视图

在该视图方式下，屏幕上看不到页眉、页脚、页边距和页号等正文区之外版面上的内容，在两页的分界处是用一条虚线表示的。如果图形对象是非嵌入格式，则图形对象不可见。

二、样式

使用Word中的字符和段落格式选项，可以创建外观变化多端的文档。若文档很长，如果每次设置文档格式时都逐一进行选择，将重复花很多时间。样式可以避免文档修饰中的重复性操作，并且提供快速、规范化的行文编辑功能。

1. 使用已有样式

(1) 使用格式工具栏。

① 单击要应用样式的段落中的任意位置。

② 在“开始”选项卡→“样式”选项组的样式列表中选取所需要的样式。

提示：如对段落中的字符设置样式，则要先选中字符，再使用上述方法完成设置。

(2) 使用对话框。

① 单击要应用样式的段落中的任意位置。

② 单击“开始”选项卡→“样式”选项组的对话框启动按钮。

③ 在“样式”窗格中选择相应的样式。

(3) 使用格式刷。

“格式刷”可以将选定对象的格式应用到其他指定的对象中。如果选定对象的格式使用了“样式”，同样可用“格式刷”将样式取出并应用到其他指定的对象中。

①单击已确定格式的段落或字符。

② 单击“开始”选项卡→“剪贴板”选项组→“格式刷”按钮。

③ 移动鼠标指针至需要改变格式的段落，刷过该段落即可。

2. 创建样式

单击“开始”选项卡→“样式”选项组的对话框启动器按钮，打开图3.5.2所示的“样式”窗格，单击“新样式”按钮，打开图3.5.3所示的对话框。

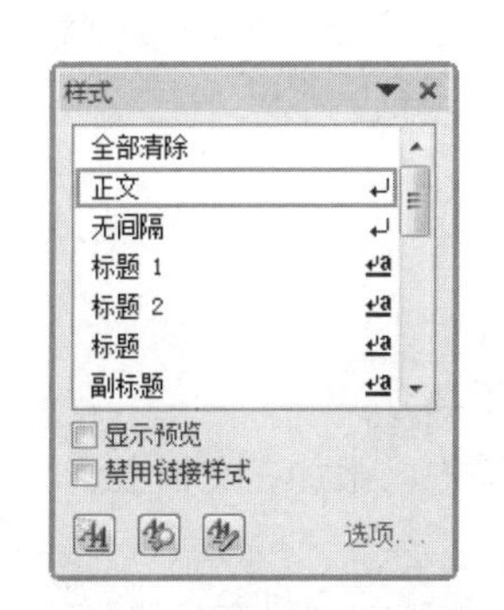

图3.5.2 “样式”下拉列表

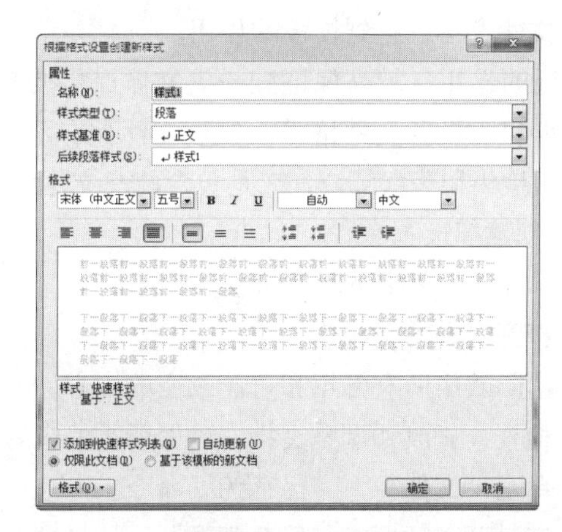

图3.5.3 “根据格式设置创建样式”对话框

在“名称”文本框中输入新样式的名称，在“样式类型”下拉列表中提供两个选项：“段落”和“字符”，分别定义段落样式和字符样式。单击“格式”按钮编排该样式的格式，例如设置“字体”、“段落”、“边框”等，单击“确定”按钮。

3. 修改或删除已有样式

在编辑文档时，已有的样式不一定能完全满足要求，可能需要小部分改动，可以在已有样式的基础上进行修改，使其符合要求。

（1）单击“开始”选项卡→“样式”选项组的对话框启动器按钮。

图3.5.4 管理样式

（2）在弹出的对话框中单击“管理样式”按钮，如图3.5.4所示。

（3）在打开的对话框中进行修改和删除。

提示：如果选择了Word内部的样式，“删除”按钮将会变成灰色，表示不能删除样式。

三、模板

任何Microsoft Word文档都是以模板为基础的。模板决定文档的基本结构和文档设置。Normal模板是可用于任何文档类型的共用模板。可修改该模板，以更改默认的文档格式或内容。所含设置适用于所有文档。文档模板（例如，“模板”对话框中的备忘录和传真模板）所含设置仅适用于以该模板为基础的文档。

处理文档时，通常情况下只能使用保存在文档附加模板或Normal 模板中的设置。要使用保存在其他模板中的设置，请将其他模板作为共用模板加载。加载模板后，以后运行 Word 时都可以使用保存在该模板中的内容。

保存在“Templates”文件夹中的模板文件出现在“模板”对话框的“常用”选项卡中。文件的类型（即后缀名）一般为“.dot”（自动生成）。如果要在“模板”对话框中为模板创建自定义的选项卡，请在“Templates”文件夹中创建新的子文件夹，然后将模板保存在该子文件夹中。这个子文件夹的名字将出现在新的选项卡上。保存模板时，Word 会切换到“用户模板”位置（单击“工具”→“选项”命令），默认位置为“Templates”文件夹及其子文件夹。如果将模板保存在其他位置，该模板将不出现在“模板”对话框中。保存在“Templates”文件下的任何文档(.doc）文件都可以起到模板的作用。

模板的作用，就是保证同一类文体风格的整体一致性，使用户既快又好地建立新文档，避免从头编辑和设置文档格式。模板文件具有两个基本待征，一是文件中包含某类文体的固定内容，包括抬头和落款部分；二是包含此类文体中必须使用的样式列表。

1. 创建模板

（1）将已有文件保存为模板。

① 打开已有的文档。

② 清除其中所有无用和可能改变的内容，只保留通用部分。

③ 检查、修改和调整文档，确保所需的内容和设置等均已添加在文档上。

④ 单击“文件”→“另存为”命令。

⑤ 在打开对话框的“保存类型”区选择“word模板”，则在“保存位置”区内将显示模板文件的默认保存路径。

⑥ 在“文件名”区输入新模板文件的名称（例如，会议记录），单击“保存”按钮，即可完成模板文件的创建过程。

模板文件的保存位置，默认情况下保存于文档库内的Template文件夹中。

（2）自定义模板。自定义模板就是直接设计所需要的模板文件。

① 单击“文件”→“新建”按钮，显示“新建文档”界面。

② 在“文档信息”区选择“我的模板”项，打开“新建”对话框，如图3.5.5所示。

③ 选中“空白文档”图标，选择“模板”单选按钮，再单击“确定”按钮。

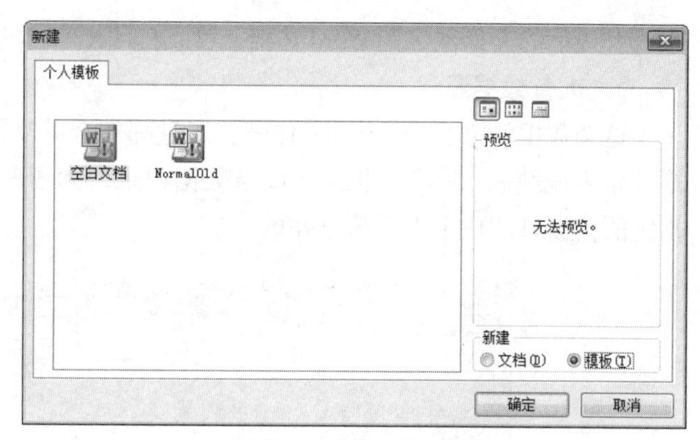

图3.5.5 “新建”对话框

④ 在打开的“模板1”窗口中，使用与文档窗口相同的操作方法，对页面、特定的各种文字样式、背景、插入的图片、快捷键、页眉和页脚等进行设置。

⑤ 所有设置完成后，单击快速访问工具栏中的“保存”按钮，打开“另存为”对话框，在“文件名”文本框中输入模板文件名（例如，会议记录），最后单击“确定”按钮。

2. 修改模板

模板创建完成后，可以随时对其中的设置内容进行修改。

（1）单击“文件”→“打开”命令，打开“打开”对话框。

（2）在“文件名”类型区选择“Word模板”项，打开“模板”对话框。

（3）完成设置修改后，保存修改后的模板文件。

3. 使用模板

在Word 2010中自带常用、报告、备忘录、出版物、法律起诉、其他文档、信函和传真以及邮件合并等8种模板。使用模板包括使用模板和使用向导模板两种。

（1）单击“文件”→“新建”按钮，显示“新建文档”界面。

（2）在“模板”区选择“我的模板”项，打开“模板”对话框。

（3）选中“新建”区的“文档”单选按钮。

（4）选择需要的选项卡，例如，“信函和传真”，单击其中的任意模板文件图标，在“预览”区可以看到模板样式，找到合适的模板后，单击“确定”按钮，即可创建基于该模板的新文档。

（5）在新建的文档中输入需要的各项内容，进行适当的编辑、排版后保存。

四、邮件合并

在日常生产生活中，人们往往需要按统一的格式，将电子表格中的邮编、收件人地址和收件人批量打印信封上，从数据库中导出工资数据到电子表格中，再批量打印工资条；还有批量打印准考证、明信片、信封、录取通知书、成绩通知单等报表。总之，只要存在数据源（电子表格、数据库）等，就可以很方便地按一个记录一页的方式从Word中用“邮件合并”功能打印出来。

下面通过Word和Excel来实现邮件合并的功能。

在Office中，先建立两个文档：一个Word包括所有文件共有内容的主文档（例如，未填写的准考证、成绩通知单等）和一个包括数据信息Excel（例如，填写学校名称、考生姓名、考试地点、准考证号、身份证号，成绩信息等），然后使用邮件合并功能在主文档中插入变化的信息，合成后的文件保存为Word文档，可以打印出来，也可以邮件形式发出去。

1. 准备数据源

这个数据源来自于Excel工作表，通过邮件合并功能实现数据查询和显示的工作。打开工作簿“学生成绩表.xlsx”，里面有12条数据记录，如图3.5.6所示，本任务就是把这12条记录按照指定的模板打印成个人成绩通知单。

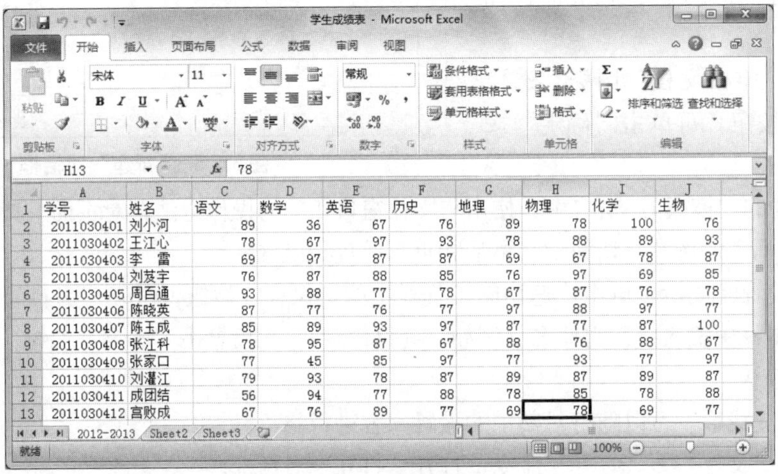

学号	姓名	语文	数学	英语	历史	地理	物理	化学	生物
2011030401	刘小河	89	36	67	76	89	78	100	76
2011030402	王江心	78	67	97	93	78	88	89	93
2011030403	李　雷	69	97	87	87	69	67	78	87
2011030404	刘芨宇	76	87	88	85	76	97	69	85
2011030405	周百通	93	88	77	78	67	87	76	78
2011030406	陈晓英	87	77	76	77	97	88	97	77
2011030407	陈玉成	85	89	93	97	87	77	87	100
2011030408	张江科	78	95	87	67	88	76	88	67
2011030409	张家口	77	45	85	97	77	93	77	97
2011030410	刘灌江	79	93	78	87	89	87	89	87
2011030411	成团结	56	94	77	88	78	85	78	88
2011030412	宫败成	67	76	89	77	69	78	69	77

图3.5.6　学生成绩表

2. 准备模板

模板文件就是即将输出的界面模板，这里创建一个“空白成绩通知单.docx”的Word文档，如图3.5.7所示。

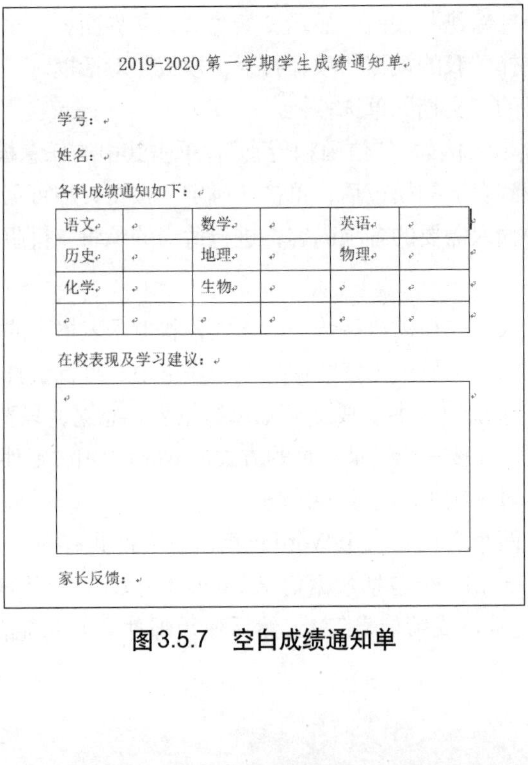

2019-2020 第一学期学生成绩通知单

学号：

姓名：

各科成绩通知如下：

语文		数学		英语	
历史		地理		物理	
化学		生物			

在校表现及学习建议：

家长反馈：

图3.5.7　空白成绩通知单

3. 邮件合并

打开文件“空白成绩通知单.docx”，单击“邮件”选项卡→“开始邮件合并”选项组→“邮件合并分步向导”按钮，在文档右侧会多出一栏，就是邮件合并向导栏，如图3.5.8所示。

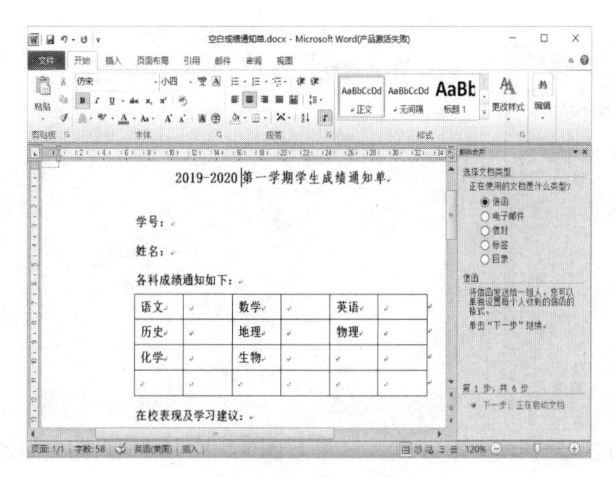

图3.5.8　邮件合并

4. 设置数据源

选择“信函”并单击“下一步”按钮，选择“使用当前文档”并单击“下一步”按钮，单击“浏览…”按钮选择文件或数据源，在打开的对话框中选“学生成绩表.xlsx”，单击“确定”按钮后出现图3.5.9所示的对话框。

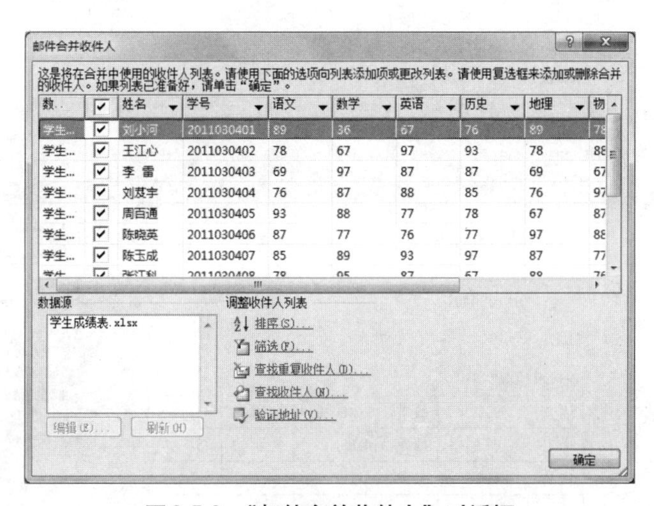

数	☑	姓名	学号	语文	数学	英语	历史	地理	物
学生...	☑	刘小河	2011030401	89	36	67	76	89	78
学生...	☑	王江心	2011030402	78	67	97	93	78	88
学生...	☑	李　雷	2011030403	69	97	87	87	69	67
学生...	☑	刘茂宇	2011030404	76	87	88	85	76	97
学生...	☑	周百通	2011030405	93	88	77	78	67	87
学生...	☑	陈晓英	2011030406	87	77	76	77	97	88
学生...	☑	陈玉成	2011030407	85	89	93	97	87	77

图3.5.9　“邮件合并收件人”对话框

5. 插入数据域

选择“撰写信函”，单击“其他项目”按钮，打开图3.5.10所示的对话框。

这里以插入“学号”为例。

(1) 将光标定位到要插入数据的地方。

(2) 单击邮件合并工具栏上的“插入域”按钮（见图3.5.10），在弹出的窗口中选择“学校名称”，然后单击“插入”按钮，所有域插入完成之后效果图如图3.5.11所示。

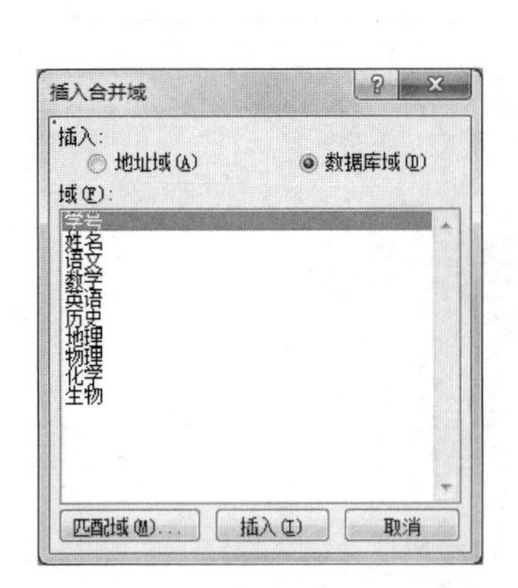

图3.5.10 “插入合并域”对话框

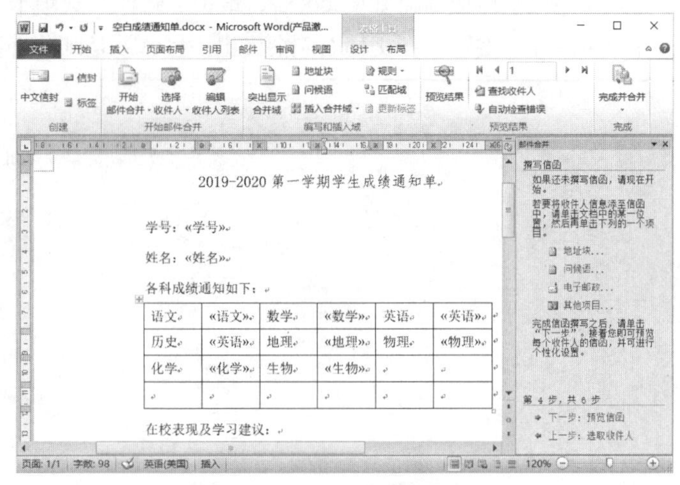

图3.5.11 域插入完成的效果图

提示：不能一次插入多个域，插入完毕又不自动关闭弹出的窗口，重复上述操作数次，依次插入其他元素（考生姓名、学号、语文、数学等）。

6. 查看合并数据

单击“预览信函”按钮（见图3.5.12），即可看到邮件合并之后的数据，工具栏上还有一些按钮和输入框可以查看前一条、下一条和指定的记录，最后单击“完成合并”按钮。

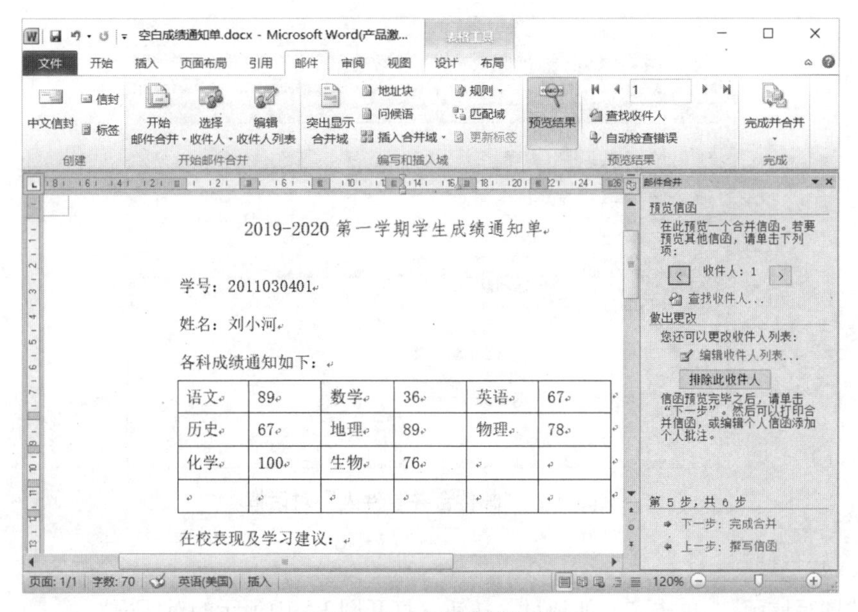

图3.5.12 查看合并数据

7. 完成合并，打印输出结果

到此，邮件合并的工作基本结束，可以单击“打印”按钮，打开图3.5.13所示的对话框。

邮件合并功能非常强大，“插入Word域”的功能可以先对数据进行处理（逻辑算术运算格式化等），然后插入。

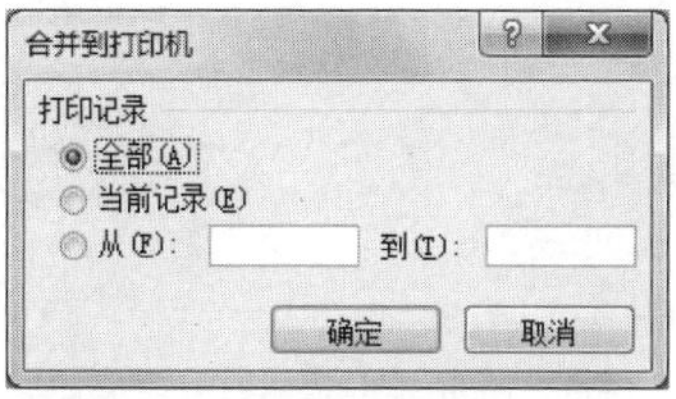

图3.5.13 “合并到打印机”对话框

任务实作

子任务1：插入分节符

（1）打开毕业论文文档，单击“页面布局”选项卡→“页面设置”选项组→“分隔符”下拉按钮，选择“分节符”→“下一页（N）”选项，如图3.5.14所示，在封面、目录后面插入分节符，使之从新的一页开始。然后再插入页码，如图3.5.15所示。

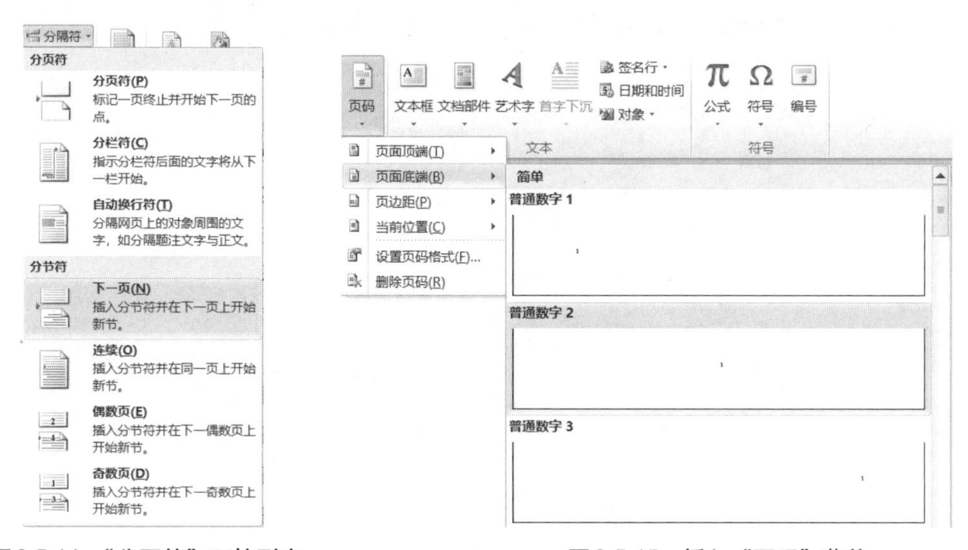

图3.5.14 “分隔符”下拉列表　　图3.5.15 插入“页码”菜单

子任务2：修改样式

（1）右击“样式”选项组列表框中的“标题1”按钮，在快捷菜单中选择“修改”命令，打开“修改样式”对话框，设置标题1的字符格式为宋体、四号、加粗。

（2）单击下方的“格式”→“段落”按钮，设置段落格式为段前6磅，段后6磅，1.5倍行距，如图3.5.16所示。单击“确定”按钮完成“标题1”的样式修改。

（3）同理，完成“标题2”、“标题3”的样式修改。

子任务3：设置样式

（1）选择正文第1章名称（1. 1.设计背景和意义），单击“样式”选项组中的“标题1”，即可设置标题1样式，如图3.5.17所示。

图3.5.16 “修改样式”菜单

图3.5.17 “样式”列表框

（2）按照上述方法，将节名（如1.1）应用“标题2”样式，小节名（如1.2.1）应用“标题3”样式，再用“格式刷”应用到全文。

子任务4：浏览文档

（1）单击“视图”选项卡→“显示”选项组→“导航窗格”复选框，打开“导航”窗格，如图3.5.18所示，呈现出类似目录的树状结构，单击三角形按钮可展开或折叠。

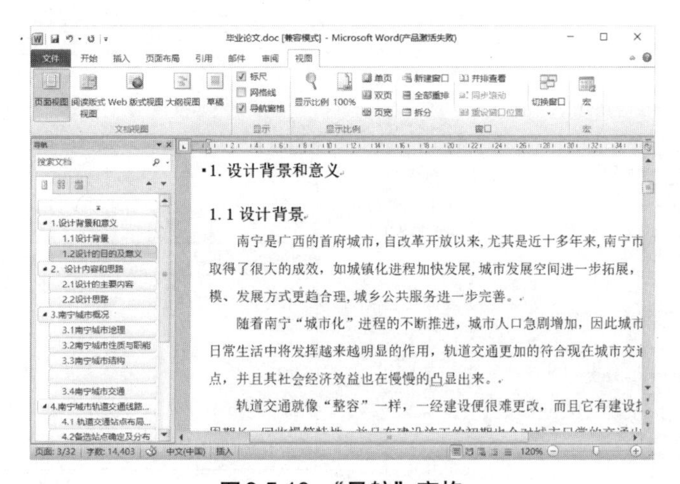

图3.5.18 “导航”窗格

（2）单击“视图”选项卡→“文档视图”选项组→“大纲视图”按钮，显示大纲视图，如图3.5.19所示，“大纲”选项卡自动打开。在“显示级别”框中选择“2级”，可显示第1级到第2级的标题。根据论文内容调整论文级别。

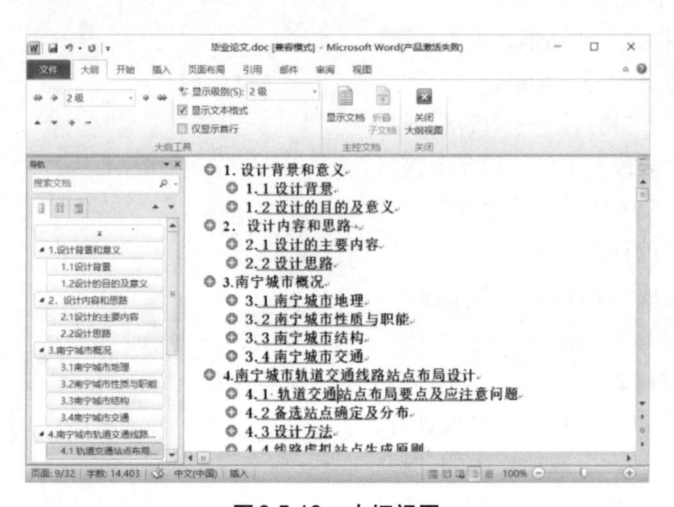

图3.5.19 大纲视图

子任务5：自动生成目录

（1）将插入点置于“目录”之后的空行中。

（2）单击“引用”选项卡→“目录”选项组→“目录”按钮，弹出下拉列表，如图3.5.20所示。在下拉列表中选择“自动目录1”或“自动目录2”，可快速按系统默认值生成目录，效果如图3.5.21所示。

（3）如果文档内容被修改，页码或标题发生变化，只需在目录区中单击，目录上方出现“更新目录”按钮，单击该按钮打开“更新目录”对话框，如图3.5.22所示，选择“只更新页码”或“更新整个目录”即可。或者在目录区右击，在快捷菜单中选择“更新域”命令，也可打开“更新目录”对话框。

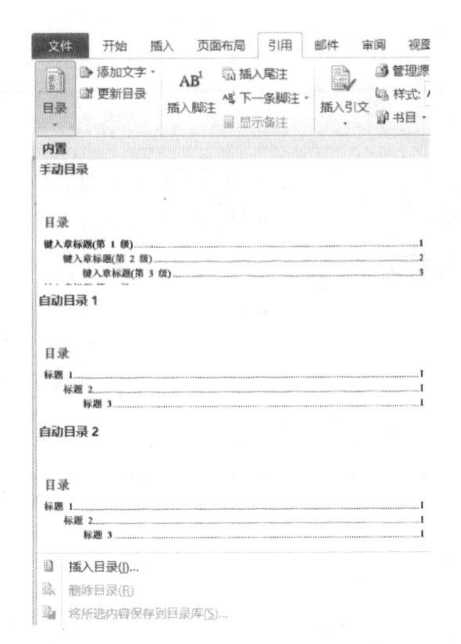

图3.5.20　“目录”下拉列表

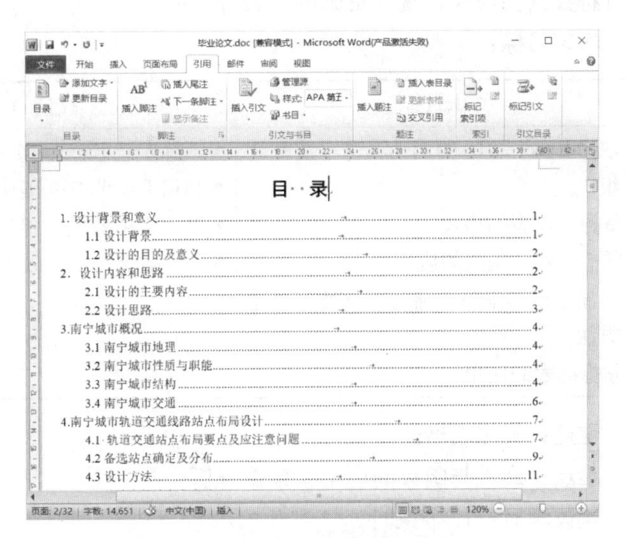

图3.5.21　自动生成目录效果

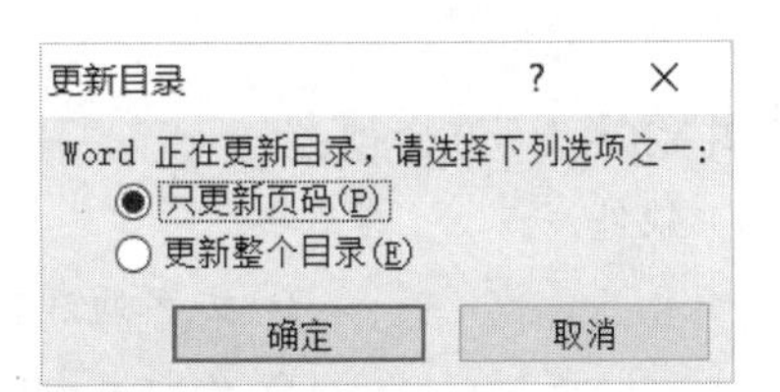

图3.5.22　“更新目录”对话框

项 目 小 结

本项目介绍了Word文档的基本操作、Word文档的格式设置、Word表格的制作、Word图文混排的操作及Word的高级编排操作。

通过本项目的学习，读者能够掌握Word文档的创建，文本的录入，字符格式、段落格式、页面格式的设置，Word表格的制作及表格的美化操作，在Word中插入、编辑艺术字和图片的方法，完成Word图文混排的操作，Word的高级编排操作等。

项目四　电子表格制作软件 Excel 2010

Excel 2010是Office 2010办公软件的一个重要组件，是一款功能强大的电子表格处理软件，它具有强大的自由制表、高效管理财务、制作报表、对数据进行复杂的计算和分析处理能力，也可将数据转换为直观性更强的图表等功能。

学习目标：

知识目标	技能目标	职业素养
• 掌握 Excel 2010 的启动、退出及窗口组成 • 掌握工作表的格式化 • 掌握公式、函数的应用 • 掌握数据的排序、筛选、分类汇总等方法。 • 掌握图表的使用	• 熟练安装 Excel 2010 • 利用 Excel 2010 美化表格 • 灵活运用公式、函数进行数据处理 • 掌握数据分析和处理	• 自主学习能力 • 团队协作能力 • 良好的审美能力 • 数据处理和分析能力

重点：美化表格。

难点：公式与函数的应用、数据分析。

建议学时：12个课时。

课前学习

视频

Excel 2010
课前学习

素材

项目素材

扫二维码，观看相关视频，并完成以下选择题：

1. Excel 2010是属于（　　）软件。

   A. 数据管理软件　　B. 文字处理软件

   C. 电子表格软件　　D. 幻灯片制作软件

2. Excel 2010文档的扩展名是（　　）。

   A. .doc　　B. .exe

   C. .pdf　　D. .docx

3. 单元格的表示形式是（　　）。

   A. 78.B　　B. 78:B

   C. B:78　　D. B78

4. Excel 2010默认的工作表名是（　　）。

   A. Sheet1, Sheet2, Sheet3　　B. Book1, Book2, Book3

   C. Table1, Table2, Table3　　D. List1, List2, List3

5. Excel 2010中，列宽和行高（　　）。

A. 都可以改变　　B. 只能改变列宽

C. 只能改变行高　　D. 都不能改变

6. Excel 2010中，在单元格中输入公式，应首先输入的是（　　）。

A. :　　B. ?　　C. =　　D. +

7. Excel 2010主界面窗口中编辑栏上的“fx”按钮用来向单元格插入（　　）。

A. 文字　　B. 数字　　C. 公式　　D. 函数

任务一　初识Excel 2010

任务描述

小李同学是班级的学习委员，他想帮助老师建立班级学生的成绩表并制作相应的成绩分布图。而学生的成绩通常是由学生的考勤情况、作业情况、期中成绩和期末成绩组成的，这些看似繁杂的工作都可以通过电子表格来完成。

任务实施

一、Excel 2010的启动与退出

1. 启动Excel 2010

单击“开始”→“程序”→“Microsoft Office”→“Microsoft Excel 2010”命令，可启动Excel 2010；若桌面上有“Microsoft Excel 2010”图标，双击该图标也可启动。某些机器可能将Office系列单独放在一个组中，这时须选中该程序组，再选择Excel 2010。

2. 退出Excel 2010

退出Excel 2010与退出Word 2010完全相同，可以选用如下任一种方法：

（1）单击主窗口的“关闭”按钮。

（2）单击“文件”→“退出”按钮。

（3）使用【Alt+F4】组合键。

（4）双击主窗口标题栏左边的图标。

（5）单击主窗口标题栏左边的图标，打开控制菜单，选择“关闭”命令。

二、Excel 2010的窗口组成

启动Excel 2010后的窗口如图4.1.1所示。其工作界面中包含多种工具，用户通过使用这些工具菜单或按钮，可以完成多种运算分析工作，通过对Excel 2010工作界面的了解，用户可以快速了解各个工具的功能和操作方式。

（1）快速访问工具栏。位于Excel 2010工作界面的左上方，用于快速执行一些操作。默认情况下，快速访问工具栏中包括3个按钮，分别是“保存”按钮、“撤销”按钮和“恢复”按钮。在Excel 2010的使用过程中，用户可以根据工作需要，添加或删除快速访问工具栏中的工具。

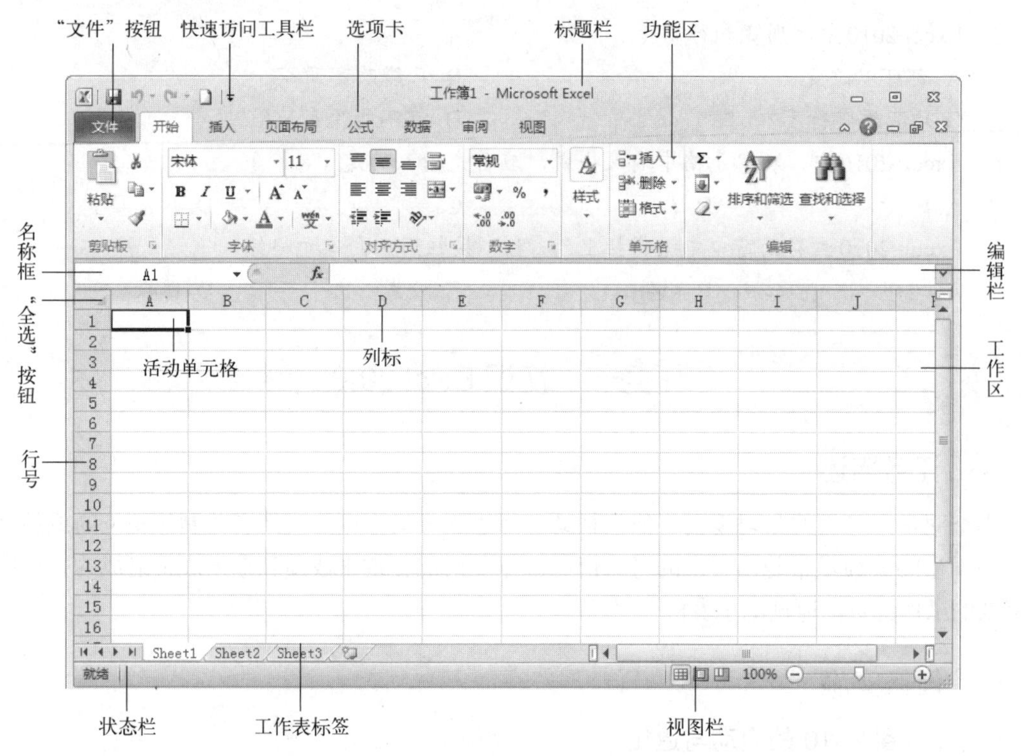

图4.1.1　Excel 2010的窗口

（2）标题栏：位于Excel 2010工作界面的最上方，用于显示当前正在编辑的电子表格和程序名称。拖动标题栏可以改变窗口的位置，双击标题栏可最大化或还原窗口。在标题栏的右侧是，“最小化”按钮、“最大化”按钮、“还原”按钮和“关闭”按钮，用于执行窗口的最小化、最大化、还原和关闭操作。

（3）功能区：位于标题栏的下方，默认情况下由7个选项卡组成，分别为“开始”、“插入”、“页面布局”、“公式”、“数据”、“审阅”和“视图”。每个选项卡中包含不同的功能区，功能区由若干个组组成，每个组中由若干功能相似的按钮和下拉列表组成。

（4）工作区：位于Excel 2010程序窗口的中间，是Excel 2010对数据进行分析对比的主要工作区域，用户在此区域中可以向表格中输入内容并对内容进行编辑，插入图片、设置格式及效果等。

（5）编辑栏：位于工作区的上方，其主要功能是显示或编辑所选单元格中的内容，用户可以在编辑栏中对单元格中的数值进行函数计算等操作。

（6）状态栏：位于Excel 2010窗口的最下方，在状态栏中可以显示工作表中的单元格状态，还可以通过单击视图切换按钮选择工作表的视图模式。在状态栏的最右侧，可以通过拖动显示比例滑块或单击“放大”按钮和“缩小”按钮，调整工作表的显示比例。

三、工作簿、工作表、单元格的概念

（1）工作簿（Book）。一个工作簿就是一个Excel文件，其扩展名为.xlsx。一个工作簿可以包含若干张工作表，新建一个工作簿默认包含有3张工作表，一个工作簿最多可包含255张工作表。工作簿和工作表之间的关系就如同账簿和账页之间的关系。用户可以将若干相关工作表组成一个工作簿，在同一个工作簿的不同工作表之间可以方便地切换。

(2) 工作表 (Sheet)。工作表又称电子表格，用于计算和存储数据。工作表由行号、列标和网格线组成，位于工作簿的中央区域。在Excel 2010窗口中看到的由多个单元格构成的工作区域就是一张工作表。

每张工作表都有一个标签，用来表示工作表的名称如Sheet1、Sheet2等。单击某张工作表的标签时，该表就成为活动工作表。当工作表比较多时，可以通过工作表导航按钮来选择需要显示的工作表。

(3) 单元格 (Cell)。单元格是由行和列的交叉部分组成的区域，是组成工作表的最小单位，输入的数据均保存在单元格中。

① 单元格地址。为具体指明某一特定单元格，需要对每个单元格进行标识。每一个单元格都处于工作表的某一行和某一列的交叉点，这就是它的“地址”。通常以列标、行号的组合来标识单元格。例如地址为B3的单元格表示这是一个第2列第3行的单元格。

在Excel 2010中，列标采用英文字母标记，从左至右依次将列标记为“A，B，C，…，Z，AA，AB，…，AZ，BA，…BZ，…，IA，…IV”，共256列。行号采用阿拉伯数字标记，依次为“1，2，3，…，65536”，共65 536行。

② 单元格区域。单元格区域是指一组选定的单元格，可以是连续的，也可以是离散的。连续的单元格区域一般用“左上角单元格地址：右下角单元格地址”的方式来表示。如A1:G10，表示以A1单元格为左上角，G10单元格为右下角的单元格区域。

(4) 填充柄 (Fill Handle)。活动单元格右下角的小方块称为填充柄。当用户将鼠标指针定位到填充柄上时，鼠标指针变为实心“+”，拖动它可将活动单元格的数据复制到其他单元格中。在输入计算公式、函数时填充柄非常有用。

四、工作簿与工作表的基本操作

1. 新建工作簿

启动Excel时系统自动建立一个名为“工作簿1”的工作簿。还有以下方式新建工作簿：

(1) 工具栏方式。单击工作簿左上角的按钮，便可新建一个工作簿，这与Excel启动时自动建立的工作簿一样，都是基于默认模板的工作簿。若想快速建立有特殊格式的工作簿，可选“菜单方式”。

(2) 利用“文件”按钮。单击“文件”→“新建”命令，即进入“新建工作簿”界面，它是基于默认模板创建新工作簿及系统提供的各类模板。

2. 打开工作簿

对已建立的工作簿进行编辑、修改，首先需将其打开。打开工作簿的操作很简单，与Word 2010完全一样，有4种方式：

(1) 利用“文件”按钮。单击“文件”→“打开”命令。

(2) 工具栏方式。单击工具栏中的按钮。

(3) 单击“文件”→“最近所用文件”命令，可以打开最近使用过的10个Excel文件。

(4) 在“计算机”窗口中找到要打开的工作簿文件，双击文件图标也可打开工作簿。

3．保存工作簿

（1）首次保存。与Word 2010相似，新工作簿第一次保存时，打开“另存为”对话框，其操作方法与Word 2010相同，这里不再介绍。

（2）编辑过程中保存。编辑工作簿的过程中，为了避免死机或意外断电造成数据丢失，应随时单击按钮保存；也可单击“文件”→“保存”按钮，或按【Ctrl+S】组合键。

（3）换名存盘。有时想将编辑的工作簿换一个文件名、换一个文件夹、或换一种文件类型存放，则单击“文件”→“另存为”命令，重新选择“保存位置”、“文件名”或“文件类型”完成换名存盘工作。

4．工作表的重命名

当新建一个工作簿时，新工作簿中默认有3个工作表，分别以Sheet1、Sheet2和Sheet3命名，为了使工作表名称更直观，可更改工作表的名称。

在工作表标签上双击某工作表名，工作表名称处于编辑状态，输入新的工作表名即完成更名操作；直接将鼠标指针移到工作表标签上并右击，选择快捷菜单中的“重命名”命令，也可完成工作表的重命名。

5．工作表的选定

要对工作表进行操作，先要选择该工作表。在工作表选项卡中单击相应工作表，即将其选择为当前工作表，当前工作表以白底显示，且工作表名有下画线。

当工作表的个数较多时，可单击按钮，滚动显示出要选定的工作表。要同时选择多个工作表，可以按【Shift】键或【Ctrl】键配合鼠标单击，选择相邻或不相邻的工作表。

6．插入工作表

新建工作簿时，默认的工作表个数为3，不够时可增加工作表。右击某个工作表，选择快捷菜单中的“插入”命令，如图4.1.2所示，则在该工作表的前面插入一张新的工作表。或者选定某工作表，单击“插入”选项卡→“工作表”按钮，也可插入工作表。

7．工作表的移动、复制

移动工作表，即改变工作表的摆放顺序。用鼠标拖动工作表标签即可。

复制工作表则是为工作表建立副本，当需要建立的工作表与已有的工作表有许多相似之处时，可以先复制再进行修改。要复制工作表，先选择待复制的工作表，再按住【Ctrl】键拖动，即复制了一个工作表，其名称是原工作表名后加一个带括号的序号。

8．在不同工作簿中移动或复制工作表

上述的工作表操作是在同一个工作簿中进行的，把一个工作表从一个工作簿移动或复制到另一个工作簿中，操作步骤如下：

（1）选择工作表，单击“开始”选项卡→“单元格”选项组→“格式”→“移动或复制工作表”按钮，打开“移动或复制工作表”对话框，如图4.1.3所示。也可右击工作表标签，在弹出的快捷菜单中选择“移动或复制工作表”命令。

（2）在“工作簿”列表框中选择目的工作簿。如果该工作簿已打开，会在“工作簿”列表中显示；如果复制或移动到新工作簿中，则在“工作簿”列表中选择“新建工作簿”。

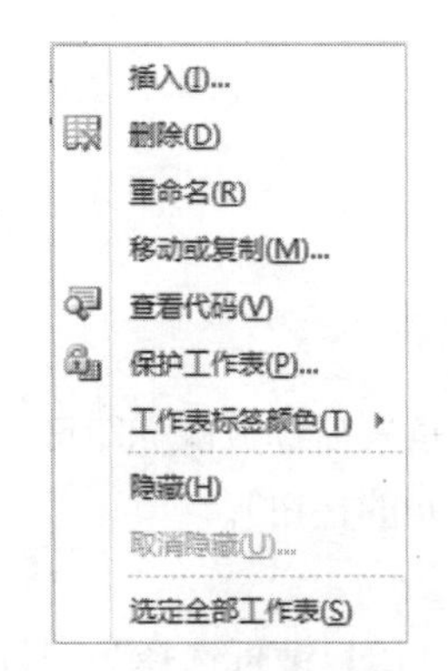

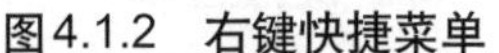

图4.1.2　右键快捷菜单

图4.1.3　“移动或复制工作表”对话框

(3) 选择该工作表在目的工作簿中的位置。

(4) 如选中“建立副本”复选框，则是复制操作，否则为移动操作。

(5) 单击“确定”按钮，完成操作。

9. 删除工作表

选择一个或多个工作表，单击“开始”选项卡→“单元格”选项组→“删除”→“删除工作表”按钮，如图4.1.4所示。

右击选定需删除的工作表，在弹出的快捷菜单中选择“删除”命令也可完成工作表的删除。

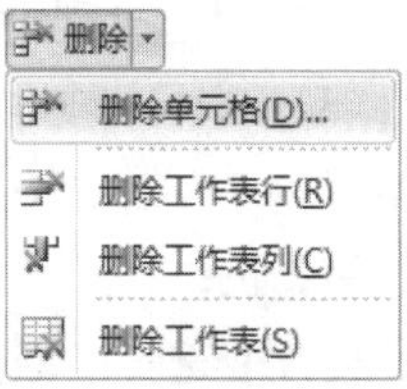

删除
删除单元格(D)...
删除工作表行(R)
删除工作表列(C)
删除工作表(S)

图4.1.4　“删除”下拉列表

五、常用数据类型及输入技巧

在Excel 2010中有多种数据类型，常用的数据类型有文本型、数值型、日期型等。

文本型数据可以包含中文、字母、数字、空格和各类符号等，其对齐方式默认为“左对齐”。要输入由纯数字组成的文本（如电话号码），须在其前加单引号，或者先输入一个等号(=)，再在文本前后加上双引号，如=“010”。

数值型数据包括0～9、()、+、－等，其对齐方式默认为“右对齐”。当输入绝对值很大或很小的数时，自动改为科学计数法表示（如2.34E+12）。小数位数超过设定值时，自动“四舍五入”，但计算时一律以输入数而不是显示数进行，故不必担心误差。输入分数时，要先输入0和空格，如要输入分数1/4，正确的输入方法是“0 1/4”，否则Excel会将分数当成日期。

日期型数据的格式为“年-月-日”或“年/月/日”，当年的年份可省略不输入，但“月”和“日”必须输入。如输入5/4，一般在单元格中显示为“5月4日”，其对齐方式默认为“右对齐”。

快速输入的方法很多，如利用填充柄自动填充、自定义序列、按【Ctrl+Enter】组合键可在选定区域中自动填充相同的数据等。

六、单元格的基本操作

向工作表内输入数据实际上是向单元格内输入数据，单元格的一些基础操作，包括单元格与区域的选取、单元格区域的合并，以及单元格、行或列的插入等。

1. 单元格的选择

（1）鼠标选择。

① 选择一个单元格。单击单元格。

② 选择一行。单击行号。

③ 选择一列。单击列标。

④ 选择矩形区域。单击一个单元格，拖动鼠标到目标位置后释放鼠标即可。

⑤ 全部选择。单击“全选”按钮（工作表区域最左上角的按钮）。

（2）鼠标与按键组合选择。

① 选择相邻的多行（列）。选择一行（列），按住【Shift】键再选择另一行（列），则两行（列）中间的行（列）均被选中。

② 选择不相邻的行（列）。按住【Ctrl】键，再依次单击各列列标。

③ 选择相邻的单元格。选择一个单元格，按住【Shift】键再单击另一单元格，其间的矩形区域内的单元格都被选择。

④ 选择不相邻的单元格。按住【Ctrl】键，依次选择各单元格。

⑤ 同时选择列、行或单元格。按住【Ctrl】键，依次单击行号、列标或单元格。

（3）选择区域内活动单元格的选择。当选择若干单元格之后，会看到总有一个单元格与其他单元格不一样，它就是选择区域内的活动单元格。活动单元格一般为白底，而其他单元格为透明浅紫色。

要改变选择区域内的活动单元格，使用【Tab】键或【Shift+Tab】组合键即可，或按【Ctrl】键再单击选区内的单元格。

2. 行、列、单元格操作

（1）插入空白单元格、行或列。插入空白单元格、行或列，基本操作方法是一致的，参考方法如下：

① 插入新的空白单元格。选定要插入新的空白单元格的单元格区域。选定的单元格数目应与要插入的单元格数目相等。

② 插入一行。单击需要插入的新行之下相邻行中的任意单元格。例如，要在第5行之上插入一行，请单击第5行中的任意单元格。

③ 插入多行。选定需要插入的新行之下相邻的若干行。选定的行数应与要插入的行数相等。

④ 插入一列。单击需要插入的新列右侧相邻列中的任意单元格。例如，若要在B列左侧插入一列，请单击B列中的任意单元格。

⑤ 插入多列。选定需要插入的新列右侧相邻的若干列。选定的列数应与要插入的列数相等。

⑥ 在“插入”选项卡中，单击“单元格”、“行”或“列”按钮。

提示：如果插入、移动或复制的是单元格区域，而不是一行或一列，则在“插入单元格”或“插入复制单元格”的对话框中要选择“右边单元格右移”或“底部单元格下移”。

（2）删除单元格、行或列。删除操作与插入操作类似，基本操作步骤如下：

① 选定要删除的单元格、行或列，单击“删除”按钮。

② 如果删除单元格区域，请在“删除”对话框中，选择“右侧单元格左移”、“下方单元格

上移”、“整行”或“整列”。

3. 插入与编辑批注

在对数据进行编辑修改时，有时需在数据旁做注释，注明与数据相关的内容，这可以通过添加“批注”来实现。其操作步骤如下：

（1）单击需要添加批注的单元格，单击“审阅”选项卡→“批注”按钮。

（2）在弹出的批注框中输入批注文本。

（3）完成文本输入后，单击批注框外部的工作表区域，这时在单元格的右上角有三角形标志。

当然，有时还需对批注进行修改，其编辑批注的方法是先单击需要编辑批注的单元格，再单击“审阅”选项卡→“编辑批注”按钮，即可进行修改。

4. 移动、复制和清除数据

移动、复制是Windows中的常用操作，与Word中一样，不再介绍。

“清除”则是指删除单元格的数据、格式、批注等属性，而保留单元格的位置。选择单元格，按【Del】键即将所选单元格中的数据清除，并且不在“剪贴板”上保存选定的内容。在单元格中按【Del】键也可直接删除光标后面的字符，按【Backspace】键删除光标前面的字符。

也可使用菜单清除数据，其方法是选择待清除的单元格，单击“清除”下拉按钮，从中选择要清除的项（格式、内容或批注）。

5. 选择性粘贴

Excel中的数据除了有其具体值以外，还包含公式、格式、批注等，有时需要只单纯复制其中的值、公式或格式，必须使用“选择性粘贴”，其操作步骤如下：

（1）选定需要复制的单元格，单击“复制”按钮。

（2）选定待粘贴的目标单元格，单击“开始”选项卡→“剪贴板”选项组中的“粘贴”→“选择性粘贴”按钮，打开图4.1.5所示的对话框。

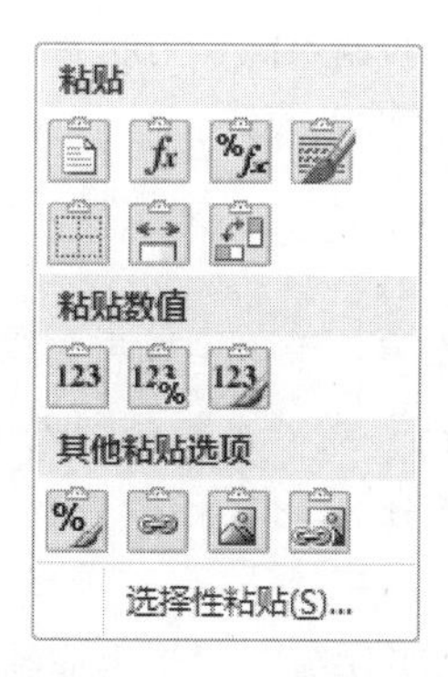

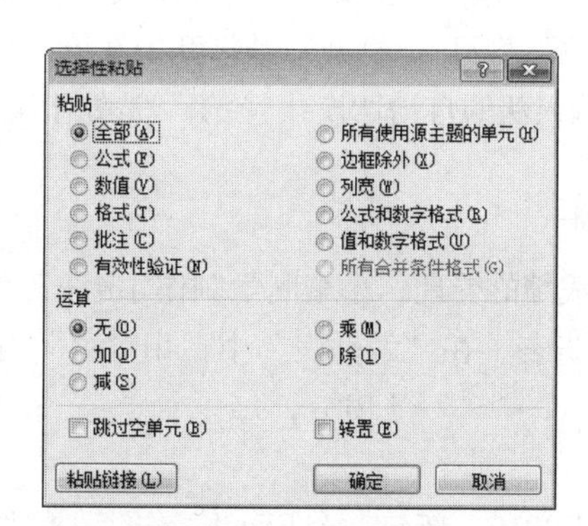

图4.1.5 “选择性粘贴”对话框

（3）单击“粘贴”标题下的所需选项，再单击“确定”按钮。

其中“全部”表示将所有信息都复制过去，“数据、公式、格式、批注”等表示只单纯复制指定的内容，若选“运算”中的“加、减、乘、除”，则自动与相应目标单元格中的数据进行相应运算，相当于表与表、列与列、行与行的一个叠加运算。

6. 数据的查找和替换

Excel 2010的查找和替换与Word 2010的查找和替换一样，请参阅Word的相关操作。

7. 数据有效性

工作表中某些数据一般都有一个有效范围。例如，学生成绩应在0～100之间，学生性别只能为“男”或“女”，只有处在这些范围内的数据才是有效的。为了保证数据的有效性，Excel提供“有效性”工具。操作步骤是：选定单元格，单击“数据”选项卡→“数据工具”选项组→“数据有效性”按钮，即进入图4.1.6所示的对话框。

（1）选择“设置”选项卡，用来设置数据有效性的条件。

（2）选择“输入信息”选项卡，用于设置单元格选定时的输入信息。

（3）选择“出错警告”选项卡，用于输入无效数据时显示的出错警告。其中“样式”有3种选择，终止、警告和信息，可选择不同样式，其警示框上的图标也不同，如图4.1.7所示。

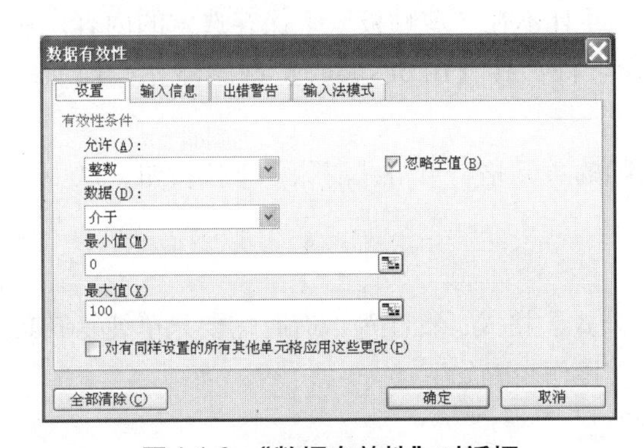

图4.1.6 “数据有效性”对话框

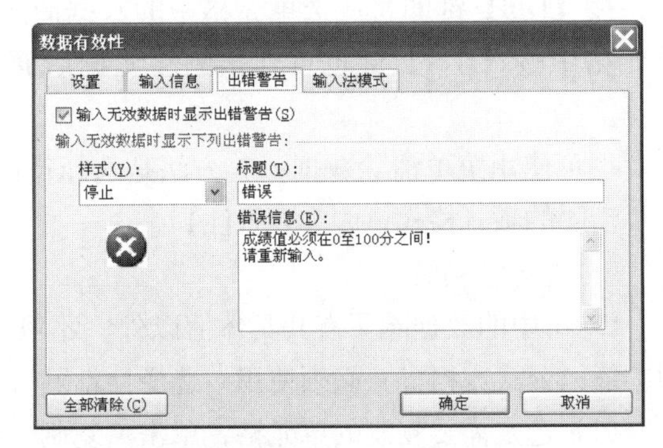

图4.1.7 “出错警告”选项卡

（4）选择“输入法模式”选项卡，其“模式”有随意、打开和关闭3种，“随意”是不做任何限制，任意一种输入均可；“打开”是打开排在第一位的输入法，可将自己最熟悉的输入法设置为第1位，实现输入法的自动切换；“关闭”是处于英文输入模式。

任务实作

视频

Excel 2010任务实作

为了方便学生成绩的管理，小李同学制作了4张工作表：学生考勤表、学生作业表、学生成绩表和期末成绩分析表。在“考勤表”中，用“√”“△”或“×”分别表示学生到课、迟到、旷课3种情况，每一个“√”得10分，每一个“△”得5分，“×”不得分。

操作步骤：

（1）启动Excel 2010，新建一个Excel工作簿，将该工作簿以“学生成绩统计表.xlsx”为文件名保存在自己的文件夹中下，在Sheet1中输入图4.1.8所示的文本内容。

（2）特殊符号的插入：单击“插入”选项→“符号”→“其他符号”按钮，在弹出的对话框（见图4.1.9）选择“√”、“△”、“×”，相同的数据用填充柄填充。

学号	姓名	第1周	第2周	第3周	第4周	第5周	第6周	第7周	第8周	第9周	第10周	考勤分
2018302201	王军	√	×	√	√	√	√	√	△	√	√	
2018302202	李涛	√	√	√	√	√	√	√	√	√	√	
2018302203	刘宇翔	√	√	√	√	√	√	√	√	√	√	
2018302204	林飞	√	√	×	√	√	√	√	√	√	√	
2018302205	马红俊	√	△	√	×	√	√	√	√	√	√	
2018302206	朱竹清	√	√	√	√	√	√	△	√	√	√	
2018302207	顾杰	√	√	×	√	√	△	√	√	√	√	
2018302208	蒋维	√	√	√	√	√	√	√	√	√	√	
2018302209	黄韬	√	√	√	√	√	√	√	√	√	√	
2018302210	胡思慧	√	√	√	√	√	√	√	√	√	√	

图4.1.8　学生考勤表

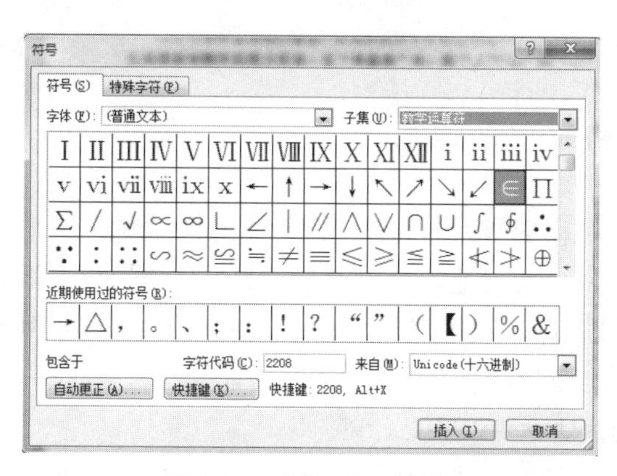

图4.1.9　“符号”对话框

（3）右击Sheet1，选择“重命名”命令，将Sheet1重命名为“学生考勤表”。

（4）分别在Sheet2、Sheet3、Sheet4中输入图4.1.10～图4.1.12所示的文本内容，并分别重命名文件为“学生作业表”、“学生成绩表”和“期末成绩分析表”。

学号	姓名	作业一	作业二	作业三	作业四	作业五	作业六	平均分
2018302201	王军	61	99	90	75	60	89	
2018302202	李涛	78	78	98	55	60	99	
2018302203	刘宇翔	99	99	52	53	92	86	
2018302204	林飞	62	62	91	83	78	92	
2018302205	马红俊	78	87	77	74	89	68	
2018302206	朱竹清	51	68	78	77	88	85	
2018302207	顾杰	69	77	80	74	85	67	
2018302208	蒋维	69	77	80	75	75	68	
2018302209	黄韬	80	90	84	68	75	86	
2018302210	胡思慧	70	80	85	84	83	86	

图4.1.10　学生作业表

学号	姓名	考勤(10%)	作业（20%）	期中（20%）	期末（50%）	总评分	评级
2018302201	王军			90	75		
2018302202	李涛			98	55		
2018302203	刘宇翔			52	53		
2018302204	林飞			91	83		
2018302205	马红俊			77	74		
2018302206	朱竹清			78	77		
2018302207	顾杰			80	74		
2018302208	蒋维			80	75		
2018302209	黄韬			84	68		
2018302210	胡思慧			85	84		

图4.1.11　学生成绩表

分数段	人数
90-100	
80-89	
70-79	
60-69	
0-59	

图4.1.12　期末成绩分析表

（5）单击“保存”按钮，然后单击“关闭”按钮退出。

任务二　设置格式化

任务描述

通过前面的学习，小李同学学会了Excel 2010电子表格的创建和文本的录入操作。但张老师觉得表格看起来不够美观，请小李同学帮忙将表格进行格式化设置。

任务实施

一、设置工作表的格式

1. 设置行高、列宽

（1）鼠标操作。将光标移到两列的列标之间，此时光标变为✛形状，拖动鼠标即可任意改变左列的宽度。双击两列标的交界处，左边列宽改变为与该列数据相适应的宽度。若选择多列（相邻或不相邻）然后改变其中一列的宽度，则所有被选择的列与该列变成等宽；双击某列的列标右边界，则被选择的列均变为与列中数据相适应的宽度。

提示：按上述类似的方法也可以改变行高。

（2）设置特定的行高、列宽。选择要更改列宽的列，单击“开始”选项卡→“单元格”选项组→“列”→“列宽”按钮，然后输入所需的宽度（用数字表示）。选择要更改行高的行，单击“行高”按钮，然后输入所需的高度（用数字表示）。

提示：以上操作也可以通过右键快捷菜单操作。

2. 设置工作表背景

Excel 2010中可以给每个工作表指定不同的背景。激活需设置背景的工作表，单击“页面布局”选项卡→“页面设置”选项组→“背景”按钮，弹出“工作表背景”对话框，选择需要的图片即可。

3. 改变工作表标签的颜色

改变工作表标签的颜色可以美化工作簿，更便于识别工作表的分类。激活需设置表标签颜色的工作表，选择“开始”选项卡→“单元格”选项组→“工作表标签颜色”按钮，选择需要的颜色即可。

二、合并单元格

（1）利用命令按钮。选取要合并的单元格区域，单击“开始”选项卡→“对齐方式”选项组→“合并后居中”按钮。

（2）利用对话框。选取要合并的单元格区域，单击“开始”选项卡→“对齐方式”选项组的对话框启动器按钮，弹出“设置单元格格式”对话框，如图4.2.1所示。勾选“合并单元格”复选框，单击“确定”按钮。

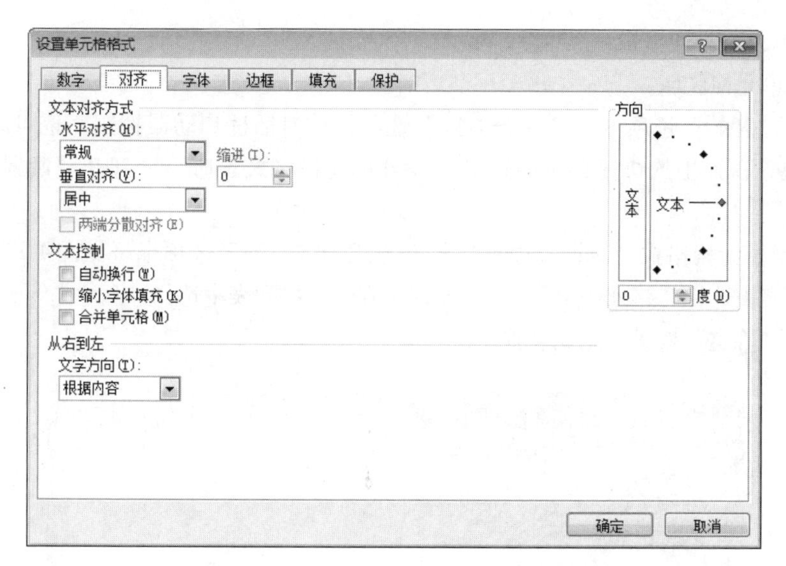

图4.2.1 “设置单元格格式”对话框

三、设置单元格的格式

单元格格式设置主要包括5个方面的内容：数字、对齐、字体、边框、填充、保护。首先选择待格式化的单元格，单击“开始”选项卡→“单元格”选项组→“格式”→“设置单元格格式”按钮，打开图4.2.1所示的对话框。

1. 设置数字格式

选择单元格，单击“开始”选项卡→“数字”选项组的对话框启动器按钮；也可以右击已选定的单元格区域，在弹出的快捷菜单中选择“设置单元格格式”命令，打开图4.2.2所示的“设置单元格格式”对话框，在“数字”选项卡中进行设置即可。

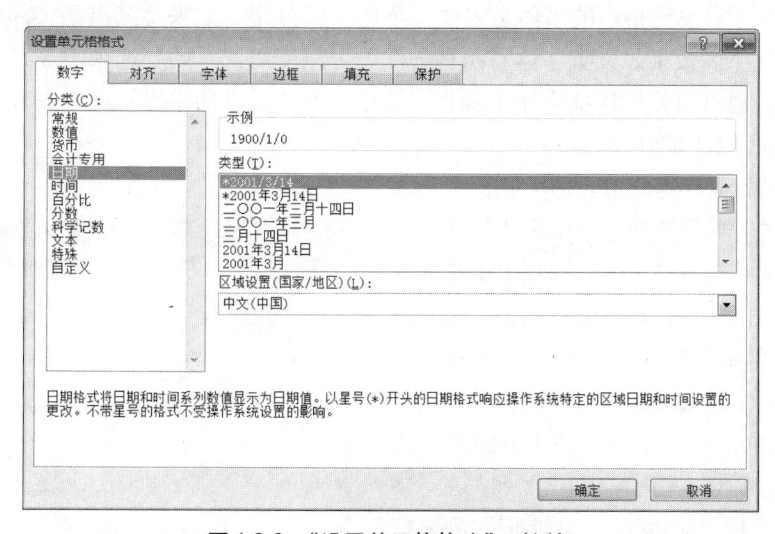

图4.2.2 “设置单元格格式”对话框

2. 设置单元格对齐格式

(1) 选择单元格区域。

(2) 单击“开始”选项卡→“对齐方式”选项组的对话框启动器按钮；也可以右击已选定的单元格区域，在弹出的快捷菜单中选择“设置单元格格式”命令，打开“设置单元格格式”对话框。

(3)“设置单元格格式”对话框中默认打开方式为“对齐”选项卡（见图4.2.3)。在“水平对齐”下拉列表中选择“跨列居中”，在“垂直对齐”下拉列表中选择“居中”。

(4) 单击“确定”按钮，完成设置。

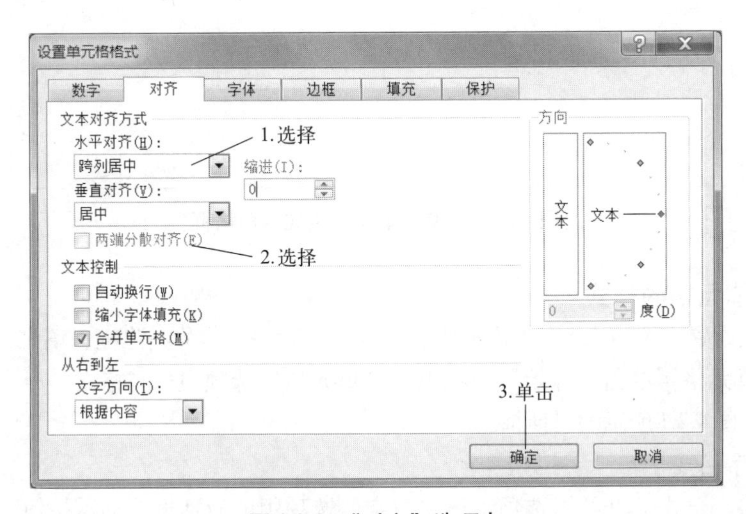

图4.2.3 “对齐”选项卡

3. 设置字体

在默认情况下，单元格中的字体是宋体、黑色、12号字，如果要突出某一部分文字，可以根据需要设置成不同效果。设置字体有两种方法，可以使用“开始”选项卡→“字体”选项组中的命令设置，也可以使用快捷字体工具栏（选中文本块后自动弹出）进行设置。以下主要介绍使用菜单方式设置标题的方法。

(1) 选择待设置字体的单元格区域。

(2) 单击“开始”选项卡→“字体”选项组的对话框启动器按钮或“字体”选项组中相关的命令按钮；也可以右击已选定的单元格区域，在弹出的快捷菜单中选择“设置单元格格式”命令，打开“设置单元格格式”对话框。

(3)“设置单元格格式”对话框中默认打开方式为“字体”选项卡（见图4.2.4)。例如，在“字体”列表框中选择“黑体”，在“字形”列表框中选择“加粗”，在“字号”列表框中选择“16”，在“颜色”下拉列表中选择“黑色”或“自动”。

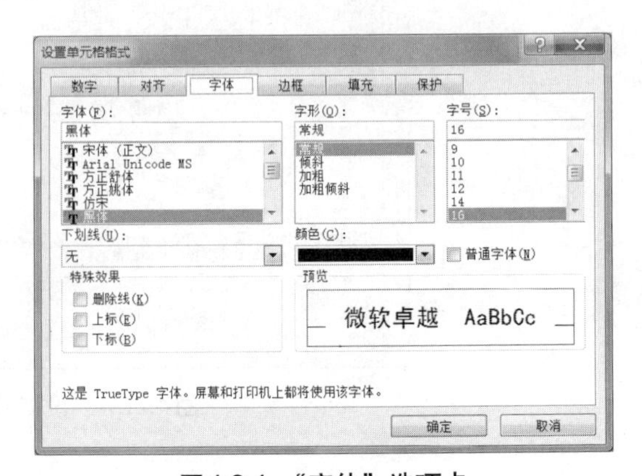

图4.2.4 “字体”选项卡

（4）单击“确定”按钮，完成设置。

表头和记录的字体设置参照“标题”的字体设置。

4. 设置边框线

（1）选择待设置边框线的单元格区域。

（2）单击“开始”选项卡→“字体”选项组→“其他边框”按钮田；也可以右击已选定的单元格区域，在弹出的快捷菜单中选择“设置单元格格式”命令，打开“设置单元格格式”对话框。

（3）“设置单元格格式”对话框中默认打开方式为“边框”选项卡。在“样式”框中选择相应的线条样式；在“颜色”下拉列表中选择边框线的颜色。单击“预置”选项组中的“外边框”和“内部”添加边框线，如图4.2.5所示。

（4）单击“确定”按钮，完成设置。

边框线也可以单击“开始”选项卡→“字体”选项组→“边框”下拉按钮▾来设置，这个列表中含有多种不同的边框线设置方式，如图4.2.6所示。

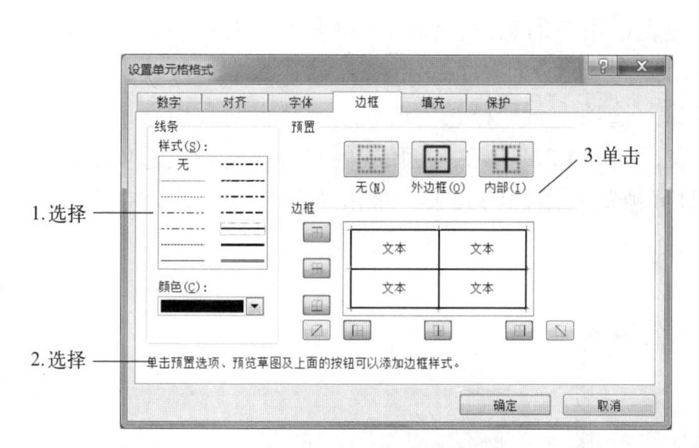

图4.2.5　“边框”选项卡

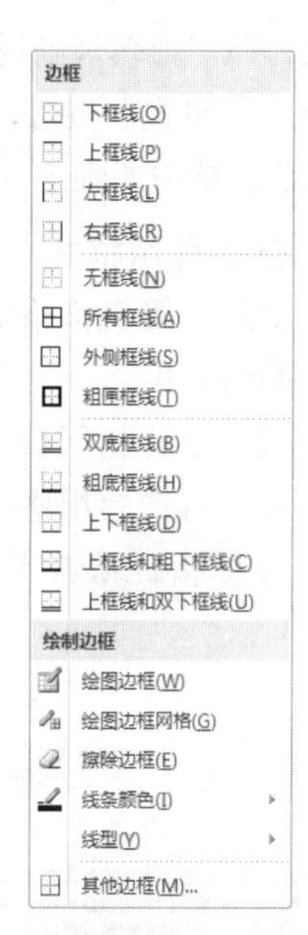

图4.2.6　“边框”下拉列表

5. 设置底纹

（1）选择待设置底纹的单元格区域。

（2）单击“开始”选项卡→“字体”选项组→“填充颜色”下拉按钮，通过下拉列表选择填充的颜色；也可以右击已选定的单元格区域，在弹出的快捷菜单中选择“设置单元格格式”命令，打开“设置单元格格式”对话框。

（3）“设置单元格格式”对话框中默认打开方式为“填充”选项卡。在“背景色”框中选择相应的颜色样式；若无相应的颜色，可单击“其他颜色”按钮进行设置。若要填充图案，单击“图案样式”及“图案颜色”下拉按钮，选择相应的样式。若要填充渐变效果的图案，可单击“填充效果”按钮进行设置，如图4.2.7所示。

(4) 单击“确定”按钮，完成设置。

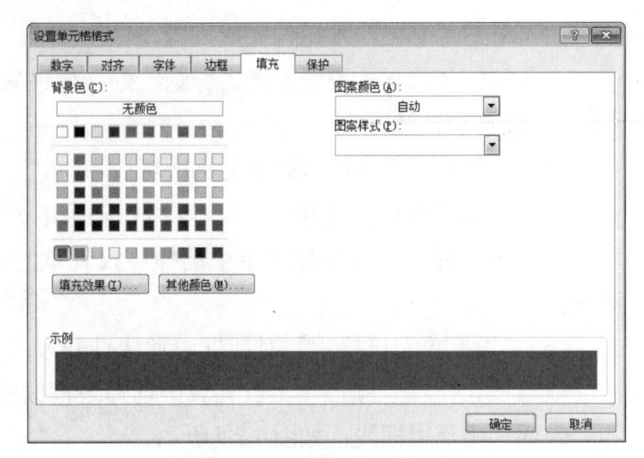

图4.2.7 “填充”选项卡

四、条件格式设置

对某些特殊数据设置某种指定格式，从而醒目地显示这些特殊数据，可以采用“条件格式”来设置。

设置符合条件的数值为指定颜色。在“学生成绩表”中的“课程成绩”部分，将小于60分的成绩设置为红色字体。

选择“学生成绩表”中的“课程成绩”列，单击“开始”选项卡→“样式”选项组→“条件格式”下拉按钮，从下拉列表中单击“新建规则”按钮，打开“新建格式规则”对话框，如图4.2.8所示。在“选择规则类型”选项框中选取“只为包含以下内容的单元格设置格式”选项，在“编辑规则说明”选项框中选择“单元格”、“小于”，在其后面的空白文本框中填入60。单击“格式”按钮，在弹出的与图4.2.4类似的“设置单元格格式”对话框中，设置字体颜色为红色。单击“确定”按钮即可。

五、自动套用格式

虽然手动设置表格格式可以自由地表达用户的意图，但如果用户希望更省心省力地完成数据表格的格式设置，可以借助Excel的“自动套用格式”功能来实现。设置方法为：选中需要套用格式的单元格区域，单击“开始”选项卡→“样式”选项组→“自动套用格式”下拉按钮，打开“自动套用格式”下拉列表，如图4.2.9所示。在预置的多种表格样式选项中，用户只需将鼠标指针从其上面经过，即可预览其添加的效果，单击选择任意一种，完成格式套用。

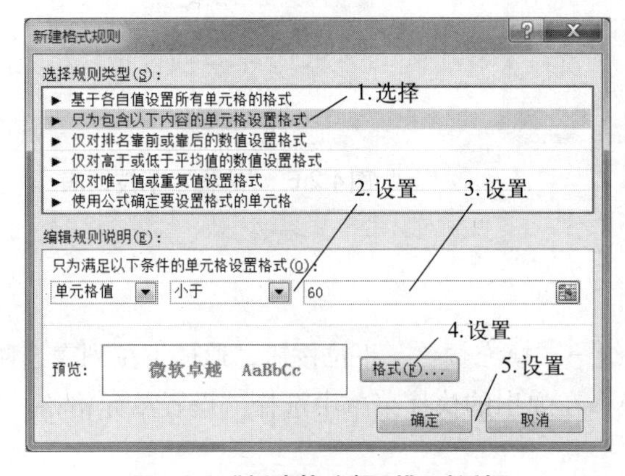

图4.2.8 “新建格式规则”对话框

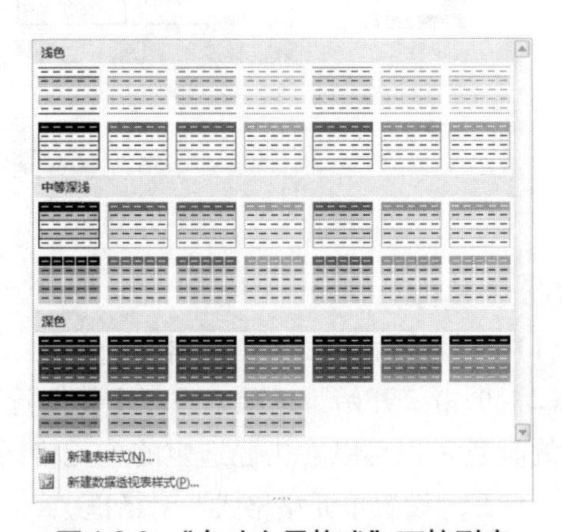

图4.2.9 “自动套用格式”下拉列表

六、页面设置

要将工作簿通过打印机打印出来，首先要进行页面设置，然后再进行预览；如果预览效果不满意，再进行页面设置，直到满意后，再进行打印操作。

本节先介绍页面设置的方法，在进行页面设置时，可以选择一个工作表，也可以选择多个工作表。通常只对当前工作表进行页面设置，如果要选择多个工作表一起进行页面设置，按住【Ctrl】键的同时再分别单击其他工作表，此后的页面设置是对选择的所有工作表进行的。单击“页面布局”选项卡→“页面设置”选项组的对话框启动器按钮，弹出“页面设置”对话框，如图4.2.10所示。该对话框有“页面”、“页边距”、“页眉/页脚”、“工作表”4个选项卡。

(1) 在“页面”选项卡上可以设置纸张的方向、大小、缩放等属性。

(2)“页边距”选项卡，用于设置打印内容与纸张边界之间的距离。“水平居中”和“垂直居中”可以让工作表打印在纸张的中间。

(3)“页眉/页脚”选项卡中可以设置打印页面的页眉和页脚。

Excel 2010准备了十几个页眉和页脚样式供用户选择，通过下拉按钮可以选择页眉或页脚。如果希望定义自己的页眉或页脚，单击“自定义页眉”或“自定义页脚”按钮进行页眉或页脚定义对话框。

(4)“工作表”选项卡。“页面设置”对话框的“工作表”选项卡中，可以对工作表的打印区域、打印标题、打印顺序等打印选项进行设置，如图4.2.11所示。

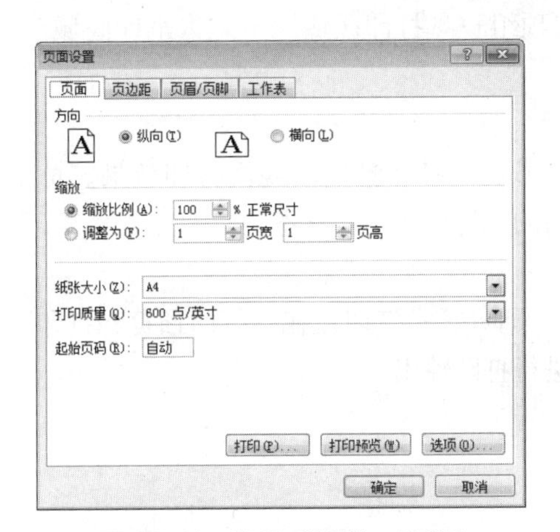

图4.2.10　“页面设置”对话框

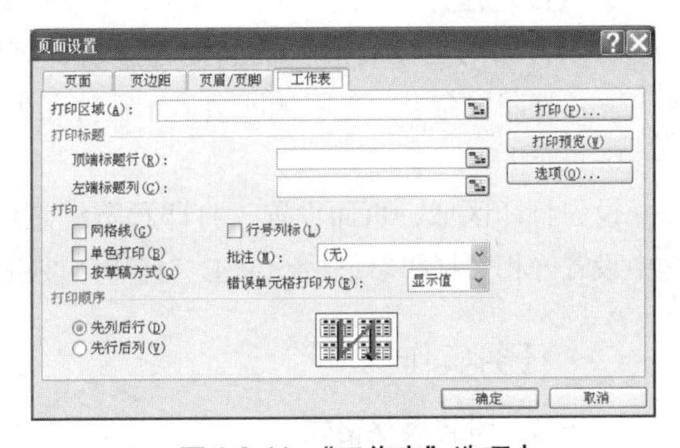

图4.2.11　“工作表”选项卡

① 打印区域。在打印工作表时，默认设置是打印整个工作表，但也可以选择其中的一部分进行打印。单击位于文本框右边的折叠按钮，选择工作表中的打印区域，再单击此按钮，恢复对话框。

② 打印标题。“顶端标题行”是指打印在“每页纸的顶端作为标题的行”的内容，例如，此处输入“$1:$1”，表示第1行为标题行。这对于表格较大、需要用多页纸打印时才有用。作为“顶端标题行”的内容可以为多行，这时单击折叠按钮可直接选定标题行，不必输入。“左端标题列”的作用与操作类似于“顶端标题行”。

七、设置打印区域及打印文档

有时一个工作表很大，但内容不要全打印出来；我们可以将待打印部分设置为打印区域，其方法包括：直接选择打印区域、通过“分页预览”设置和“页面设置”设置。

1. 直接选择打印区域

（1）选定待打印的工作表区域。

（2）单击“文件”→“打印”命令。

2. 通过分页预览设置

（1）单击“视图”选项卡→“工作簿视图”选项组→“分页预览”按钮。

（2）选定待打印的工作表区域。

（3）右击选定区域中的单元格，从弹出的快捷菜单中选择“设置打印区域”命令。

3. 在页面设置中设置打印区域

进入图4.2.11所示的“页面设置”对话框，选择“工作表”选项卡。

（1）单击“打印区域”右边的按钮，选择要添加到打印区域中的单元格。

（2）单击对话框下方的“打印”按钮。

如果打印区域中包含多个区域，则可以按需要将区域从打印区域中删除。首先选择要删除的区域，再右击选定的单元格，然后从弹出的快捷菜单中选择“排除在打印区域之外”命令。

4. 删除打印区域设置

单击“页面布局”选项卡→“页面设置”选项组→“打印区域”→“取消印区域”按钮，可以删除已经设置的打印区域。

5. 打印预览

对要打印的工作表进行页面设置之后，可以通过“打印预览”观察打印效果。单击“文件”→“打印”命令，在右侧即会显示待打印表格的“打印预览”状态。

6. 打印

设置打印区域、页面设置、打印预览满意后，即可正式打印。在“打印预览和打印”选项框中设置好相关打印参数后，单击“打印”按钮进行打印输出。

任务实作

视频

Excel 2010
任务实作

子任务：设置表格格式

为了使表格更加美观、易读，可以对工作表进行各种格式设置。

1. 设置表格的字体和对齐方式

（1）在“考勤表”中选中A1:M1单元格区城，单击“开始”选项卡→“对齐方式”选项组→“合并后居中”按钮，将标题“学生考勤表”居中，并设置标题字号为24。

（2）选中A2:M30单元格区城，设置字号为10，并单击“单元格”选项组→“格式”→“自动调整列宽”按钮。设置A2:M30单元格区域的“对齐方式”为“水平居中”。

（3）选中A2:M30单元格区域，单击“字体”选项组→“下框线”→“所有框线”按钮，这时可以看到整张表格都被添加细边框。再单击“粗匣框线”按钮，这时可以看到选中区域的外部被添加了粗边框。

（4）选中A2:M2单元格区域，在“框线”下拉列表中单击“双底框线”按钮，这时表格首行被添加了双底框线，最终效果如图4.2.12所示。

学生考勤表

学号	姓名	第1周	第2周	第3周	第4周	第5周	第6周	第7周	第8周	第9周	第10周	考勤分
2018302201	王军	√	×	√	√	√	√	√	△	√	√	
2018302202	李涛	√	√	√	√	√	√	√	√	√	√	
2018302203	刘宇翔	√	√	√	√	√	√	√	√	√	√	
2018302204	林飞	√	√	×	√	√	√	√	√	√	√	
2018302205	马红俊	√	△	√	×	√	√	√	√	√	√	
2018302206	朱竹清	√	√	√	√	√	√	△	√	√	√	
2018302207	顾杰	√	√	×	√	√	△	√	√	√	√	
2018302208	蒋维	√	√	√	√	√	√	√	√	√	√	
2018302209	黄韬	√	√	√	√	√	√	√	√	√	√	
2018302210	胡思慧	√	√	√	√	√	√	√	√	√	√	
2018302211	郑钟月	√	√	√	√	√	√	√	√	√	√	
2018302212	陈哲东	√	√	√	√	√	√	×	√	√	√	
2018302213	于成东	√	√	√	√	△	√	√	√	△	√	
2018302214	王思佳	√	√	△	√	√	√	√	√	√	√	
2018302215	刘洪波	√	√	√	√	√	√	√	√	√	√	
2018302216	肖建华	√	√	√	√	√	√	√	×	√	√	
2018302217	杨波	√	√	√	√	√	√	√	√	√	√	
2018302218	封强	√	√	√	△	√	√	√	√	√	√	
2018302219	曹华伟	√	√	√	√	√	√	√	√	×	√	
2018302220	陈冲	√	√	√	√	√	√	△	√	√	√	
2018302221	唐瑞	√	√	√	√	√	√	√	√	√	√	
2018302222	田龙	√	√	√	√	√	√	√	√	√	√	
2018302223	田凤	√	√	△	√	√	√	√	√	√	√	
2018302224	李冬	√	√	√	√	√	×	√	√	√	√	
2018302225	钟丽丽	√	√	√	√	√	√	√	√	√	√	
2018302226	林伟	√	√	√	√	√	√	√	√	√	△	
2018302227	黄龙	√	√	√	√	√	√	√	√	△	√	
2018302228	黄小桃	△	√	√	√	√	√	√	√	√	√	

图4.2.12　设置格式后的“考勤表”

（5）参照上述操作，对“作业表”“成绩表”和“分析表”设置同样的格式，设置“分析表”中A、B两列的宽度为16。

2. 设置条件格式

设置“考勤表”旷课情况显示为红色。

（1）在“成绩表”中，选中F3:F30单元格区域，单击“开始”选项卡→“样式”选项组→“条件格式”下拉按钮，在打开的下拉列表中选择“突出显示单元格规则”→“等于”命令，如图4.2.13所示。

（2）打开“等于”对话框，在左边的文本框中输入“×”，在右边的下拉列表中选择“红色文本”选项，如图4.2.14所示，单击“确定”按钮，此时所有“考勤表”的旷课情况都显示为红色。

图4.2.13　选择“等于”命令

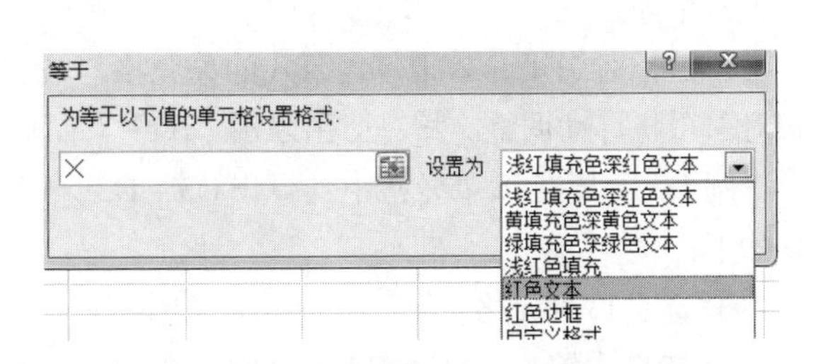

图4.2.14　“等于”对话框

任务三　成绩分析与统计

任务描述

期末考试结束了，张老师要求小李同学学习利用Excel软件中的公式和函数来计算学生的“考勤分”、作业“平均分”和“总评分”；根据“总评分”计算机相应的“评级”，并统计“期末成绩”各分数段的学生人数。

任务实施

一、公式的输入与编辑

1. 运算符号

Excel中的运算符号分成如下3类：

（1）算术运算符。+（加）、-（减）、*（乘）、/（除）、∧（乘方）、%（百分比）。

（2）比较运算符。=（等于）、<>（不等于）、<（小于）、<=（小于或等于）、>（大于）、>=（大于或等于）。

（3）文本连接符。&（连接），即将两个字符串连成一个串。

2. 公式及公式的基本结构

在Excel 2010中，公式指的是单元格内的一系列数值、单元格引用、常数、函数和运算符的集合，可共同产生新的值。在Excel中，公式总是以等号（=）开始。公式中可以只包括常数，例如，“=100－20+（20*5）”；也可以包括常数、单元格引用、函数等混合组成，例如，“=B5*2+SUM（C3:E4）”。

其中：

①“=”是公式的开始符，“2”是常数，“*”、“+”是两个运算符。

②“B5”、“C3:E4”是单元格引用，即用单元格中的数据值参与计算。

③“SUM”是求和函数，SUM(C3:E4)表示对所指区域单元格数值求和。

3. 公式的输入和修改

在单元格中输入或修改公式，是先选择该单元格，然后从编辑栏中输入或修改公式。单击✓确认修改，单击✕则取消输入。

4. 单元格引用

在编辑公式时引用单元格是必然的，单元格引用有相对引用、绝对引用、混合引用和跨工作表引用等。

（1）相对引用。基于包含公式的单元格与被引用的单元格之间的相对位置。如果复制公式，相对引用将自动调整。相对引用采用“A1”（A列1行）样式。

例1：如要在I2单元格中计算出C3、D3、E3、F3、G3、H3单元格的数值总和，其操作步骤如下：

① 选定I3单元格。

② 在I3中输入“=C3+D3+E3+F3+G3+H3”并按【Enter】键，如图4.3.1所示。

	A	B	C	D	E	F	G	H	I	J
1	学生作业表									
2	学号	姓名	作业一	作业二	作业三	作业四	作业五			
3	2018302201	王军	61	99	90	75	60	=C3+D3+E3+F3+G3+H3		
4	2018302202	李涛	78	78	98	55	60	99		
5	2018302203	刘宇翔	99	99	52	53	92	86		

图4.3.1　输入公式

即在I3单元格中建立了一个公式：I3=C3+D3+E3+F3+G3+H3。I4～I30的值也可按相似的公式求出，可以使用复制公式。即选择I2，然后按住填充柄向下拖动至I30止，这时各单元格相继出现计算结果。若选择这些单元格查看，其中的公式是I3= D3+E3+F3+G3+H3，…，I30= D30+E30+G30+H30，如图4.3.2所示。

I3　　fx　=C3+D3+E3+F3+G3+H3

	A	B	C	D	E	F	G	H	I	J
1	学生作业表									
2	学号	姓名	作业一	作业二	作业三	作业四	作业五	作业六	总分	平均分
3	2018302201	王军	61	99	90	75	60	89	474	
4	2018302202	李涛	78	78	98	55	60	99	468	
5	2018302203	刘宇翔	99	99	52	53	92	86	481	
6	2018302204	林飞	62	62	91	83	78	92	468	
7	2018302205	马红俊	78	87	77	74	89	68	473	
8	2018302206	朱竹青	51	68	78	77	88	85	447	
9	2018302207	顾杰	69	77	80	74	85	67	452	
10	2018302208	蒋维	69	77	80	75	75	68	444	
11	2018302209	黄韬	80	90	84	68	75	86	483	
12	2018302210	胡思慧	70	80	85	84	83	86	488	
13	2018302211	郑钟月	59	71	89	84	85	68	456	
14	2018302212	陈哲东	64	75	80	78	75	82	454	
15	2018302213	于成东	66	80	85	68	58	57	414	
16	2018302214	王思佳	52	65	75	50	65	76	383	
17	2018302215	刘洪波	56	67	77	99	57	56	412	
18	2018302216	肖建华	80	90	85	88	56	85	484	
19	2018302217	杨波	90	99	85	90	62	86	512	
20	2018302218	封强	83	90	85	79	75	68	480	
21	2018302219	曹华伟	99	100	80	80	75	68	502	
22	2018302220	陈冲	80	90	85	88	97	62	502	
23	2018302221	唐瑞	89	99	87	87	85	88	535	
24	2018302222	田龙	92	99	88	84	97	76	536	
25	2018302223	田凤	59	70	75	65	85	68	422	
26	2018302224	李冬	72	84	88	67	85	60	456	
27	2018302225	钟丽丽	92	99	84	53	89	68	485	
28	2018302226	林伟	73	68	83	40	52	72	388	
29	2018302227	黄龙	51	67	80	80	52	86	416	
30	2018302228	黄小桃	63	79	85	78	57	99	461	

图4.3.2　填充柄复制公式

由此表明，在复制I2中的公式时，Excel并没有机械地复制，而是按一定的规律改变相应的地址，这就是相对引用。

（2）绝对引用。公式中单元格的精确地址，与包含公式的单元格的位置无关。绝对引用采用的形式为“$A$1”，表示绝对列和绝对行。使用绝对引用，复制公式时其地址不发生变化。

（3）混合引用。与相对引用、绝对引用相对应，在复制公式时，只有行可变或只有列可变的引用均为混合引用。例如，“$A1”（列固定，行可变）、“A$1”（列可变、行固定）均为混合引用。

（4）跨工作表引用。在一个工作表中引用另一工作表中的单元格数据。为了便于进行跨工作表引用，单元格的准确地址应该包括工作表名，其形式为：[工作表名]! 单元格地址。

如果单元格是在当前工作表中，其前面的工作表名可省略。

（5）引用区域的表示。

① 连续区域。例如，（D3:H3），表示的是从D3单元到H3单元格之间的所有单元格。

② 多个区域。例如，（C6:D10，E13:F17），表示是两个不同的连续区域。

二、函数

函数其实是一些预定义的公式，它们使用一些称为参数的特定数值，按特定的顺序或结构进行计算。用户可以直接用它们对某个区域内的数值进行一系列运算，例如，分析和处理日期值和时间值、确定贷款的支付额、确定单元格中的数据类型、计算平均值、排序显示和运算文本数据等。函数的基本格式：函数名(参数序列)。

每一个函数名后一定有小括号，括号内一般有一个或多个参数，这些参数多以逗号“,”分开，有些函数也可以无参数。

Excel 2010中包含众多的函数。函数的输入方法主要有以下几种：

（1）单击编辑栏旁边的“*fx*”按钮。

（2）单击“公式”选项卡→“函数库”选项组→“插入函数”按钮，打开图4.3.3所示的“插入函数”对话框，从“或选择类别”下拉列表中选择函数类型，在“选择函数”列表框中选择所需要的函数，单击“确定”按钮，打开相应的“函数参数”对话框，如图4.3.4所示。

（3）单击“公式”选项卡→“函数库”选项组→“自动求和”下拉按钮，打开函数列表，也可选择插入其他函数。

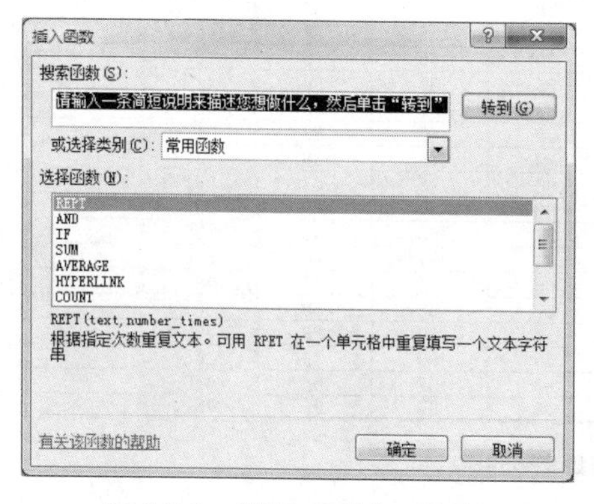

图4.3.3 “插入函数”对话框

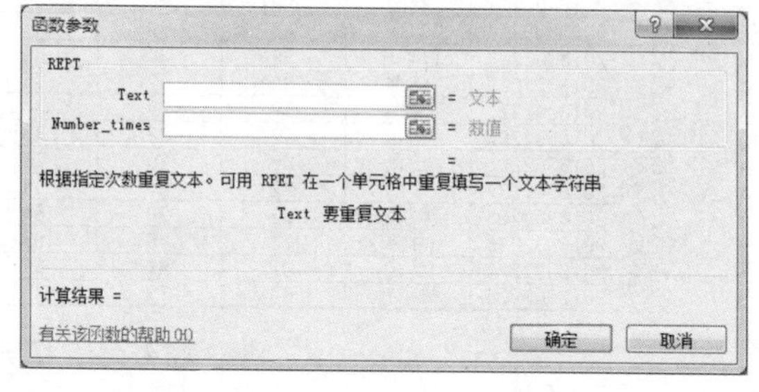

图4.3.4 “函数参数”对话框

下面介绍一些常用函数的用法。

1. 求和函数SUM()

格式：

SUM(number1,number2, ...)

作用：返回某一单元格区域（number1、number2、…）中所有数字之和。

例2：上题中的I3单元格的数值是用简单公式进行计算，这里再用函数进行计算。

（1）选定I3单元格。

（2）输入“=SUM（C3:G3）”（或单击“公式”选项卡→“函数库”选项组→“自动求和”按钮，注意选择正确的求和范围），按【Enter】键确认，如图4.3.5所示。

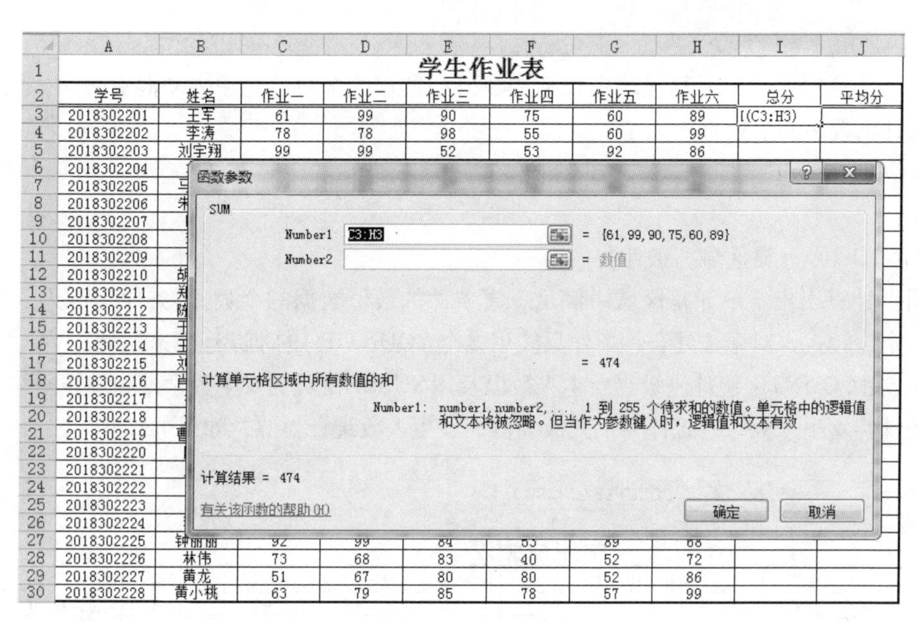

图4.3.5 输入求和公式

（3）利用填充柄将公式复制到I4到I30单元格中。

2. 条件求和函数SUMIF()

格式：

SUMIF(Range,criteria,Sum_range)

作用：根据指定条件对若干单元格求和。

参数说明：

Range：要进行计算的单元格区域，一般用来指定条件的范围。

Criteria：以数字、表达式或文本形式定义的条件。

Sum_range：用于求和计算的实际单元格，省略时将使用区域中的单元格。

3. 求平均值函数AVERAGE()

格式：

Average（单元格区域）

作用：计算机指定单元格区域数值的平均值。

4. 求最大值、最小值函数MAX()、MIN()

格式：

MAX (单元格区域或数值列表)

MIN (单元格区域或数值列表)

作用：MAX()，求出指定数值列表中的最大值；MIN()，求出指定数值列表中的最小值。若各单元格中的数据不为数字，则可能出错。

5. 计数函数COUNT()、COUNTIF()

（1）COUNT()函数

格式：

COUNT(单元格区域)

作用：计算出指定单元格区域中包括的数值型数据的个数，它用来从混有数字、文本的单元格中统计出数字的个数。

(2) COUNTIF()

格式：

COUNTIF (单元格区域，条件)

作用：计算出指定单元格区域中满足一定条件的数值数据的个数。“条件”可为一个常量，也可为一个比较式，对于“复合”条件只能用多个COUNTIF()的加减运算来实现。

例3：用COUNTIF统计班级男女生人数以及用SUMIF统计男女生数学期中测试平均分。

①统计男女生人数，以统计男生人数为例，女生人数统计类似，如图4.3.6所示。

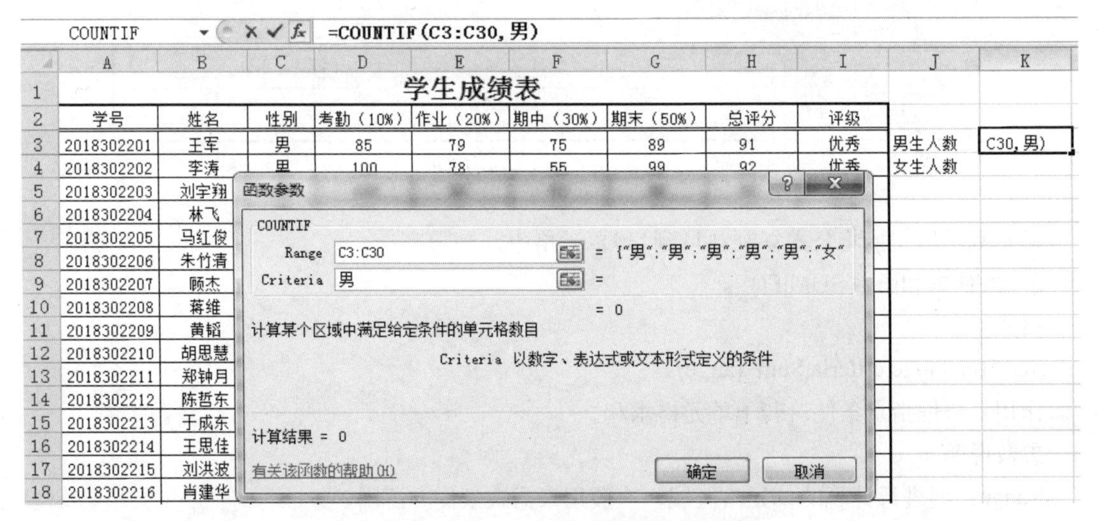

图4.3.6　利用COUNTIF求男生人数

②男女生数学平均分，先用SUMIF统计男女生期中测试分数之和，如图4.3.7所示。

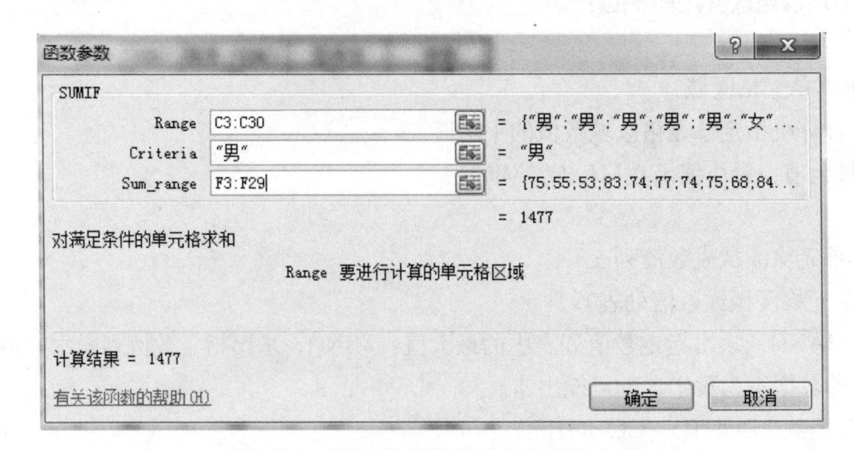

图4.3.7　利用SUMIF求男生数学分之和

③ 将求得的男女生数学分数之和再分别除以男女生人数，最后得到男女生期中测试平均分，如图4.3.8所示。

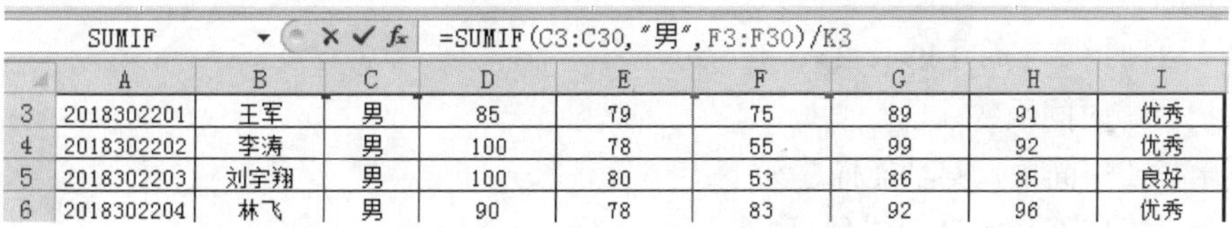

SUMIF　=SUMIF(C3:C30,"男",F3:F30)/K3

	A	B	C	D	E	F	G	H	I
3	2018302201	王军	男	85	79	75	89	91	优秀
4	2018302202	李涛	男	100	78	55	99	92	优秀
5	2018302203	刘宇翔	男	100	80	53	86	85	良好
6	2018302204	林飞	男	90	78	83	92	96	优秀

图4.3.8　求男生期中测试平均分

6. IF()函数

格式：

IF (逻辑表达式, 值1, 值2)

作用：当逻辑表达式的值为真时，返回值1，否则返回值2。

7. 四舍五入ROUND()

格式：

ROUND (n, m)

作用：当m>=0时，对第m+1位小数进行四舍五入，若有“入”则入到第m位；当m<0时，对小数点左边第m位整数进行四舍五入，若有“入”则入到小数点左边第m+1位上。数字n可以为常数，也可为单元格的数据。

8. 取整函数INT()

格式：

INT (n)

作用：取n的整数部分，小数部分全部舍弃掉。

9. 取子串函数LEFT()、RIGHT()、MID()

（1）LEFT()

格式：

LEFT(字符串, 数字n)

作用：从“字符串”的左边取出n个字符，若n默认为1，若数字n大于字符串的长度，则全取下。

（2）RIGHT()

格式：

RIGHT(字符串, 数字n)

作用：从“字符串”的右边取出n个，若n默认则为1，若数字n大于字符串的长度，则全取下。

(3) MID()

格式：

MID(字符串, 起点m, 个数n)

作用：从字符串的第m个字符起，连续取出n个字符。

10. 字符串长度函数LEN()

格式：

LEN(字符串)

作用：返回指定字符串的长度。

11. 日历、时间函数

此类函数使用简单，其功能描述如下：

NOW()：返回系统的日期与时间。

TODAY()：返回系统日期。

YEAY(日期)：返回日期中的年号。

MONTH(日期)：返回日期中的月份。

WEEKDAY(日期)：返回日期是本星期的第几天。

DAY(日期)：返回日期中的日。

HOUR(时间)：返回时间中的小时。

MINUTE(时间)：返回时间中的分钟。

12. 排序函数 Rank()

格式：

=RANK (number,Ref,order)

功能：返回指定数值在一列数值中相对其他数值的大小排位。其中Number表示指定的数值，即需排位的数值；Ref，一组数或对一个数据列表的引用，如果是指定一个单元格区域，则单元格区域要用绝对地址引用；Order，指定数据的排序方式，0或忽略为降序，非零值为升序。

任务实作

视频

Excel 2010 任务实作

子任务1：利用公式和函数计算“考勤分”、作业“平均分”和“总评分”

操作步骤：

1. 利用COUNTIF函数计算“考勤分”

在“考勤表”中，用“✓”“△”或“×”分别表示学生到课、迟到、旷课3种情况，每一个“✓”得10分，每一个“△”得5分，“×”不得分，可利用COUNTIF函数计算“✓”“△”的个数，再分别乘以10和5后相加得到“考勤分”。

（1）打开素材库中的素材文件“学生成绩（素材）.xlsx”，选择“考勤表”工作表标签，使该工作表成为当前工作表。在M3单元格中输入公式“=COUNTIF(C3:L3, $L$3)*10+COUNTIF(C3:L3, $J$3)*5”，按【Enter】键确认。

【公式详解】COUNTIF函数的作用是计算某个区域中满足给定条件的单元格数目，包含2个参数，如图4.3.9所示。第一个参数Range指明了要计算其中非空单元格数目的区域，在本例中为C3:L3，即第一个学生的考勤记录区。第二个参数Criteria为统计条件，可以是以数字、表达式或者文本形式定义的条件，在本例中条件为“✓”或“△”，由于“✓”或“△”不能在公式中直接输入，所以在公式中采用了绝对地址引用。公式“COUNTIF (C3:L3, $L$3) *10”将每次“到课”计算为10分，公式“COUNTIF (C3:L3, $J$3)*5”将每次“迟到”计算为5分。

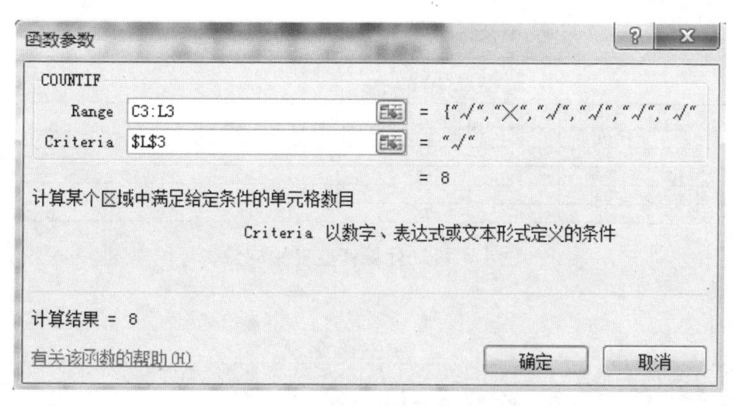

图4.3.9　COUNTIDF函数界面

（2）将光标移至M3单元格右下角填充柄处，当鼠标指针变成实心十字时，按下鼠标左键并拖动至M30单元格，结果如图4.3.10所示。

说明：双击单元格的填充柄，也可完成单元格的填充操作。

	A	B	C	D	E	F	G	H	I	J	K	L	M
1	学生考勤表												
2	学号	姓名	第1周	第2周	第3周	第4周	第5周	第6周	第7周	第8周	第9周	第10周	考勤分
3	2018302201	王军	√	×	√	√	√	√	√	△	√	√	85
4	2018302202	李涛	√	√	√	√	√	√	√	√	√	√	100
5	2018302203	刘宇翔	√	√	√	√	√	√	√	√	√	√	100
6	2018302204	林飞	√	√	×	√	√	√	√	√	√	√	90
7	2018302205	马红俊	√	△	√	×	√	√	√	√	√	√	85
8	2018302206	朱竹清	√	√	√	√	√	√	△	√	√	√	95
9	2018302207	顾杰	√	√	×	√	√	△	√	√	√	√	85
10	2018302208	蒋维	√	√	√	√	√	√	√	√	√	√	100
11	2018302209	黄韬	√	√	√	√	√	√	√	√	√	√	100
12	2018302210	胡思慧	√	√	√	√	√	√	√	√	√	√	100
13	2018302211	郑钟月	√	√	√	√	√	√	√	√	√	√	100
14	2018302212	陈哲东	√	√	√	√	√	√	×	√	√	√	90
15	2018302213	于成东	√	√	√	√	△	√	√	√	△	√	90
16	2018302214	王思佳	√	√	△	√	√	√	√	√	√	√	95
17	2018302215	刘洪波	√	√	√	√	√	√	√	√	√	√	100
18	2018302216	肖建华	√	√	√	√	√	√	√	×	√	√	90
19	2018302217	杨波	√	√	√	√	√	√	√	√	√	√	100
20	2018302218	封强	√	√	√	△	√	√	√	√	√	√	95
21	2018302219	曹华伟	√	√	√	√	√	√	√	√	×	√	90
22	2018302220	陈冲	√	√	√	√	√	√	△	√	√	√	95
23	2018302221	唐瑞	√	√	√	√	√	√	√	√	√	√	100
24	2018302222	田龙	√	√	√	√	√	√	√	√	√	√	100
25	2018302223	田凤	√	√	△	√	√	√	√	√	√	√	95
26	2018302224	李冬	√	√	√	√	√	×	√	√	√	√	90
27	2018302225	钟丽丽	√	√	√	√	√	√	√	√	√	√	100
28	2018302226	林伟	√	√	√	√	√	√	√	√	√	△	95
29	2018302227	黄龙	√	√	√	√	√	√	√	√	△	√	95
30	2018302228	黄小桃	△	√	√	√	√	√	√	√	√	√	95

图4.3.10　计算“考勤分”

2. 利用AVERAGE函数计算“平均分”

在“作业表”中，可利用AVERAGE函数计算6次作业成绩的“平均分”。

（1）选择“作业表”工作表标签，使该工作表成为当前工作表。选中I3单元格后，单击“编辑”选项组→“自动求和”下拉按钮，在打开的下拉列表中选择“平均值”选项，此时工作表的界面如图4.3.11所示，在I3单元格中自动填入了“=AVERAGE (C3:H3)”，确认函数的参数正确无误后，按【Enter】键，从而计算出“平均分”，结果如图4.3.12所示。

AVERAGE　=AVERAGE(C3:H3)

	A	B	C	D	E	F	G	H	I	J	K
1	学生作业表										
2	学号	姓名	作业一	作业二	作业三	作业四	作业五				
3	2018302201	王军	61	99	90	75	60		=AVERAGE(C3:H3)		
4	2018302202	李涛	78	78	98	55	60	99	AVERAGE(**number1**, [number2], ...)		
5	2018302203	刘宇翔	99	99	52	53	92	86			
6	2018302204	林飞	62	62	91	83	78	92			
7	2018302205	马红俊	78	87	77	74	89	68			

图4.3.11　计算作业“平均分”

	A	B	C	D	E	F	G	H	I
1	学生作业表								
2	学号	姓名	作业一	作业二	作业三	作业四	作业五	作业六	平均分
3	2018302201	王军	61	99	90	75	60	89	79
4	2018302202	李涛	78	78	98	55	60	99	78
5	2018302203	刘宇翔	99	99	52	53	92	86	80.166667
6	2018302204	林飞	62	62	91	83	78	92	78
7	2018302205	马红俊	78	87	77	74	89	68	78.833333
8	2018302206	朱竹清	51	68	78	77	88	85	74.5
9	2018302207	顾杰	69	77	80	74	85	67	75.333333
10	2018302208	蒋维	69	77	80	75	75	68	74
11	2018302209	黄韬	80	90	84	68	75	86	80.5
12	2018302210	胡思慧	70	80	85	84	83	86	81.333333
13	2018302211	郑钟月	59	71	89	84	85	68	76
14	2018302212	陈哲东	64	75	80	78	75	82	75.666667
15	2018302213	于成东	66	80	85	68	58	57	69
16	2018302214	王思佳	52	65	75	50	65	76	63.833333
17	2018302215	刘洪波	56	67	77	99	57	56	68.666667
18	2018302216	肖建华	80	90	85	88	56	85	80.666667
19	2018302217	杨波	90	99	85	90	62	86	85.333333
20	2018302218	封强	83	90	85	79	75	68	80
21	2018302219	曹华伟	99	100	80	80	75	68	83.666667
22	2018302220	陈冲	80	90	85	88	97	62	83.666667
23	2018302221	唐瑞	89	99	87	87	85	88	89.166667
24	2018302222	田龙	92	99	88	84	97	76	89.333333
25	2018302223	田凤	59	70	75	65	85	68	70.333333

图4.3.12　计算作业“平均分”

从图8−11所示的界面中可见，“平均分”保留了多位小数，小数位数显然太多，下面设置单元格格式，保留0位小数（小数位后第一位四舍五入）。

（2）选择13:I30单元格区域后，右击，在弹出的快捷菜单中选择“设置单元格格式”命令，打开“设置单元格格式”对话框，在“数字”选项卡中，在“分类”列表框中选择“数值”选项，调整“小数位数”为0，如图4.3.13所示，单击“确定”按钮。

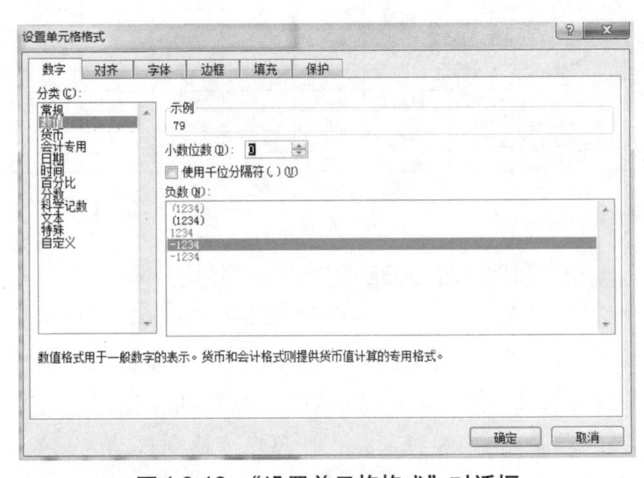

图4.3.13　“设置单元格格式”对话框

3. 利用公式计算“总评分”

在“考勤表”和“作业表”中已计算出“考勤分”与作业“平均分”了，下面把“考勤分”作业“平均分”选择性粘贴到“成绩表”的相应单元格区域中，然后利用公式“总评分=考勤分*10%+作业'平均分'*20%+期中

成　* 20%+期末成绩 * 50%”计算“总评分”。

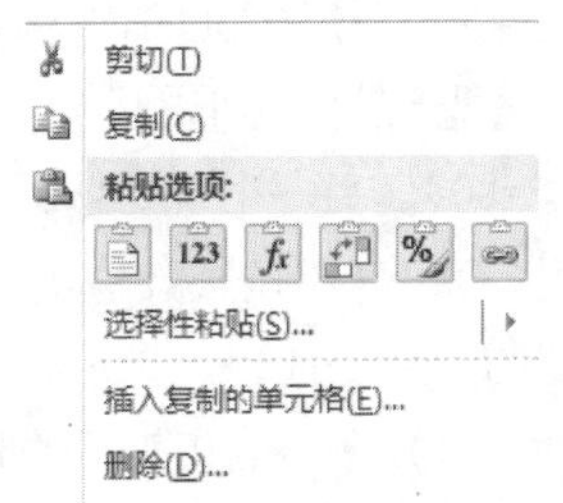

图4.3.14　选择性粘贴“值”

（1）选择“考勤表”中的M3:M30单元格区域后，右击，在弹出的快捷菜单中选择“复制”命令。再选择“成绩表”中的D3单元格，右击，在弹出的快捷菜单中选择“粘贴选项”选项中的“值”命令，如图4.3.14所示，即可粘贴“考勤表”中的“考勤分”数值，而不是粘贴“考勤分”的计算公式。

注意：如果在快捷菜单中选择“粘贴选项”选项中的“粘贴”命令，将粘贴“考勤分”的计算公式，并显示“# REF!”错误，这是因为公式中的单元格地址是在“考勤表”中，而不是在“成绩表”中。

（2）使用相同的方法，复制并选择性粘贴（值）“作业表”中的“平均分”至“成绩表”中的D3:D30单元格区域。

（3）在“成绩表”的G3单元格中输入公式“=C3*10%+D3*20%+E3*20%+F3*50%”，然后按【Enter】键，并拖动G3单元格的填充柄至G32单元格，再设置G3:G30单元格区域的小数位位数为1。

子任务2：根据“总评分”计算相成的“评级”，并统计“期末成绩”各分数段的学生人数

1. 根据“总评分”计算相应的“评级”

下面根据“总评分”计算相应的“评级”并填入“评级”列中，如果总评分≥90，评级为“优秀”；90>总评分≥80，评级为“良好”；80>总评分≥70，评级为“中等”；70>总评分≥60，评级为“及格”；总评分<60，评级为“不及格”。

（1）在I3单元格中输入公式“=IF(H3>=90,"优秀",IF(H3>=80,"良好",IF(H3>=70,"中等",IF(H3>=90，"及格"，"不及格"))))”，按【Enter】键确认。

（2）拖动单元格的填充柄至I30单元格，最终结果如图4.3.15所示。

	A	B	C	D	E	F	G	H	I
1	学生成绩表								
2	学号	姓名	性别	考勤（10%）	作业（20%）	期中（20%）	期末（50%）	总评分	评级
3	2018302201	王军	男	85	79	75	89	84	良好
4	2018302202	李涛	男	100	78	55	99	86	良好
5	2018302203	刘宇翔	男	100	80	53	86	80	中等
6	2018302204	林飞	男	90	78	83	92	87	良好
7	2018302205	马红俊	男	85	79	74	68	73	中等
8	2018302206	朱竹清	女	95	75	77	85	82	良好
9	2018302207	顾杰	男	85	75	74	67	72	中等
10	2018302208	蒋维	男	100	74	75	68	74	中等
11	2018302209	黄韬	男	100	81	68	86	83	良好
12	2018302210	胡思慧	女	100	81	84	86	86	良好
13	2018302211	郑钟月	女	100	76	84	68	76	中等
14	2018302212	陈哲东	男	90	76	78	82	81	良好
15	2018302213	于成东	男	90	69	68	57	65	及格
16	2018302214	王思佳	女	95	64	50	76	70	中等
17	2018302215	刘洪波	男	100	69	99	56	72	中等
18	2018302216	肖建华	女	90	81	88	85	85	良好
19	2018302217	杨波	男	100	85	90	86	88	良好
20	2018302218	封强	男	95	80	59	68	71	中等
21	2018302219	曹华伟	男	90	84	80	68	76	中等
22	2018302220	陈冲	男	95	84	88	62	75	中等
23	2018302221	唐瑞	男	100	89	87	88	89	良好
24	2018302222	田龙	男	100	89	84	76	83	良好
25	2018302223	田凤	女	95	70	65	68	71	中等
26	2018302224	李冬	男	90	76	67	60	68	及格
27	2018302225	钟丽丽	女	100	81	53	68	71	中等
28	2018302226	林伟	男	95	65	40	72	66	及格
29	2018302227	黄龙	男	95	69	80	86	82	良好
30	2018302228	黄小桃	女	95	78	78	99	90	优秀

图4.3.15　“成绩表”计算结果

2. 利用COUNTIF函数统计“期末成绩”各分数段的学生人数

当统计“期末成绩”在80～90分的人数时，这里有两个统计条件要同时满足，一个是“>=80”，另一个是“<90”，可以先用COUNTIF函数计算出“期末成绩: >= 80”的人数，再减去用COUNTIF函数计算出的“期末成绩>= 90”的人数即可。计算其他分数段的人数时，可用类似的方法处理。

（1）在“分析表”的B3单元格中输入公式“COUNTIF(成绩表! $G$3:$G$30,"> = 90")”，统计期末成绩90分以上的学生人数。

（2）在B4单元格中输入公式“= COUNTIF)成绩表!$G$3:$G$30," > =80")-B3”，统计期末成绩大于等于80分且小于90分的学生人数。

（3）在B5单元格中输入公式“= COUNTIF)成绩表!$G$3:$G$30,">=70")-B3-B4”，统计期末成绩大于等于70分且小于80分的学生人数。

（4）在B6单元格中输入公式“=COUNTIF)成绩表!$G$3 : SG$30," > = 60")-B3-B4-B5”，统计期末成绩大于等于60分且小于70分的学生人数。

（5）在B7单元格中输入公式“=COUNTIF)成绩表!$G$3:$G$30,"<60")”，统计期末成绩不及格的学生人数。各分数段的学生人数统计结果如图4.3.16所示。

	A	B
1	期末成绩分析表	
2	分数段	人数
3	90-100	3
4	80-90	10
5	70-79	3
6	60-69	10
7	0-59	2

图4.3.16 “期末成绩”分析统计

任务四 制作成绩的分析统计表

任务描述

小李同学通过前面的学习，对班级的成绩数据分析得很详细，但分析结果显示不够直观，张老师要求他用图表来显示“期末考试”各分数段的学生人数。

任务实施

一、创建图表

1. 图表的基本知识

图表是电子表格的另一种表示形式。电子表格中的数据通过图表可以更加形象和直观地表现出来，图表具有较好的视觉效果，可方便用户查看数据的差异、图案和预测趋势。如图4.4.1所示，不必分析工作表中的多列数据就可以看到各个季度销售额的升降，很方便地对实际销售额与销售计划进行比较。图表的源数据链接到工作表上，这就意味着当更新工作表数据时，同时也会更新图表。常见的图表有3种：

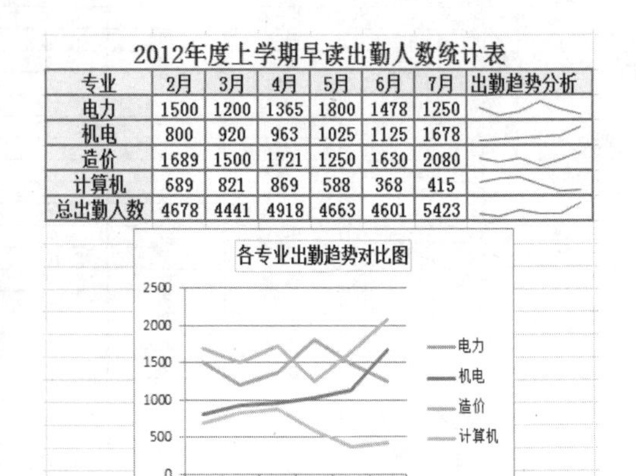

2012年度上学期早读出勤人数统计表

专业	2月	3月	4月	5月	6月	7月	出勤趋势分析
电力	1500	1200	1365	1800	1478	1250	
机电	800	920	963	1025	1125	1678	
造价	1689	1500	1721	1250	1630	2080	
计算机	689	821	869	588	368	415	
总出勤人数	4678	4441	4918	4663	4601	5423	

图4.4.1 工作表数据和图表

（1）嵌入式图表。嵌入式图表可将嵌入图表看作是一个图形对象，并作为工作表的一部分进行保存。当要与工作表数据一起显示或打印一个或多个图表时，可以使用嵌入式图表，图4.4.1中“各专业出勤趋势对比图”属于嵌入式图表。

（2）迷你图表。折线迷你图用于表示一行或一列单元格数值的变化的变动趋势，如季节性的增加或减少和随时间的变动趋势等，并且可以在其中突出显示最大值和最小值。如图4.4.1中“出勤趋势分析”属于迷你图表。在低版本的Excel中很难实现，Excel 2010中新增的“迷你图”功能使这一切变得十分简单。

（3）图表工作表。图表工作表是工作簿中具有特定工作表名称的独立工作表。当要独立于工作表数据查看或编辑大而复杂的图表，或希望节省工作表上的屏幕空间时，可以使用图表工作表，如图4.4.2所示。

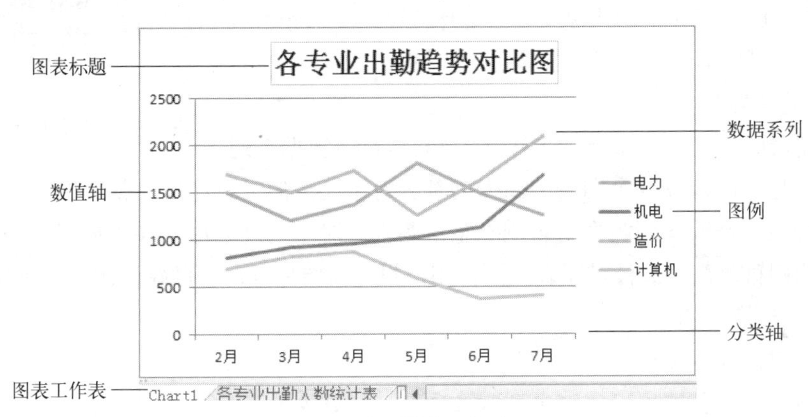

图4.4.2 图表工作表

Excel提供了十几种图表类型，如柱形图、条形图、折线图、饼图、面积图、圆环图等。每种类型又提供了若干种子图。

以图4.4.2为例，图表的组成部分主要有：图表标题；数据系列；数值轴（Y轴）；分类轴（X轴）；图例。

2. 图表的创建

Excel图表的创建方法比较简单，一般是通过图表向导，按照对话框的提示创建图表。

（1）选择用来创建图表的数据区域。

（2）单击“插入”选项卡→“图表”选项组的对话框启动器按钮，打开图4.4.3所示的“插入图表”对话框，选择图表类型。如选择“柱形图”中的“簇状柱形图”。单击“确定”按钮即可在工作表中插入簇状柱形图。

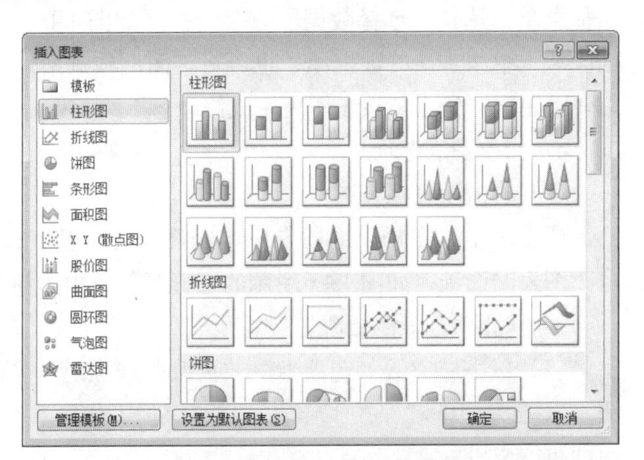

图4.4.3 “插入图表”对话框

二、编辑图表

在工作表中插入图表之后，此时在“视图”选项卡后出现了对图表进行编辑的“图表工具”选项卡组的“设计”、“布局”和“格式”选项卡，可以通过“图表工具”选项卡组修改图表类型、数据源、图表选项、图表的位置、坐标轴格式、背景墙以及防止图表的更改等。如果没有选定编辑的图表对象，“图表工具”选项卡组会隐藏起来。

1. 给图表添加标题

（1）单击图表将其选中。

（2）单击“布局”选项卡→“标签”选项组→“图表标题”下拉按钮，在弹出的下拉列表中选择一种添加标题的方式即可在图表中添加标题，如图4.4.4所示。

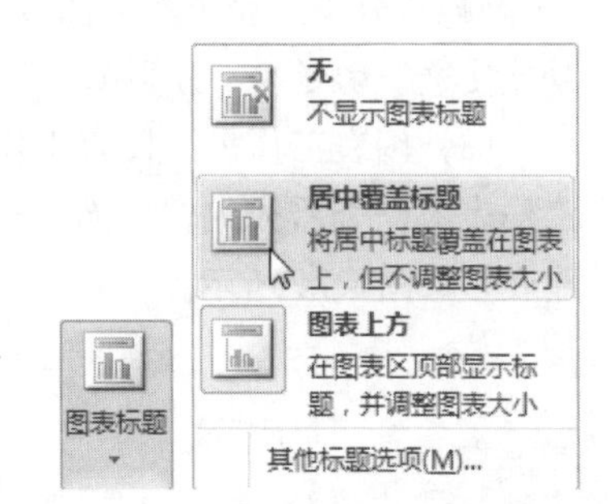

图4.4.4 “图表标题”下拉列表

（3）默认添加的标题为“图表标题”，可以对其进行修改，也可右击图表标题，在弹出的快捷菜单中选择“设置图表标题格式”命令，在打开的对话框中可对标题进一步设置。

2. 修改图表类型

创建了图表后，对于大部分二维图表，既可以修改数据系列的图表类型，也可以修改整个图表的图表类型。对于气泡图，只能修改整个图表的类型。对于大部分三维图表，修改图表类型将影响到整个图表。对于三维条形图和柱形图，可以将有关数据系列修改为圆锥、圆柱或棱锥图表类型。用户根据需要可以对已创建的图表的类型进行修改，可按以下方法进行：

（1）单击图表将其选中。

（2）单击“设计”选项卡→“类型”选项组→“更改图表类型”按钮，或右击图表，在弹出的快捷菜单中选择“更改图表标类型”命令，打开“更改图表类型”对话框，选择其中的图表类型，单击“确定”按钮即可在工作表中插入另一图形。

3. 修改数据源

图表中的数值是链接在创建该图表的工作表上的。图表将随工作表中的数据变化而更新。如果要修改已创建图表的数据源或数据系列，方法如下：

（1）单击图表将其选中。

（2）单击“设计”选项卡→“数据”选项组→“选择数据”按钮或右击图表，在弹出的快捷菜单中选择“选择数据”命令，打开如图4.4.5所示的“选择数据源”对话框，在“图表数据区域”中添加新的数据源，也可对“图例项（系列）”和“水平（分类）轴标签”等选项进行编辑，单击“确定”按钮即可完成修改。

4. 修改图表选项

（1）单击图表将其选中。

（2）单击“布局”选项卡→“标签”选项组中的相关按钮，在弹出的下拉选项中选择一种修改图表的选项，如图4.4.6所示的“标签”组中的相关按钮。

5. 防止对图表的更改

（1）单击“审阅”选项卡→“更改”选项组→“保护工作表”按钮或“保护工作簿”按钮，在弹出的“保护工作表”或“保护工作簿”对话框中输入相应的密码，单击“确定”按钮即可完成设置。

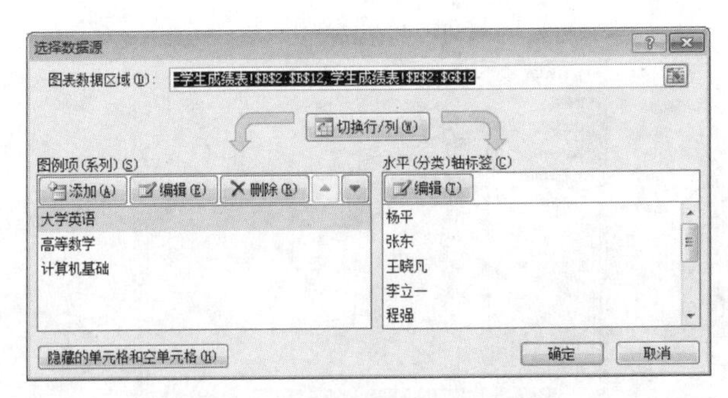

图4.4.5 “选择源数据”对话框

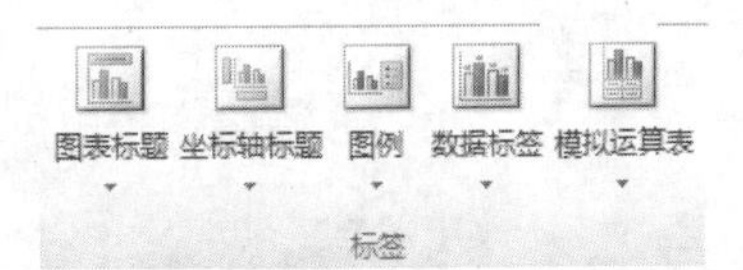

图4.4.6 “标签”组

（2）如果是一张嵌入式图表，可以像对待工作表上其他对象一样进行保护。如果是一张图表工作表，则既可以只对该工作表进行保护，也可以保护整个工作簿。如果要撤销保护，必须知道对图表实施保护时设置的口令。

6. 修改图表的位置

（1）单击图表将其选中。

（2）单击“设计”选项卡→“位置”选项组→“移动图表”按钮或右击图表，在弹出的快捷菜单中选择“移动图表”命令，打开图4.4.7所示类似的“移动图表”对话框，在对话框中选择放置图表的位置，单击“确定”按钮即可。

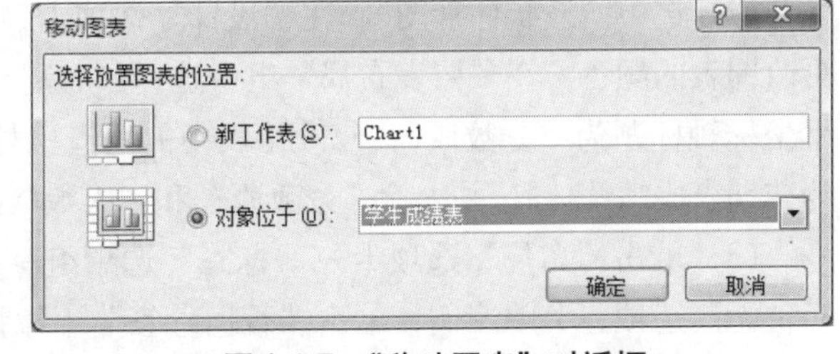

图4.4.7 “移动图表”对话框

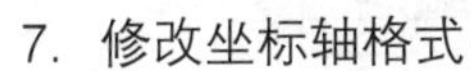

7. 修改坐标轴格式

（1）单击图表将其选中。

（2）单击“布局”选项卡→“坐标轴”选项组→“坐标轴”按钮，在下拉列表中单击“主要横坐标轴”或“主要纵坐标轴”按钮，也可右击要设置格式的坐标轴，在弹出的快捷菜单中选择“设置坐标轴格式”命令，打开图4.4.8所示的“设置坐标轴格式”对话框，在对话框中设置坐标轴的格式的选项有坐标轴选项、数字、填充、线条颜色、线型、阴影、对齐方式等，依次设置后单击“确定”按钮即可。

8. 修改背景墙

（1）单击图表将其选中。

（2）单击“布局”选项卡→“背景”选项组→“绘图区”下拉按钮，在其下拉列表中单击“其他绘图区选项”按钮，也可右击绘图区，在弹出的快捷菜单中选择“设置绘图区格式”命令，打开图4.4.9所示的“设置绘图区格式”对话框，在对话框中设置绘图区格式的选项有填充、颜色、边框样式、阴影等，依次设置后单击“确定”按钮即可。

Excel 2010 任务实作

任务实作

子任务：用图表显示“期末成绩”各分数段的学生人数

统计的结果往往是数字式的，但是纯粹的数字却并不直观。张老师要求小李选择用图表这种方式，以便更具体形象地显示“期末成绩”各分数段的学生人数。

图4.4.8“设置坐标轴格式”对话框

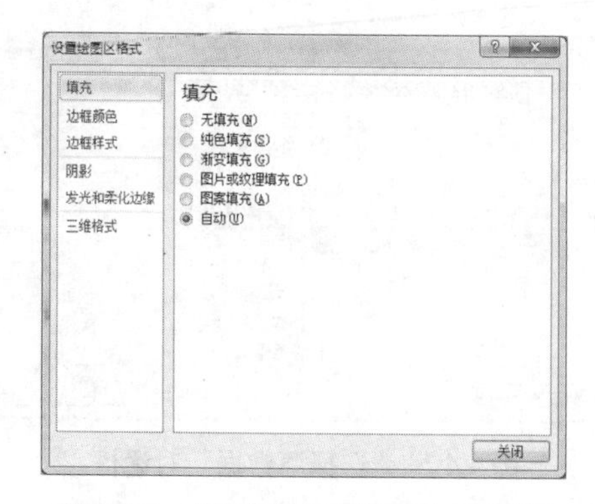

图4.4.9 “设置绘图区格式”对话框

（1）在“分析表”中，选中A2:B7单元格区域，单击“插入”选项卡→“图表”选项组→“柱形图”下拉按钮，在打开的下拉列表中选择“二维柱形图”区域中的“簇状柱形图”选项，此时在“分析表”中插入了一个“簇状柱形图”，可对该“簇状柱形图”进一步设置样式、布局等。

（2）选中“簇状柱形图”，在“设计”选项卡的“图表样式”选项组中选择“样式1”选项，更改图表的颜色；在“图表布局”组中选择“布局9”选项，更改图表的布局；修改图表中的水平坐标轴标题为“分数段”，修改图表中的垂直坐标轴标题为“人数”，修改图表中的图表标题为“期末成绩统计”，并去除“分数段”和“人数”的“加粗”字体格式。

（3）单击“布局”选项卡→“标签”选项组→“图例”下拉按钮，在打开的下拉列表中选择“无”选项，关闭图例；单击“数据标签”下拉按钮，在打开的下拉列表中选择“数据标签外”选项，显示数据标签，并放置在数据点结尾之外；单击“坐标轴”选项组→“网格线”下拉按钮，在打开的下拉列表中选择“主要横网格线”选项，不显示横网格线。

（4）调整图表的位置和大小，使之位于A9:E24单元格区域中，如图4.4.10所示。

（5）选中“簇状柱形图”，单击“设计”选项卡→“位置”选项组→“移动图表”按钮，打开“移动图表”对话框，选中“新工作表”单选按钮，如图4.4.11 所示，单击“确定"按钮，图表将放置在新建的Chart1作表中。

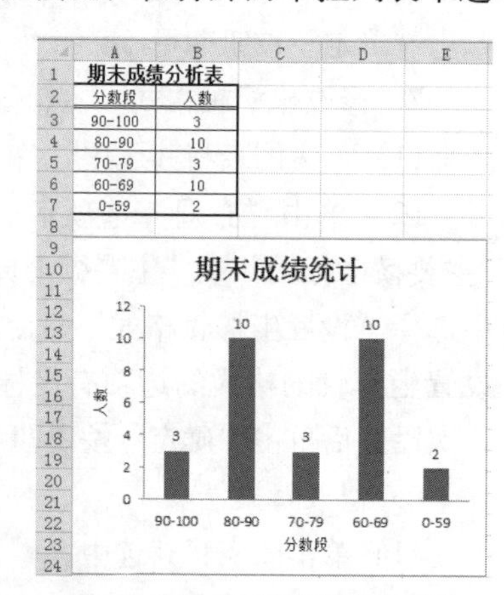

	A	B
1	期末成绩分析表	
2	分数段	人数
3	90-100	3
4	80-90	10
5	70-79	3
6	60-69	10
7	0-59	2

图4.4.10 期末成绩统计图表

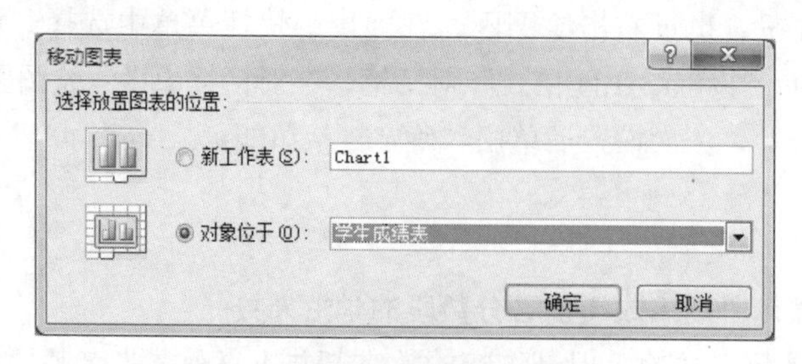

图4.4.11 “移动图表”对话框

任务五　分析工资表数据

任务描述

在某企业（如上海玩具厂）中，财务人员需要记录每位员工每月生产的某种玩具的数量；需要根据生产的玩具的数量以及玩具的单价计算该员工的计件工资；需要根据员工的计件工资、基本工资、应扣项目等计算应发工资和实发工资；需要根据计件工资表统计出该月各类产品的生产数量及汇总情况；还要根据以上数据制作相应的图表。

任务实施

一、记录单的概念

记录单是将一条记录分别存储在同一行的几个单元格中，在同一列中分别存储所有记录的相似信息段。使用记录单功能可以轻松地对工作表中的数据进行查看、查找、新建、删除等操作。

不过Excel 2010默认没有该项功能的按钮，需要通过自定义把按钮调出来。具体操作如下：

单击“文件”→“选项”命令，打开“Excel选项”对话框，在“从下列位置选择命令（C）”下拉列表中选择“所有命令”，然后在下方的列表框中找到“记录单…”，完成添加后单击“确定”按钮，即可把“记录单”快捷按钮添加到快速访问工具栏中。

二、数据排序

排序是数据清单常用的操作之一，不仅可以某种方式显示数据，而且能满足数据清单其他操作的需要，例如数据分类汇总就是在排序的基础上进行的。

1. 简单排序

简单排序就是按数据表中某一列的数据进行递增或递减排列。具体步骤为：

（1）单击要排序的列的任一单元格；例如，希望得到一张按平均分排序的数据清单，单击“平均分”列中的任一单元格。

（2）单击“数据”选项卡→“排序和筛选”选项组→“升序”或“降序”按钮。也可单击“开始”选项卡→“编辑”选项组→“排序和筛选”按钮，展开排序和筛选选项，单击选项中的“升序”或“降序”按钮即可排序。

2. 复合条件排序

复合排序则是按数据表中的多列进行递增或递减排列。

（1）单击数据清单中的任何一个单元格。

（2）单击“数据”选项卡→“排序和筛选”选项组→“排序”按钮，也可单击“开始”选项卡→“编辑”选项组→“排序和筛选”按钮，展开排序和筛选选项，单击选项中的“自定义排序”按钮，打开“排序”对话框。

三、数据筛选

在浏览大量的数据时，可能会希望只显示最感兴趣的总分数据，如学生成绩的前几名、后几名、前百分之几、后百分之几、分公司名等于某个值、满足某个条件的数据，这时就要用到“筛选”功能。筛选不会以任何方式更改数据，只会将不符合条件的数据隐藏，取消筛选之后，所有数据都会重新出现。Excel中有“自动筛选”与“高级筛选”两种方式。

1. 自动筛选

自动筛选实际上是根据各列中的数据特征，自动建立一个查询器，在这个查询中可进行各种条件设置以筛选出特定的数据。

2. 高级筛选

相对于自动筛选，高级筛选可以根据复杂条件进行筛选，而且还可以把筛选的结果复制到指定的地方，更方便进行对比。

在高级筛选的指定条件中，如果遇到要满足的多个条件中的任何一个，此时需要把所有条件写在同一列中；如果遇到要同时满足多个条件，此时需要把所有条件写在相同的行中。

在高级筛选中，还可以筛选出不重复的数据。

四、分类汇总

在日常工作中经常需要根据表中某个字段（例如，部门名称）对数据进行分类汇总，如果手工操作，工作量很大且容易出错。Excel的分类汇总功能可以自动根据用户设定的分类字段进行分类，计算汇总值，并分级显示列表，以便为每个分类汇总显示和隐藏明细数据行。分类汇总操作前需要先对分类字段进行排序。分类汇总的实质是先根据分类字段，对工作表中的记录进行分类，然后计算每个分类的汇总值。

五、数据透视表

如果要求按多个字段进行分类并汇总，如既按专业又按性别求平均分，分类汇总就无法完成，而数据透视表是用于快速汇总大量数据和建立次序列表的交互式表格，用户可以通过转换透视表的行或列查看对源数据的不同汇总，还可以通过显示不同的页来筛选数据，或者只显示所关心区域的明细数据。

1. 创建数据透视表

选择待完成数据透视表的工作表起始单元格，单击“插入”选项卡→“表格”选项组→“数据透视表”按钮，打开“创建数据透视表”对话框。

2. 删除数据透视表

选择记录单中任一单元格；单击“数据透视表工具/选项”选项卡→“操作”选项组→“清除”→“全部清除”按钮，即可删除数据透视表。

任务实作

视频

Excel 2010 任务实作

子任务1：利用公式计算“计件工资”

“产值”和“计件工资”的计算公式如下：

产值=产品单价*数量

计件工资=产值*10%

（1）打开“工资表.xlsx”文件，选择“员工计件工资表”工作表，内容如图4.5.1所示。在F4单元格中输入公式“=D4*E4”，计算第一个员工的产值，拖动F4单元格的填充柄至F23单元格，计算所有员工的产值。

（2）在G4单元格中输入公式“=F4* 10%”，计算第一个员工的计件工资，G4单元格的填充柄至G23单元格，计算所有员工的计件工资。

	A	B	C	D	E	F	G
1	上海玩具厂员工工资表						
2							
3	员工姓名	所属车间	产品名称	产品单价（元）	数量	产值	计件工资
4	吴一刚	二车间	洋娃娃	28	720		
5	胡小明	三车间	赛车	18	1352		
6	夏燕	三车间	赛车	18	1865		
7	李欢笑	一车间	玩具枪	23	1420		
8	李俊锋	二车间	洋娃娃	28	1335		
9	胡小月	三车间	赛车	18	603		
10	宋梦	二车间	洋娃娃	28	842		
11	金东华	一车间	玩具枪	23	1321		
12	马龙湖	三车间	赛车	18	621		
13	顾一飞	三车间	赛车	18	1439		
14	朱明虹	一车间	玩具枪	23	1938		
15	全谦虚	三车间	赛车	18	566		
16	吴雨	一车间	玩具枪	23	1433		
17	刑天	二车间	洋娃娃	28	1254		
18	周江明	一车间	玩具枪	23	1465		
19	施熊见	二车间	洋娃娃	28	802		
20	苏禹听	一车间	玩具枪	23	1100		
21	顾方舟	二车间	洋娃娃	28	1806		
22	林大卫	一车间	玩具枪	23	1201		
23	蔡导	三车间	赛车	18	1992		

图4.5.1　“员工计件工资表”

（3）在G4单元格中输入公式“=F4*10%”，计算第一个员工的计件工资，G4单元格的填充柄至G23单元格，计算所有员工的计件工资。

（4）选中G4:G23单元格区域，右击，在弹出的快捷菜单中选择“设置单元格格式”命令，打开“设置单元格格式”对话框，在“数字”选项卡中，在“分类”列表框中选择“数值”选项，设置“小数位数”为2，如图4.5.2所示，单击“确定”按钮。最终计算结果如图4.5.3所示。

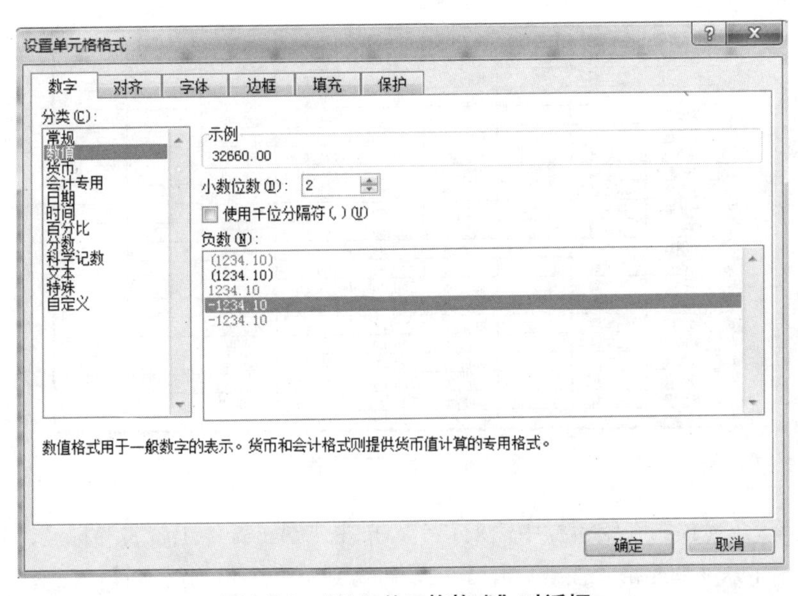

图4.5.2　“设置单元格格式”对话框

	A	B	C	D	E	F	G
1	上海玩具厂员工工资表						
2							
3	员工姓名	所属车间	产品名称	产品单价（元）	数量	产值	计件工资
4	吴一刚	二车间	洋娃娃	28	720	20160	2016.00
5	胡小明	三车间	赛车	18	1352	24336	2433.60
6	夏燕	三车间	赛车	18	1865	33570	3357.00
7	李欢笑	一车间	玩具枪	23	1420	32660	3266.00
8	李俊锋	二车间	洋娃娃	28	1335	37380	3738.00
9	胡小月	三车间	赛车	18	603	10854	1085.40
10	宋梦	二车间	洋娃娃	28	842	23576	2357.60
11	金东华	一车间	玩具枪	23	1321	30383	3038.30
12	马龙湖	三车间	赛车	18	621	11178	1117.80
13	顾一飞	三车间	赛车	18	1439	25902	2590.20
14	朱明虹	一车间	玩具枪	23	1938	44574	4457.40
15	全谦虚	三车间	赛车	18	566	10188	1018.80
16	吴雨	一车间	玩具枪	23	1433	32959	3295.90
17	刑天	二车间	洋娃娃	28	1254	35112	3511.20
18	周江明	一车间	玩具枪	23	1465	33695	3369.50
19	施熊见	二车间	洋娃娃	28	802	22456	2245.60
20	苏禹听	一车间	玩具枪	23	1100	25300	2530.00
21	顾方舟	二车间	洋娃娃	28	1806	50568	5056.80
22	林大卫	一车间	玩具枪	23	1201	27623	2762.30
23	蔡导	三车间	赛车	18	1992	35856	3585.60

图4.5.3 计算后的“员工计件工资表”

子任务2：利用公式计算“应发工资”和“实发工资”

在“员工工资总表”中先引用“员工计件工资表”中的“计件工资”，然后利用公式计算“工资”和“实发工资”。

应发工资=计件工资+基本工资

实发工资=应发工资−水电费房−公积金

(1) 选择“员工工资总表”工作表，内容如图4.5.4所示。

	A	B	C	D	E	F	G	H	I
1	上海玩具厂员工工资总表								
2									
3	员工姓名	所属车间	计件工资	基本工资	水电费	房租	公积金	应发工资	实发工资
4	吴一刚	二车间		400.00	20.00	350.00	200.00		
5	胡小明	三车间		600.00	20.00	250.00	300.00		
6	夏燕	三车间		400.00	20.00	300.00	200.00		
7	李欢笑	一车间		400.00	20.00	250.00	200.00		
8	李俊锋	二车间		600.00	20.00	250.00	300.00		
9	胡小月	三车间		400.00	20.00	250.00	200.00		
10	宋梦	二车间		400.00	20.00	200.00	200.00		
11	金东华	一车间		400.00	20.00	350.00	200.00		
12	马龙湖	三车间		400.00	20.00	350.00	200.00		
13	顾一飞	三车间		400.00	20.00	300.00	200.00		
14	朱明虹	一车间		400.00	20.00	350.00	200.00		
15	全谦虚	三车间		600.00	20.00	350.00	300.00		
16	吴雨	一车间		400.00	20.00	350.00	200.00		
17	刑天	二车间		400.00	20.00	300.00	200.00		
18	周江明	一车间		400.00	20.00	350.00	200.00		
19	施熊见	二车间		400.00	20.00	350.00	200.00		
20	苏禹听	一车间		600.00	20.00	200.00	300.00		
21	顾方舟	二车间		400.00	20.00	350.00	200.00		
22	林大卫	一车间		600.00	20.00	300.00	300.00		
23	蔡导	三车间		400.00	20.00	350.00	200.00		

图4.5.4 员工工资总表

(2) 选择C4单元格，在编辑栏中输入“=”，单击“员工计件工资表”标签，并单击“员工计件工资表”中的G4单元格，按【Enter】键，可看到第一个员工的“计件工资”被引用过来。拖动C4单元格的填充柄至C23单元格，计算（引用）所有员工的“计件工资”。

（3）在H4单元格中输入公式“C4+D4”，拖动H4单元格的填充柄至H23单元格，计算所有员工的“应发工资”。

（4）在I4单元格中输入公式“= H4−E4−F4−G4”，拖动I4单元格的填充柄至I23单元格，计算所有员工的“实发工资”

（5）设置“计件工资”、“应发工资”和“实发工资”保留2位小数，最终计算结果如图4.5.5所示。

	A	B	C	D	E	F	G	H	I
1	上海玩具厂员工工资总表								
2									
3	员工姓名	所属车间	计件工资	基本工资	水电费	房租	公积金	应发工资	实发工资
4	吴一刚	二车间	2016.00	400.00	20.00	350.00	200.00	2416.00	1846.00
5	胡小明	三车间	2433.60	600.00	20.00	250.00	300.00	3033.60	2463.60
6	夏燕	三车间	3357.00	400.00	20.00	300.00	200.00	3757.00	3237.00
7	李欢笑	一车间	3266.00	400.00	20.00	250.00	200.00	3666.00	3196.00
8	李俊锋	二车间	3738.00	600.00	20.00	250.00	300.00	4338.00	3768.00
9	胡小月	三车间	1085.40	400.00	20.00	250.00	200.00	1485.40	1015.40
10	宋梦	二车间	2357.60	400.00	20.00	200.00	200.00	2757.60	2337.60
11	金东华	一车间	3038.30	400.00	20.00	350.00	200.00	3438.30	2868.30
12	马龙湖	三车间	1117.80	400.00	20.00	350.00	200.00	1517.80	947.80
13	顾一飞	三车间	2590.20	400.00	20.00	300.00	200.00	2990.20	2470.20
14	朱明虹	一车间	4457.40	400.00	20.00	350.00	200.00	4857.40	4287.40
15	全谦虚	三车间	1018.80	600.00	20.00	350.00	300.00	1618.80	948.80
16	吴雨	一车间	3295.90	400.00	20.00	350.00	200.00	3695.90	3125.90
17	刑天	二车间	3511.20	400.00	20.00	300.00	200.00	3911.20	3391.20
18	周江明	一车间	3369.50	400.00	20.00	350.00	200.00	3769.50	3199.50
19	施熊见	二车间	2245.60	400.00	20.00	350.00	200.00	2645.60	2075.60
20	苏禹听	一车间	2530.00	600.00	20.00	200.00	300.00	3130.00	2610.00
21	顾方舟	二车间	5056.80	400.00	20.00	350.00	200.00	5456.80	4886.80
22	林大卫	一车间	2762.30	600.00	20.00	300.00	300.00	3362.30	2742.30
23	蔡导	三车间	3585.60	400.00	20.00	350.00	200.00	3985.60	3415.60

图4.5.5　计算后的员工工资总表

子任务3：筛选出“实发工资”为800～1 500元的员工信息

可以利用“高级筛选”功能筛选出“实发工资”为800～1 500元的员工信息，以便安排补助等。高级筛选前，要先设置筛选条件。

1．设置筛选条件

（1）单击窗口底部的“插入工作表”按钮，插入一张新工作表，将其重命名为“员工工资情况统计”。复制“员工工资总表”中的所有单元格至“员工工资情况统计”中的相同位置，并修改标题为“上海玩具厂员工工资统计”。

（2）在A25和B25单元格中输入“实发工资”，在A26单元格中输入“>=800”，在B26单元格中输入“<1500”，在A28单元格中输入“需补助员工”。

2．利用“高级筛选”功能，筛选出“实发工资”为800～1 500元的员工信息

（1）选中A3:I23单元格区域，在“数据”选项卡中单击“排序和筛选”组中的“高级”按钮。

（2）在打开的“高级筛选”对话框中选中“将筛选结果复制到其他位置”单选按钮，设置“条件区城”为$A$25: B 26，并设置“复制到”为$A$29: I 36，如图4.5.6所示，单击“确定”按钮。此时可以看到需要筛选结果（“实发工资”为800～1 500元的员工信息），如图4.5.7所示。

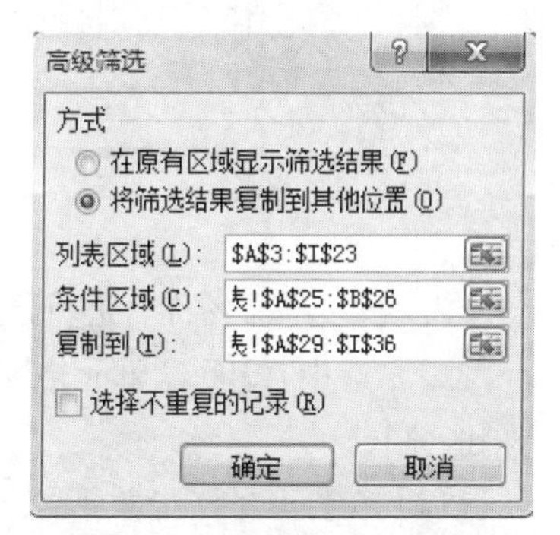

图4.5.6　“高级筛选”对话框

25	实发工资	实发工资							
26	>=800	<1500							
27									
28	需补助员工								
29	员工姓名	所属车间	计件工资	基本工资	水电费	房租	公积金	应发工资	实发工资
30	胡小月	三车间	1085.40	400.00	20.00	250.00	200.00	1485.40	1015.40
31	马龙湖	三车间	1117.80	400.00	20.00	350.00	200.00	1517.80	947.80
32	全谦虚	三车间	1018.80	600.00	20.00	350.00	300.00	1618.80	948.80

图4.5.7 “实发工资”为800～1 500元的员工信息

子任务4：按“产品分类”分类汇总

可以利用“分类汇总”功能，统计本月每一种玩具的生产数量，分类汇总前一定要对“产品名称”进行排序。

1. 对产品名称进行排序

（1）单击窗口底部的“插入工作表”按钮，插入一张新工作表，将其重命名为“各类产品分类汇总”，复制“员工计件工资表”中的A1:J23单元格区域至“各类产品分类汇总”工作表中的相同位置，并修改标题为“上海玩具厂产品分类汇总”。

（2）选中A3:G23单元格区域，单击“开始”选项卡→“编辑”选项组→“排序和筛选”下拉按钮，在下拉列表中选择“自定义排序”选项，如图4.5.8所示。

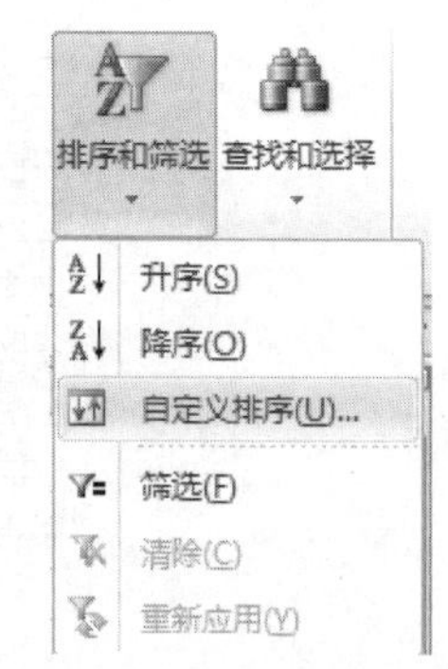

图4.5.8 “排序和筛选”下拉列表

（3）在打开的“排序”对话框中选择“主要关键字”为“产品名称”，“次序”为“升序”，并勾选中右上角的“数据包含标题”复选框，如图4.5.9所示，单击“确定”按钮，此时，“计件工资表”已按“产品名称”进行了升序排列。

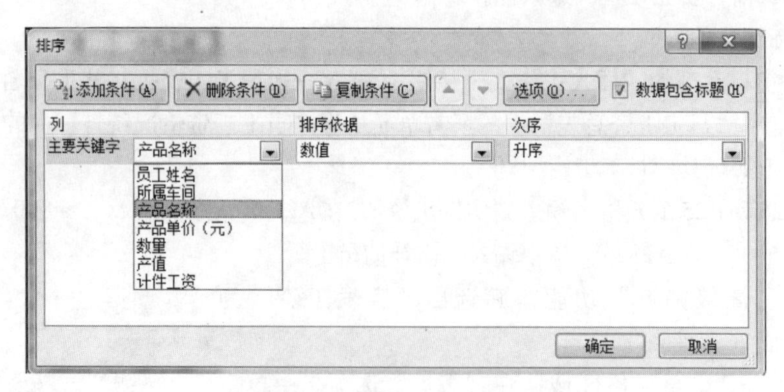

图4.5.9 “排序”对话框

2. 按“产品名称”进行分类汇总

（1）选中A3:G23单元格区域，单击“数据”选项卡→“分级显示”选项组→“分类汇总”按钮。

（2）在打开的“分类汇总”对话框中设置“分类字段”为“产品名称”；“汇总方式”为“求和”；“选定汇总项”为“数量”，如图4.5.10所示，单击“确定”按钮，此时，各类产品的生产数量已经进行汇总求和，如图4.5.11所示。

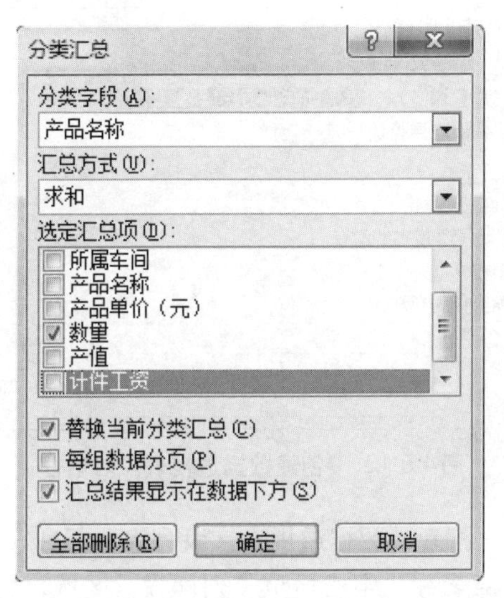

图4.5.10　“分类汇总”对话框

	A	B	C	D	E	F	G
1	上海玩具厂产品分类汇总						
3	员工姓名	所属车间	产品名称	产品单价（元）	数量	产值	计件工资
4	胡小明	三车间	赛车	18	1352	24336	2433.60
5	夏燕	三车间	赛车	18	1865	33570	3357.00
6	胡小月	三车间	赛车	18	603	10854	1085.40
7	马龙湖	三车间	赛车	18	621	11178	1117.80
8	顾一飞	三车间	赛车	18	1439	25902	2590.20
9	全谦虚	三车间	赛车	18	566	10188	1018.80
10	蔡导	三车间	赛车	18	1992	35856	3585.60
11			**赛车 汇总**		8438		
12	李欢笑	一车间	玩具枪	23	1420	32660	3266.00
13	金东华	一车间	玩具枪	23	1321	30383	3038.30
14	朱明虹	一车间	玩具枪	23	1938	44574	4457.40
15	吴雨	一车间	玩具枪	23	1433	32959	3295.90
16	周江明	一车间	玩具枪	23	1465	33695	3369.50
17	苏禹听	一车间	玩具枪	23	1100	25300	2530.00
18	林大卫	一车间	玩具枪	23	1201	27623	2762.30
19			**玩具枪 汇总**		9878		
20	吴一刚	二车间	洋娃娃	28	720	20160	2016.00
21	李俊锋	二车间	洋娃娃	28	1335	37380	3738.00
22	宋梦	二车间	洋娃娃	28	842	23576	2357.60
23	刑天	二车间	洋娃娃	28	1254	35112	3511.20
24	施熊见	二车间	洋娃娃	28	802	22456	2245.60
25	顾方舟	二车间	洋娃娃	28	1806	50568	5056.80
26			**洋娃娃 汇总**		6759		
27			**总计**		25075		

图4.5.11　按“产品名称”进行分类汇总

子任务5：使用数据透视表统计各车间各产品的生产量

（1）在“员工计件工资表”中，选中A3:G23单元格区域，单击“插入”选项卡→“表格”选项组→“数据透视表”按钮，在打开的“创建数据透视表”对话框中，“表/区域”文本框中已自动填入选中的单元格区域，选中“新工作表”单选按钮，如图4.5.12所示。

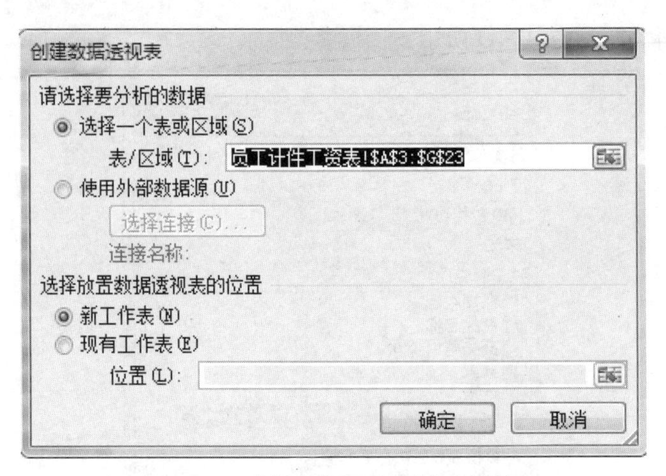

图4.5.12 “创建数据透视表”对话框

(2) 单击“确定”按钮，打开“数据透视表字段列表”任务窗格，把“所属车间”字段拖至“行标签”区域，将“产品名称”字段拖至“列标签”区域，将“数量”字段拖至“数值”区域（默认汇总方式为“求和”），如图4.5.13所示。

(3) 此时，在新工作表中显示了“数据透视表”，更改新建的“数据透视表”中的“行标签”文字为“所属车间”，更改“列标签”文字为“产品名称”，结果如图4.5.14所示。将“数据透视表”所在的工作表名称重命名为“产品数据透视表”。

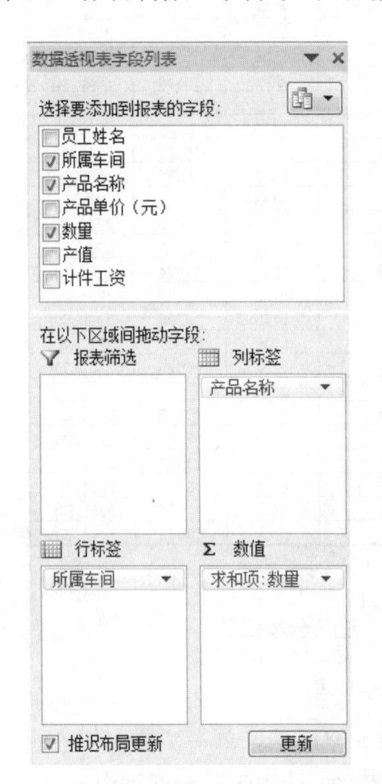

图4.5.13 “数据透视表字段列表”任务窗格

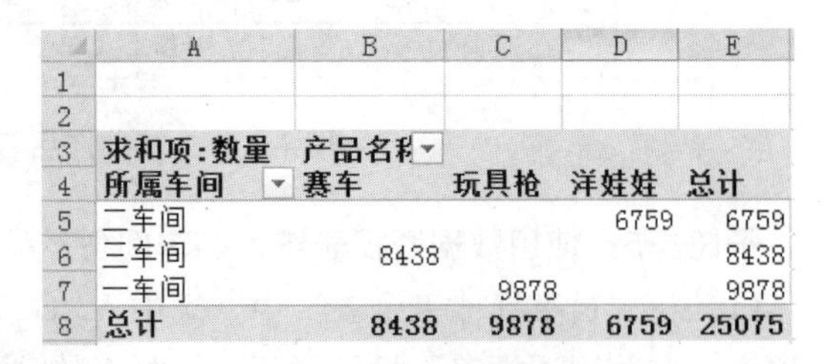

	A	B	C	D	E
1					
2					
3	求和项:数量	产品名称			
4	所属车间	赛车	玩具枪	洋娃娃	总计
5	二车间			6759	6759
6	三车间	8438			8438
7	一车间		9878		9878
8	总计	8438	9878	6759	25075

图4.5.14 数据透视表

项 目 小 结

本项目以Excel 2010为例，通过5个任务介绍了表格处理软件Excel的基本操作，讲解了利用Excel制作电子表格、对表格数据进行运算、运用图表分析数据以及对数据进行排序、筛选、分类汇总等数据管理和分析的操作方法。通过本章的学习，能够帮助读者更好地理解Excel 2010的操作和应用。

项目五　演示文稿制作软件PowerPoint 2010

PowerPoint 2010是Office 2010系列产品中用于制作广告宣传、产品演示等的电子版幻灯片组件。它在制作演示文稿方面有着广泛的应用，可以把制作者想要表述的信息组织成一组图文并茂的画面，然后把它们打印出来或者在投影仪上显示出来。

学习目标：

知识目标	技能目标	职业素养
• 掌握PowerPiont 2010的启动、退出及窗口组成 • 掌握演示文稿的基本操作技巧 • 掌握幻灯片美化的技巧 • 掌握幻灯片的放映与设置操作	• 掌握编辑和管理幻灯片 • 掌握幻灯片母版的使用方法 • 掌握设置动画效果的方法 • 掌握幻灯片的播放 • 掌握演示文稿的打印和打包 • 根据主题设计优化幻灯片	• 自主学习能力 • 团队协作能力 • 良好的审美能力

重点：幻灯片的排版。

难点：幻灯片美化的技巧、幻灯片的放映与设置。

建议学时：12个课时。

课前学习

视频

PowerPoint 2010课前学习

素材

项目素材

扫二维码，观看相关视频，并完成以下选择题：

1. PowerPoint 2010是________家族中的一员。
   A. Linux　B. Windows　C. Office　D. Word
2. PowerPoint 2010中新建文件的默认名称是________。
   A. DOCl　B. Sheetl　C. 演示文稿1　D. Bookl
3. PowerPoint 2010的主要功能是________。
   A. 电子演示文稿处理　B. 声音处理
   C. 图像处理　D. 文字处理
4. 扩展名为________的文件，在没有安装PowerPoint 2010的系统中可直接放映。
   A. .pop　B. .ppz
   C. .pps　D. .pptx
5. 下列视图中不属于PowerPoint 2010视图的是________。
   A. 幻灯片视图　B. 页面视图
   C. 大纲视图　D. 备注页视图

任务一　初识 PowerPoint 2010

任务描述

个人简历是求职者给招聘单位发的一份简要介绍。包含自己的基本信息：姓名、学历、联系方式、自我评价、工作经历、学习经历、荣誉与成就的简要说明等。现在一般求职都是通过网络，因此一份良好的个人简历对于获得面试机会至关重要。个人简历一般有Word版和PowerPoint版，本小节介绍如何制作PowerPoint版的个人简历。

任务实施

一、启动和退出 PowerPoint 2010 的方法

与Office 2010的其他组件一样，PowerPoint 2010也有多种启动与退出的方法，这里介绍几种常用的方法。

1. 启动PowerPoint 2010

在Windows 7操作系统下，启动PowerPoint 2010主要有以下几种方法：

（1）单击“开始”→“所有程序”→“Microsoft Office”→“Microsoft Office PowerPoint 2010”命令。

（2）双击“Microsoft PowerPoint 2010”快捷图标。

（3）双击桌面上的“计算机”图标，打开“计算机”窗口。在该窗口下双击含有PowerPoint演示文稿的驱动器，然后再打开存放这些文件的文件夹，在打开的文件夹窗口中双击以.ppt（Office 2003及以下版本）或.pptx（Office 2007及以上版本）为扩展名的文件，操作系统就会直接调用PowerPoint 2010程序将其打开。

2. 退出PowerPoint 2010

制作完成后，可以用下列方法退出PowerPoint 2010：

（1）单击“文件”→“退出”命令。

（2）直接单击PowerPoint 2010右上角的“关闭”按钮。

（3）使用【Alt + F4】组合键。

如果对任何一个演示文稿进行了修改，退出PowerPoint 2010时，会弹出一个提示框，询问用户是否需要保存当前所做的修改，如图5.1.1所示。

图5.1.1　提示框

如果要保存，单击“保存”按钮；否则，单击“不保存”按钮；如果单击“取消”按钮，则恢复到演示文稿的编辑状态，继续操作。

二、PowerPoint 2010 的操作环境

启动PowerPoint 2010应用程序后，打开其工作界面，如图5.1.2所示。该工作界面主要由标题栏、选项卡、快速访问工具栏、功能区、幻灯片视图窗格、编辑窗口、备注栏、状态栏等组成。

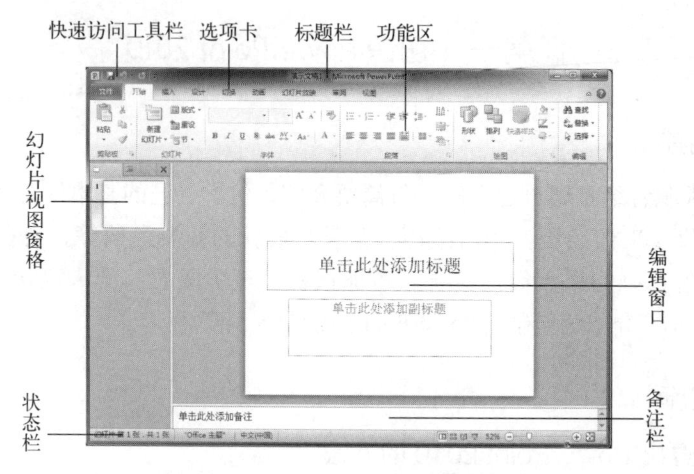

图5.1.2　PowerPoint 2010工作界面

三、演示文稿的创建、保存与打开

1. 演示文稿的创建

在PowerPoint 2010中，用户可以使用以下方法创建演示文稿：

（1）直接创建空白演示文稿。

（2）使用设计模板创建。

（3）根据主题、内容创建演示文稿等。

打开PowerPoint 2010，单击“文件”→“新建”命令，打开新建演示文稿界面，如图5.1.3所示。

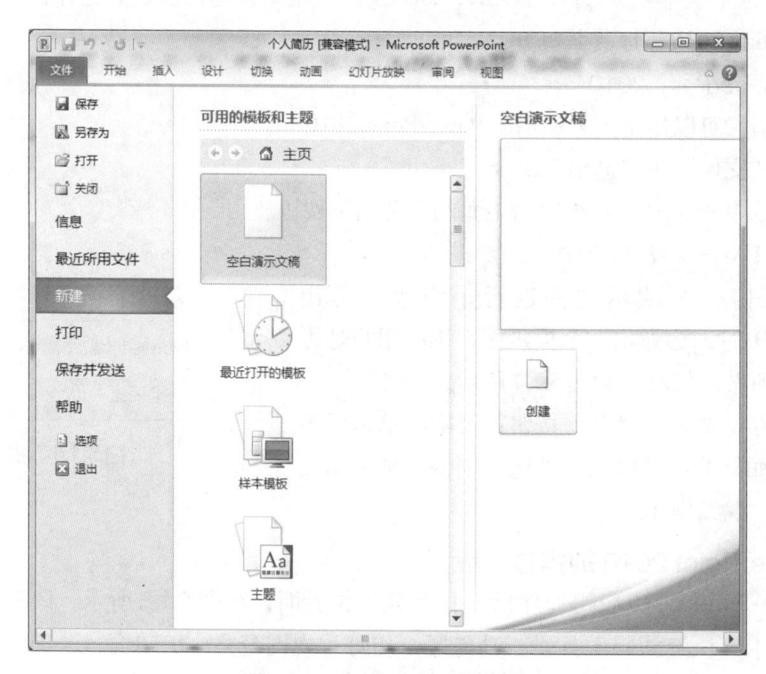

图5.1.3　新建演示文稿界面

（1）如果要创建空白演示文稿，则选择“空白演示文稿”选项。
（2）也可以选择“样本模板”来创建演示文稿，如图5.1.4所示。

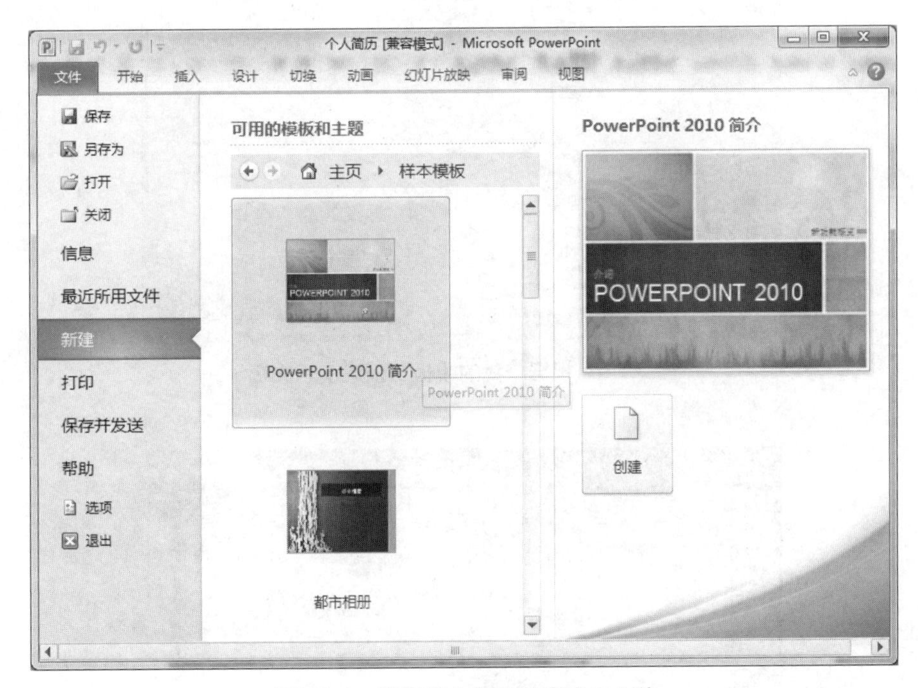

图5.1.4　根据样本模板创建演示文稿

（3）还可以选择其他方式来创建演示文稿，如图5.1.5～图5.1.9所示。

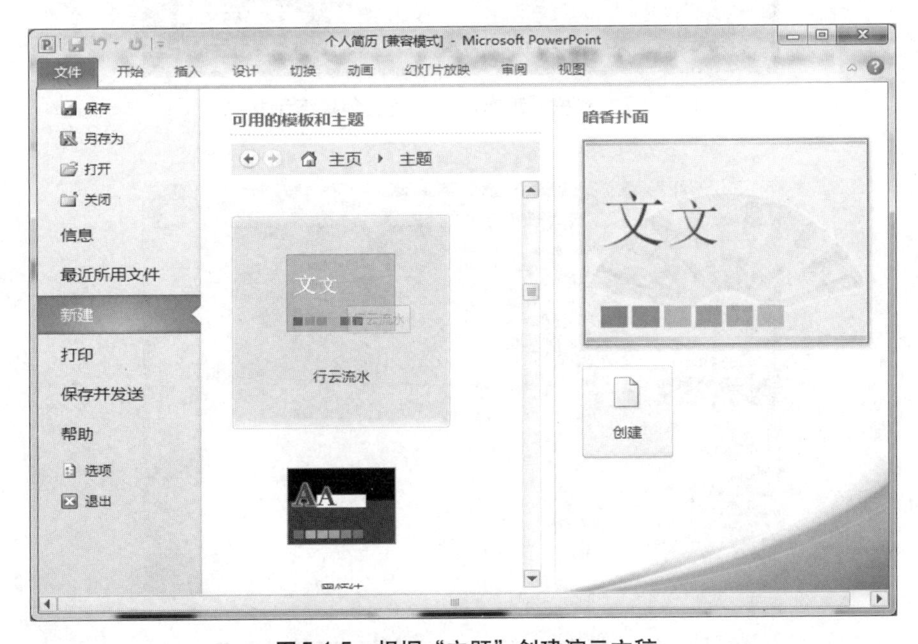

图5.1.5　根据“主题”创建演示文稿

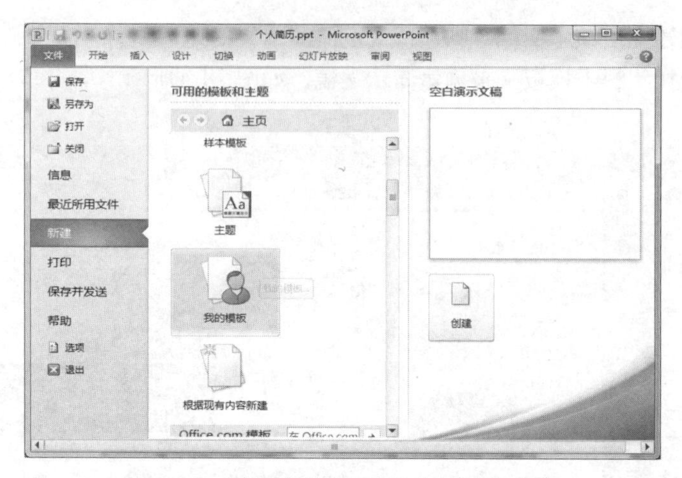

图5.1.6 根据“我的模板”创建演示文稿

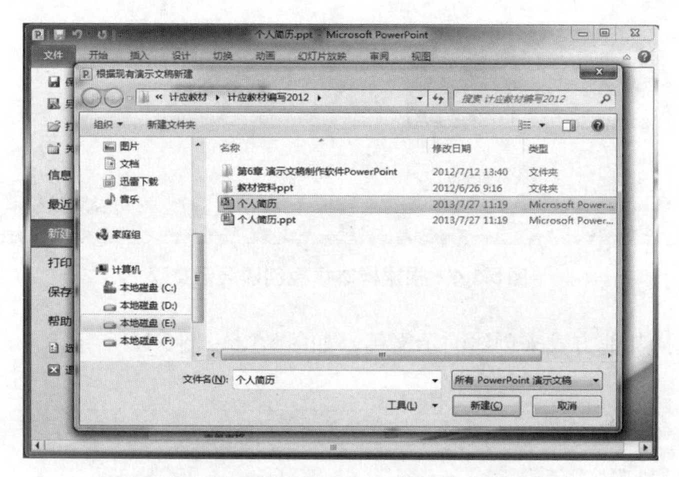

图5.1.7 根据“现有内容”模板创建演示文稿

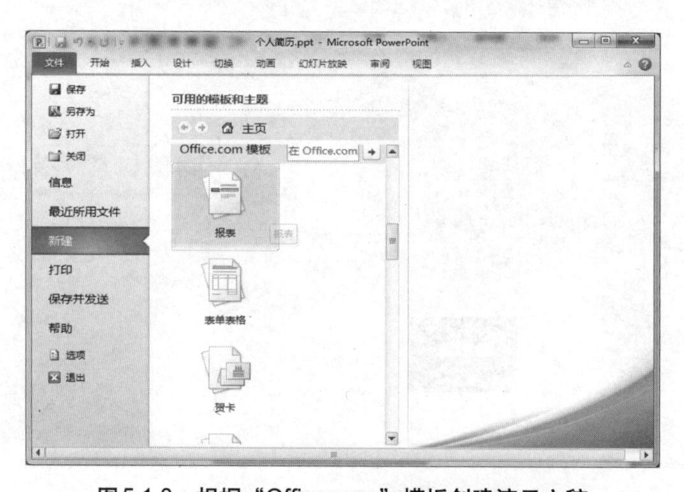

图5.1.8 根据“Office.com”模板创建演示文稿

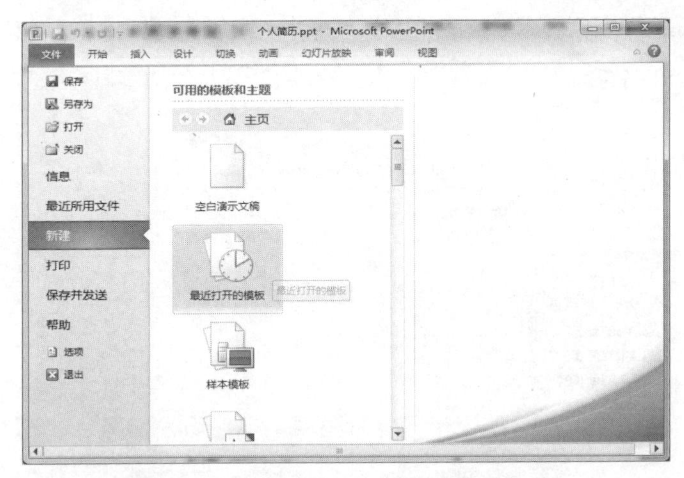

图5.1.9　根据最近打开的模板创建演示文稿

2. 演示文稿的保存

如果要保存演示文稿，可单击“文件”→“保存”命令，如果是新创建的文稿，则会出现在图5.1.10所示的“另存为”对话框，选择相应的存储位置，再输入文件名，单击“保存”按钮。

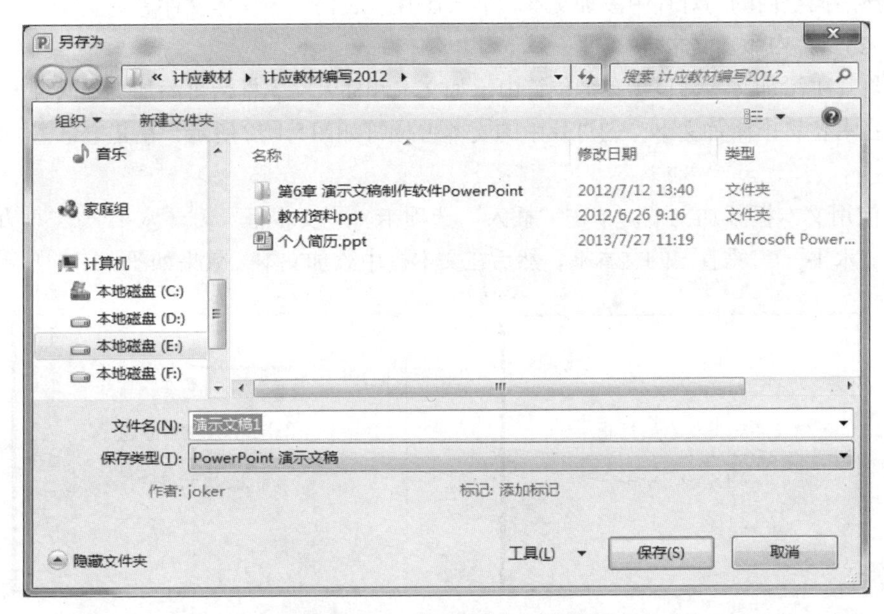

图5.1.10　“另存为”对话框

3. 演示文稿的打开

如果用户需要继续编辑未完成的演示文稿，或修改已经制作好的演示文稿，则首先需要将其打开。

打开PowerPoint 2010，单击“文件”→“打开”命令，打开“打开”对话框，如图5.1.11所示，选择相应的存储位置，再选择文件，单击“打开”按钮。

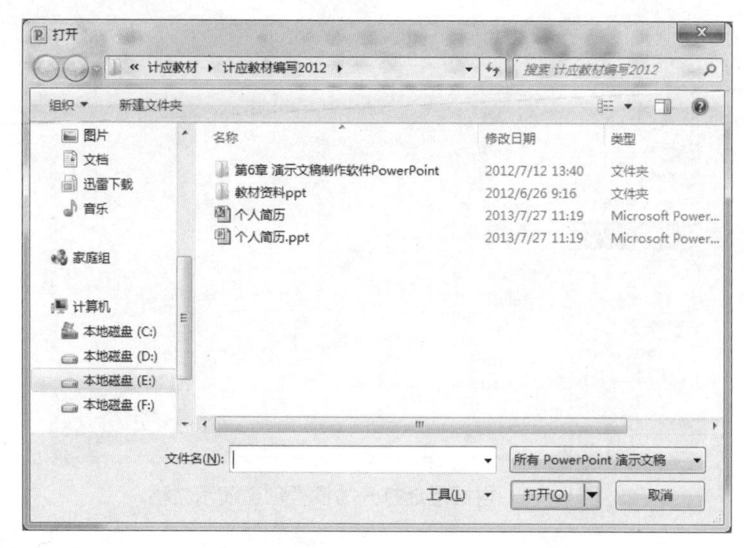

图5.1.11 “打开”对话框

四、演示文稿的录入与编辑

在熟悉了PowerPoint 2010之后，即可制作新的演示文稿，并且可以向演示文稿中添加新的幻灯片，然后向空白的幻灯片中添加文本，插入图片、表格、多媒体文件等。

1. 在幻灯片中添加文本

在幻灯片中添加文本，包括在占位符中添加文本和插入文本框后再添加文本两种方式。

(1) 在占位符中添加文本。幻灯片中的文本占位符如图5.1.12所示，在其上单击即可直接输入文本。

(2) 使用文本框添加文本。单击“插入”选项卡→“文本框”→“水平”/“垂直”按钮，即可插入“水平”/“垂直”的文本框，然后在文本框中添加文本，效果如图5.1.13所示。

图5.1.12 文本占位符

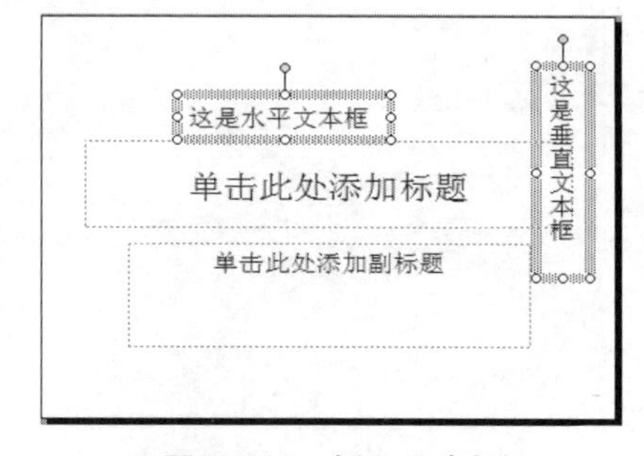

图5.1.13 插入文本框

2. 在幻灯片中插入图片

在幻灯片中插入图片对象，可以丰富幻灯片的视觉内容，引起观众的兴趣。在PowerPoint 2010中，用户可以插入的图片类型有剪贴画和来自文件的图片两种。

(1) 插入剪贴画的方法：单击“插入”选项卡→“剪贴画”按钮，打开“剪贴画”窗格，然后在“剪贴画”窗格中找到想要的图片插入即可。

（2）插入来自文件的图片方法：单击“插入”选项卡→“图片”按钮，打开“插入图片”对话框，如图5.1.14所示，再从计算机中找到图片，然后单击“插入”按钮即可。

图5.1.14　“插入图片”对话框

3. 在幻灯片中插入表格

在幻灯片中适当插入表格，也可以使演示文稿达到图文并茂的效果。在幻灯片中插入表格的具体步骤如下：

（1）单击“插入”选项卡→“表格”选项组→“插入表格”按钮，弹出图5.1.15所示的“插入表格”对话框。

（2）在对话框中设置表格的行列数，单击“确定”按钮，即可在幻灯片中插入表格，表格中可直接输入文本。PowerPoint中的表格和Word一样，可完成表格的大小、边框、对齐方式、合并和拆分单元格等操作设置，插入的表格效果如图5.1.16所示。

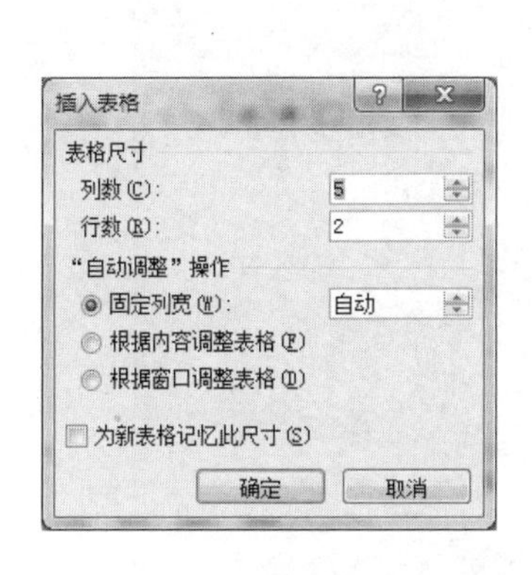

图5.1.15　“插入表格”对话框

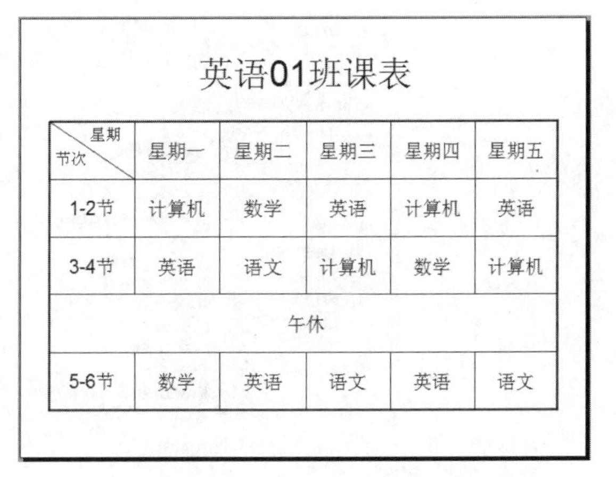

英语01班课表

星期 节次	星期一	星期二	星期三	星期四	星期五
1-2节	计算机	数学	英语	计算机	英语
3-4节	英语	语文	计算机	数学	计算机
午休					
5-6节	数学	英语	语文	英语	语文

图5.1.16　插入表格后的效果图

4. 在幻灯片中插入多媒体文件

除了可以在幻灯片中插入文本、图片和表格外，还可以插入多媒体文件，例如，音频和视频文件等。

(1) 插入音频。在幻灯片中插入音频的具体操作步骤如下：

① 单击“插入”选项卡→“音频”按钮，打开“插入音频”对话框，如图5.1.17所示。

图5.1.17 “插入音频”对话框

② 在该对话框中找到需要插入的音频文件，单击“确定”按钮，就会在当前幻灯片上出面音频图标，如图5.1.18所示。

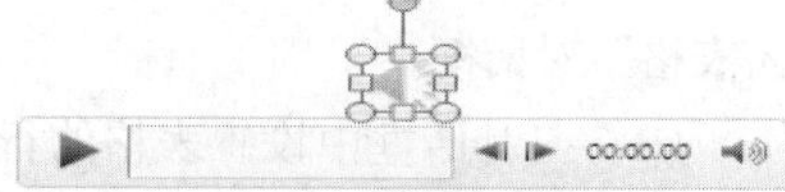

图5.1.18 音频图标

(2) 插入视频文件。在幻灯片中插入视频文件的具体操作步骤如下：

① 单击“插入”选项卡→“视频”按钮，打开“插入视频文件”对话框，如图5.1.19所示。

图5.1.19 “插入视频文件”对话框

② 在该对话框中找到需要插入的视频文件，单击“插入”按钮，就会在当前幻灯片上出面视频图标，如图5.1.20所示。

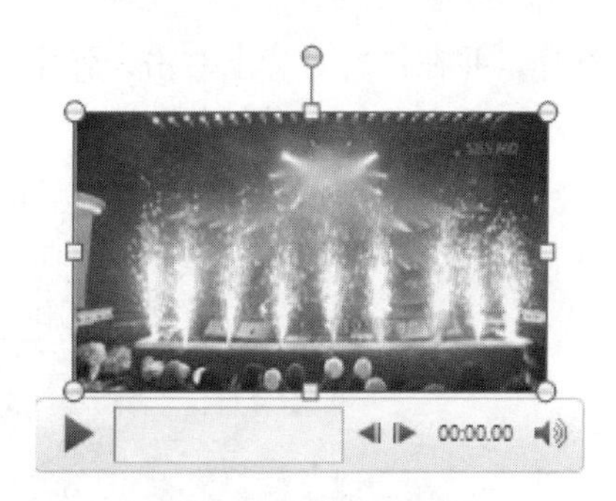

图5.1.20　视频图标

五、幻灯片的操作

1. 设置幻灯片的版式

在演示文稿中，每一张幻灯片都有自己的版式，如果要设置幻灯片的版式，具体操作是在“大纲”选项卡中找到该幻灯片，单击“开始”选项卡→“版式”按钮，打开“幻灯片版式”列表，如图5.1.21所示，然后选择想要的版式即可。

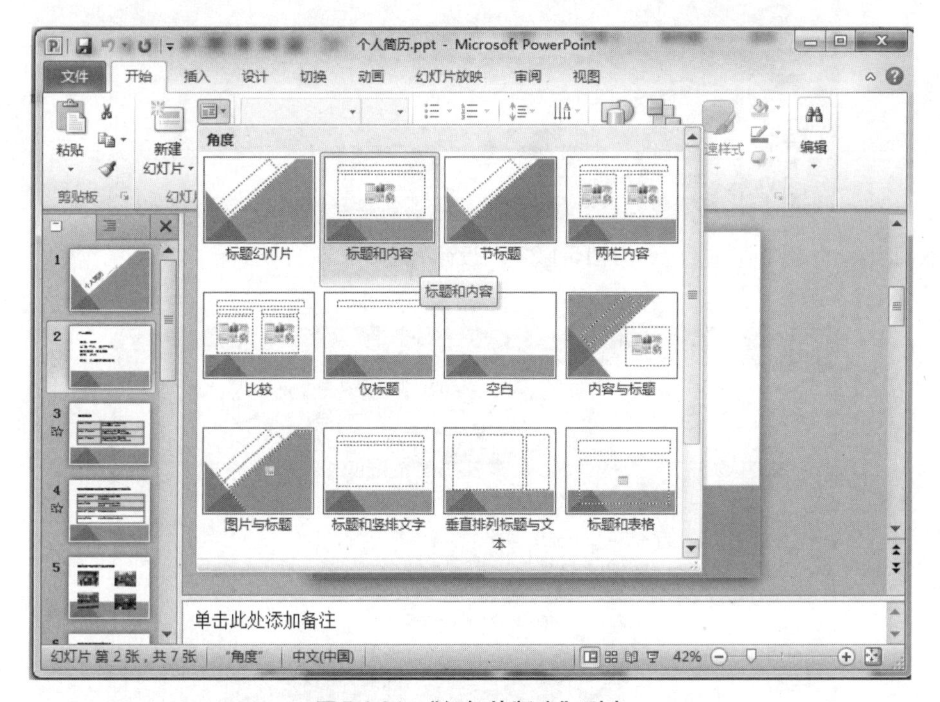

图5.1.21　“幻灯片版式”列表

2. 设置幻灯片的模板样式

在制作演示文稿的过程中，还可以对幻灯片应用一些PowerPoint 2010自带的模板。具体操作步骤如下：

在“大纲”选项卡中选择幻灯片，单击“设计”选项卡，如图5.1.22所示，然后选择想要应用的模板即可。

3. 插入幻灯片

在制作演示文稿的过程中，如果需要插入新的幻灯片，单击“开始”选项卡→“新建幻灯片”按钮，即可创建一张新的空白幻灯片。

4. 删除幻灯片

在制作演示文稿的过程中，如果需要删除某张幻灯片，则在“大纲”选项卡中找到该幻灯片，并在该幻灯片上右击，弹出快捷菜单，然后选择“删除幻灯片”命令即可，如图5.1.23所示。

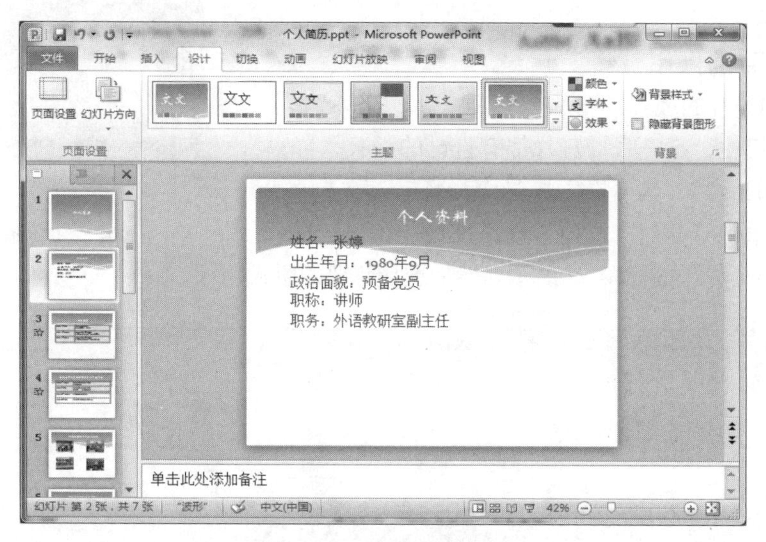

图5.1.22 “设计”选项卡

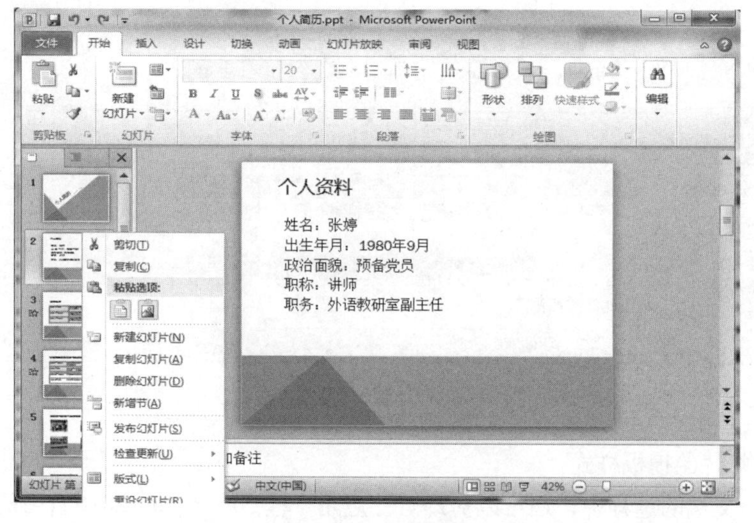

图5.1.23 快捷菜单

5. 复制幻灯片

在制作演示文稿的过程中，如果需要复制某张幻灯片，则在“大纲”选项卡中找到该幻灯片，并在该幻灯片上右击，弹出快捷菜单，然后选择“复制”命令即可，如图5.1.23所示。选择想要粘贴的位置，右击，在弹出的快捷菜单中选择“粘贴”命令即可。

6. 移动幻灯片

在制作演示文稿的过程中，如果需要调整幻灯片的排列顺序，在“大纲”选项卡中找到该幻灯片，按住鼠标左键不放，将该幻灯片拖至目标位置释放鼠标即可。

任务实作

子任务："个人简历"演示文稿的制作

（1）创建一个演示文稿，保存为"个人简历.PPTX"。

（2）选择"设计"选项卡，在"主题"列表中选择"角度"模板即可，如图5.1.24所示。

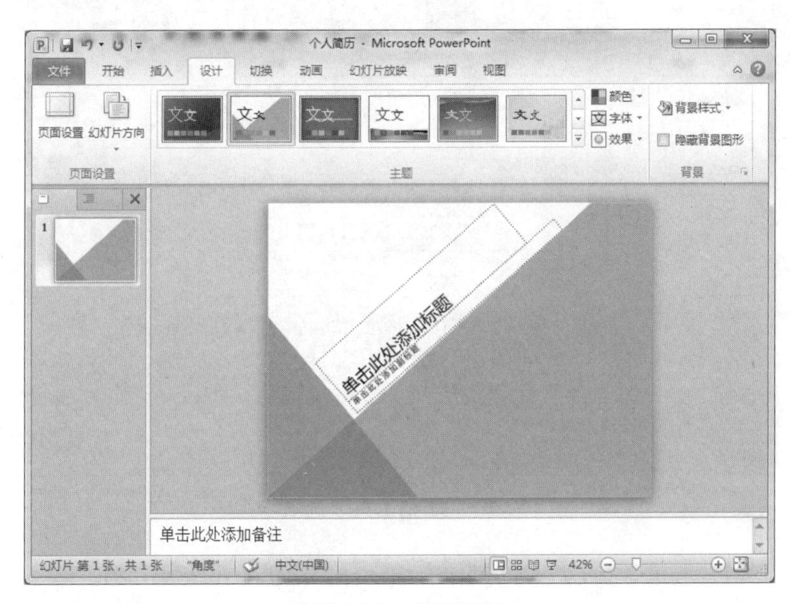

图5.1.24　选择模板

（3）在文本框中添加标题和副标题，并设置文本的格式。

（4）插入新幻灯片，输入相应的文本，并设置文本的格式，如图5.1.25所示。

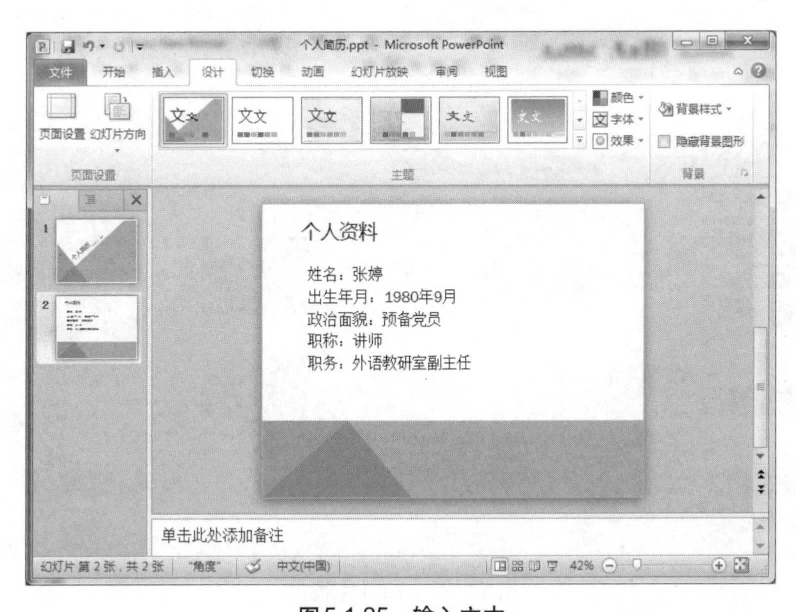

图5.1.25　输入文本

（5）插入新幻灯片，制作表格，再输入相应的文本，设置文本和表格属性。选中表格，出现“表格工具”选项卡组，进行相应设置即可，如图5.1.26所示。

图5.1.26 “表格工具”选项卡组

（6）第4张幻灯片与第3张幻灯片的制作方法一样，这里不再重复介绍。

（7）插入新幻灯片，单击“开始”选项卡→“版式”下拉按钮，在打开的下拉列表中选择“标题和四项内容”版式（如果没有，可以直接选择“仅标题”版式），如图5.1.27所示。再插入相应的文本和图片即可。

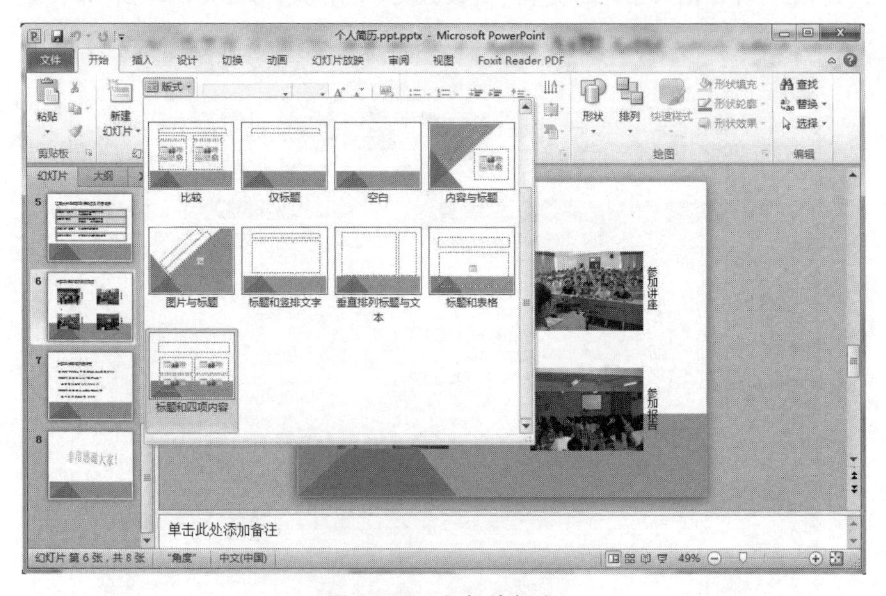

图5.1.27 幻灯片版式

（8）第6张幻灯片与第2张幻灯片的制作方法一样，这里不再重复。

（9）插入第7张幻灯片，将版式设置为“空白”，在幻灯片中需要插入艺术字，单击“插入”选项卡→“艺术字”下拉按钮，在其下拉列表中选择想要的艺术字样式，如图5.1.28所示。然后单击艺术字图标，输入相应文字，如图5.1.29所示。然后再调整艺术字的位置和大小即可。

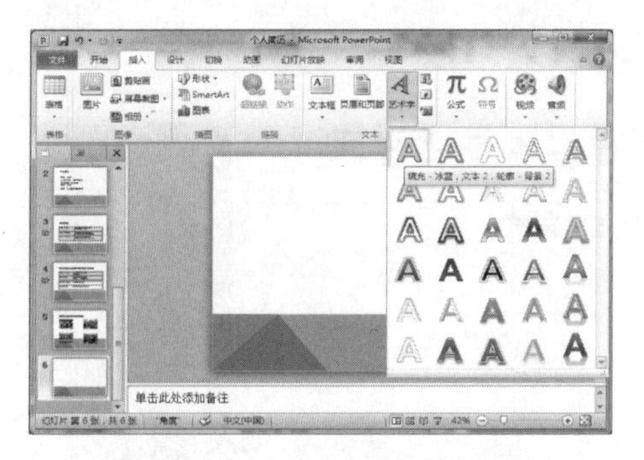

图5.1.28　“艺术字”下拉列表

图5.1.29　编辑“艺术字”文字

（10）制作完成后，保存即可。

任务二　美化演示文稿

任务描述

通过任务一的学习，已经学会了PowerPoint文档的创建与模板设计，插入多种元素设计幻灯片。本任务需要为高速铁路发展做一个宣传幻灯片，继续学习PowerPoint的美化方法。

任务实施

一、使用设计模板调整演示文稿外观

使用PowerPoint 2010自带的一些模板修饰幻灯片，在上一节已经介绍过，这里不再重复。这里介绍如何从网上下载漂亮的PPT模板来制作演示文稿。

（1）在百度中搜索“PPT模板”，进入一个可以下载PPT模板的网站。

（2）找到自己想要的PPT模板，并下载。

（3）打开下载的PPT模板，单击“文件”→“另存为”命令，在打开的对话框中选择位置，输入文件名，单击“保存”按钮即可。

二、母版的运用

在PowerPoint 2010中，幻灯片母版就是一张特殊的幻灯片，在其中可以定义整个演示文稿幻灯片的格式，设置演示文稿的外观。母版分为幻灯片母版、备注母版和讲义母版3种。

1. 幻灯片母版

幻灯片母版中包括5个占位符区域，分别为标题区、对象区、日期区、页脚区和数字区。用户可以编辑这些占位符，以便在幻灯片中输入文本时采用默认格式。

单击“视图”选项卡→“幻灯片母版”按钮，打开“幻灯片母版”选项卡，如图5.2.1所示。

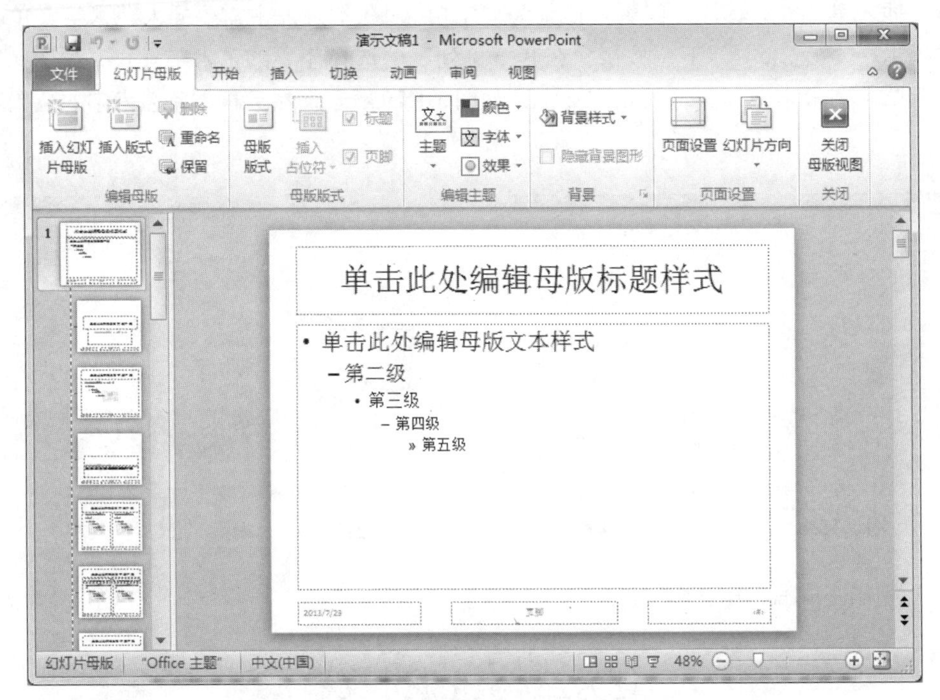

图5.2.1 “幻灯片母版”选项卡

2. 备注母版

PowerPoint 2010为每张幻灯片设置了一个备注页，用于添加备注信息。使用备注母版的具体操作如下：

(1) 单击“视图”选项卡→“备注母版”按钮，打开“备注母版”视图，如图5.2.2所示。

(2) 在幻灯片的备注占位符上右击，从弹出的快捷菜单中选择“编辑文本”命令，即可在占位符中编辑备注内容。

3. 讲义母版

在大型演讲中，为了让观众事先了解此次演讲的大致内容，可以将多张幻灯片中讲义的主要内容打印成讲义稿发给观众。一张讲义母版中可以放两张以上的幻灯片。使用讲义母版的操作步骤如下：

(1) 单击“视图”选项卡→“讲义母版”按钮，打开“讲义母版”视图，如图5.2.3所示。

(2) “讲义母版”视图包括4个可以输入文本的占位符区域，分别为“页眉区”、“页脚区”、“日期区”和“数字区”，通过它们可以设置页眉和页脚的位置、大小及文字等属性。

三、设置幻灯片背景

PowerPoint 2010默认幻灯片的背景颜色为白色，用户可以利用“设置背景格式”对话框设置背景颜色，其操作步骤如下：

(1) 选择要设置背景的幻灯片。

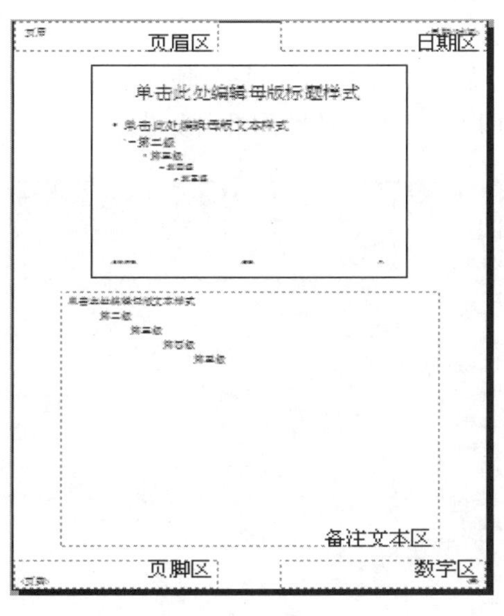

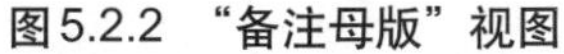
图5.2.2 “备注母版”视图

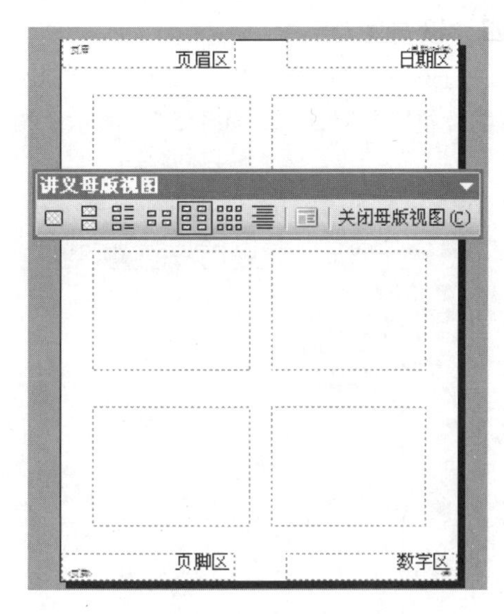

图5.2.3 “讲义母版”视图

（2）单击“设计”选项卡→“背景样式”选项组→“设置背景格式”按钮，或者在幻灯片空白处右击，从弹出的快捷菜单中选择“设置背景格式”命令，打开“设置背景格式”对话框，如图5.2.4所示。

（3）例如，用户可以在“填充”选项中选择“图片或纹理填充”，如图5.2.5所示，然后单击“文件”，在“文件选择”对话框选择想要的图片即可。

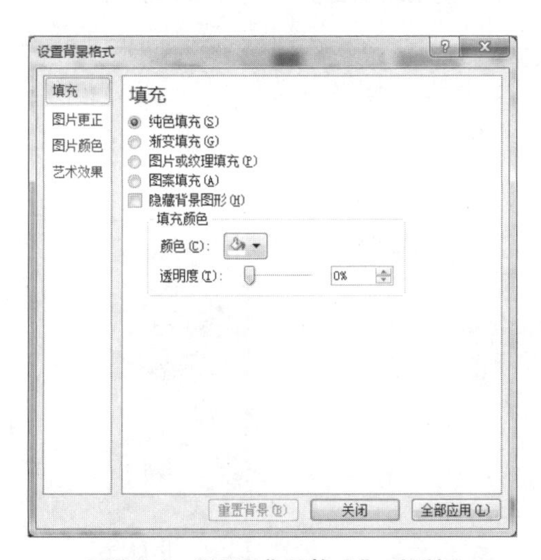

图5.2.4 “设置背景格式”对话框

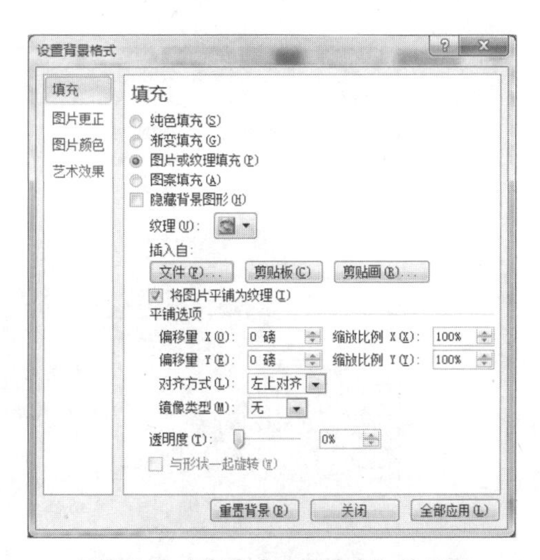

图5.2.5 “图片或纹理填充”的设置

（4）还可以选择其他填充效果，如选择“渐变填充”，可以进行渐变的相关属性设置，如图5.2.6所示。

四、设置图片格式

插入一张图片，在图片上右击，在弹出的快捷菜单中选择“设置图片格式”命令，会弹出“设置图片格式”对话框，如图5.2.7所示。接下来即可进行相应的图片格式设置。

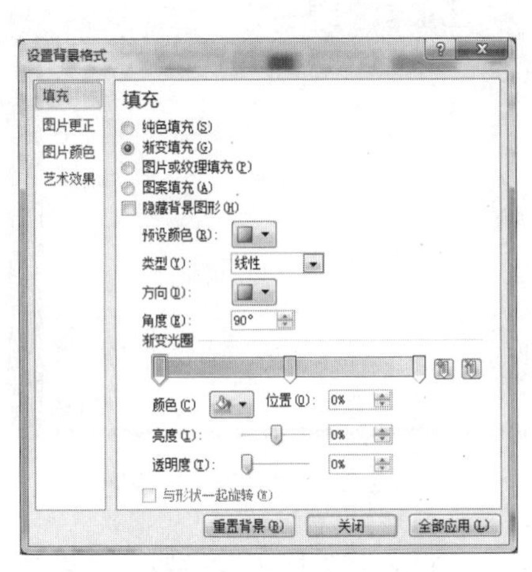

图5.2.6 “渐变填充”的设置

图5.2.7 “设置图片格式”对话框

五、绘制自选图形

与Word 2010一样，在PowerPoint 2010中也可以进行自选图形的绘制。单击“插入”选项卡→“形状”下拉按钮，打开“形状”下拉列表，即可使用绘图工具，如图5.2.8所示。

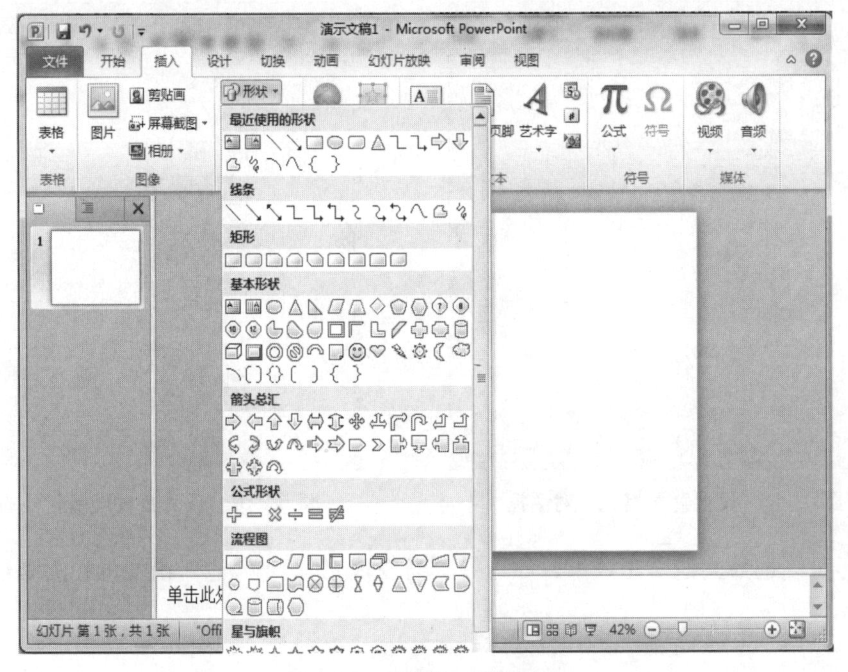

图5.2.8 “形状”下拉列表

六、美化设计原则

每一份优秀的设计作品通常都遵守四大基本原则：对齐原则、重复原则、对比原则、亲密原则。

（1）对比原则：加大不同元素的视觉差异，对比突出内容，利用对比来组织内容引发关注。各元素之间的反差对比可用来组织内容。每张幻灯片上的信息对比会成功地引导读者的视线，因为对立的东西更容易吸引人们的眼球。

对比原则常见的使用方法有字体对比、字号对比、颜色对比、形状对比。

（2）重复原则：重复并不等于千篇一律。重复这一原则并不是说所有内容都要一模一样，在同一组幻灯片中，可以使用不同的背景、字体、色彩以及设置等。

重复元素：任何多次出现在幻灯片上的内容都可称为重复元素。

最简单的重复形式是一贯性，设计一个页面风格一致的演示文稿。可以重复使用相同的字体、字号、特定的颜色、图形的样式，也可以在项目的设置、文本和图形的布局上重复。

在变化中实现统一。如果某个组件在视觉上有很强的感染力，那么通过不同的方式来重复同样可以达到一致性。重复元素越醒目，就能有越大的发挥空间，而在这一过程中仍然能够使幻灯片的风格保持一致。

（3）对齐原则：对齐是指对页面上的各种元素进行整理，从而使页面看起来结构清晰、内容连贯。

对齐使用方法：相关内容对齐，次级标题缩进。

常用对齐方式：左对齐、右对齐、居中对齐。

组织幻灯片的材料时，遵循的最重要的原则就是对齐原则。

在整组幻灯片中，对齐不仅可以使各个单张幻灯片看上去整齐有条理，同时也使整个演示文稿更加整齐有序，因为对齐方式贯穿于全部幻灯片。

（4）亲密原则。将相关的项组织在一起，移动这些项，使它们的物理位置相互靠近。相关的项将被看作一个整体，而不再是一堆彼此无关的项。

幻灯片中的各项是否紧密排列在一起，通常就是在告诉观众它们是否紧密相关。各项之间的间距直观地说明了一切。

任务实作

子任务：“高速铁路发展史”演示文稿的制作

视频

高速铁路发展史

（1）打开素材提供的文件“高速铁路发展史模板”，并将它另存到本地计算机中，文件改名为“高速铁路发展史.pptx”，如图5.2.9所示。

（2）幻灯片的设置。

①选择第1张幻灯片，选中主标题文本框，输入“高速铁路发展史”，选中副标题文本框，输入“制作人：张三”，完成效果如图5.2.10所示，注意及时保存。

图 5.2.9　模板文件打开及改名存储

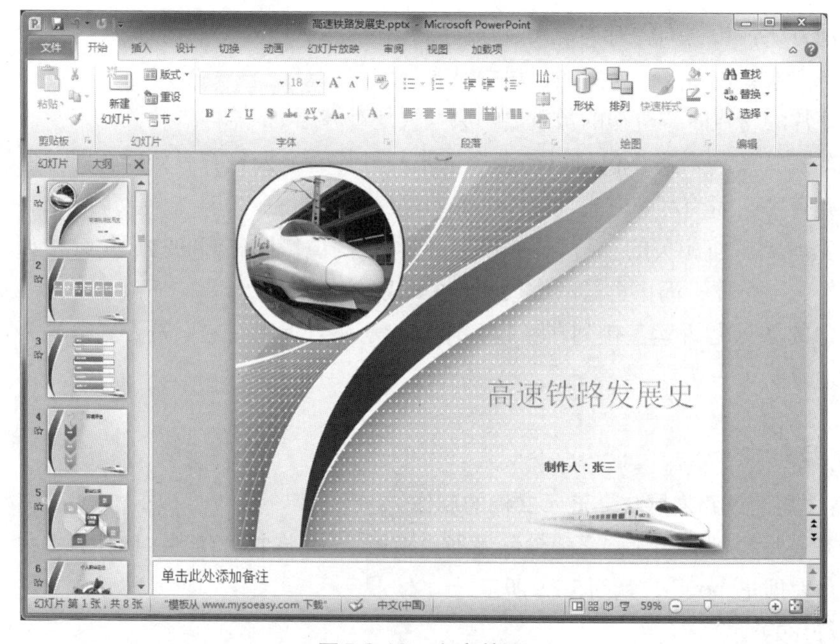

图 5.2.10　文字效果

② 单击“视图”选项卡→“幻灯片母版”按钮，然后选择第二张母版幻灯片，在下方的“行业、单位”文本框中输入“中国高铁网”。完成后单击“关闭母版视图”按钮，退出幻灯片母版视图模式，回到普通视图模式下，然后在标题文本框中输入相应标题即可，具体操作步骤及完成后的效果如图 5.2.11 ~ 图 5.2.13 所示。

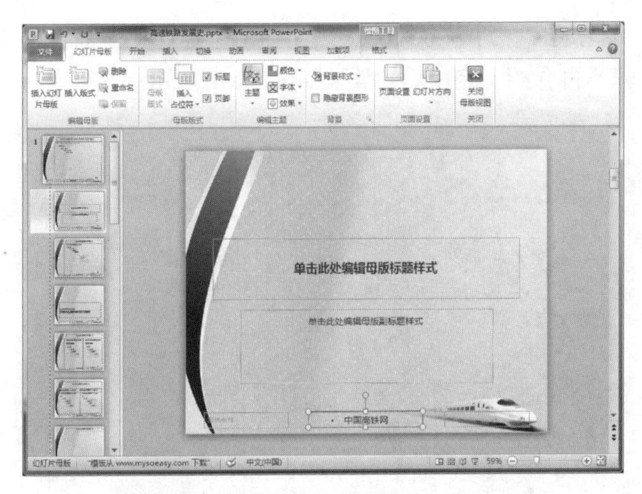

图 5.2.11　在母版视图中修改页脚文本

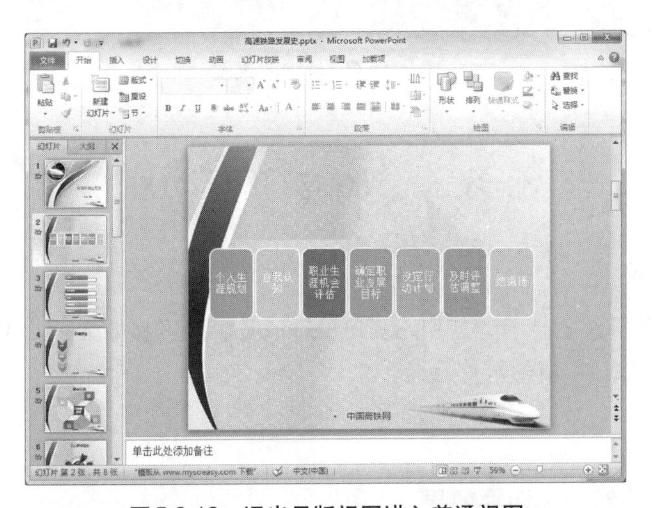

图 5.2.12　退出母版视图进入普通视图

图 5.2.13　完成后的母版效果图

(3) 第一张幻灯片完成后，可以继续完成后面的幻灯片。根据前面的操作方法，可以完成其他幻灯片，具体步骤不再介绍，完成后的效果如图5.2.14所示。

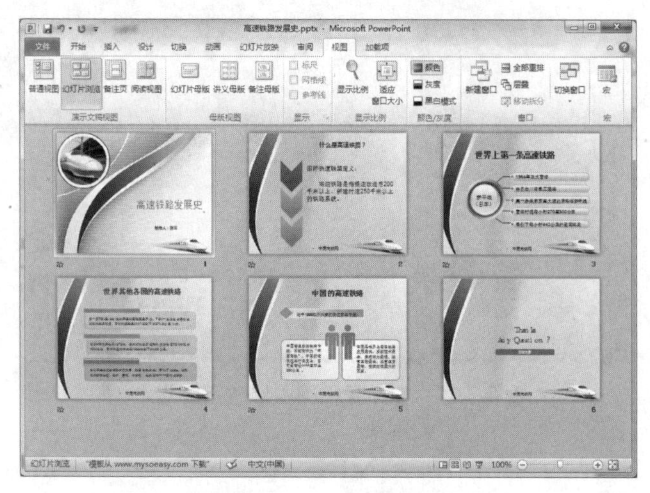

图5.2.14　最终效果图

任务三　放映与打印幻灯片

任务描述

通过任务二的学习，学会了幻灯片的美化设计以及各种素材的插入，本任务主要学习幻灯片的动画设计以及放映，丰富幻灯片元素。

任务实施

一、设置基本的幻灯片切换效果

幻灯片切换设计指的是每张幻灯片放映之间的切换方式的设置。切换效果是添加在幻灯片之间的一种特殊效果，在演示文稿放映过程中，切换效果可以使幻灯片的切换带有动画的切换色彩。为幻灯片添加切换效果的操作步骤如下：

(1) 选择要设置切换效果的幻灯片，单击“切换”选项卡→“切换到此幻灯片”选项组→“其他”按钮，打开图5.3.1所示的列表框。

(2) 选择一种幻灯片切换效果即可。

二、在幻灯片中添加多媒体对象

在幻灯片中添加多媒体对象主要指在幻灯片中插入声音和影片，这里不再重复。

三、创建动画效果

切换效果是应用于幻灯片之间的，而动画效果则是应用于幻灯片上的效果。使用PowerPoint 2010自带的动画方案进行动画设置的操作步骤如下：

(1) 在“大纲视图”或“幻灯片视图”模式下，选择要添加动画效果的幻灯片。

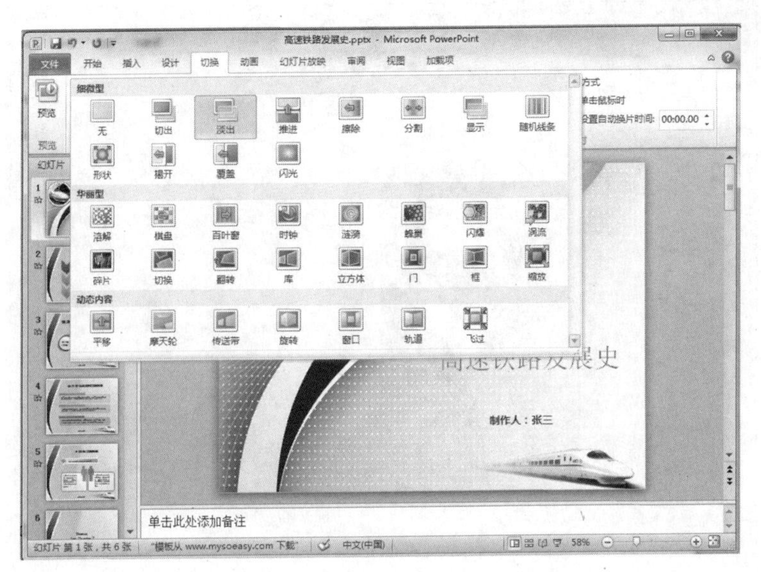

图5.3.1 “切换到此幻灯片”列表框

（2）选择幻灯片中想要设置动画的元素，如文本、图片等，然后单击“动画”选项卡→“动画”选项组→“其他”按钮，打开“动画”下拉列表，如图5.3.2所示。

（3）选择一种动画效果即可。

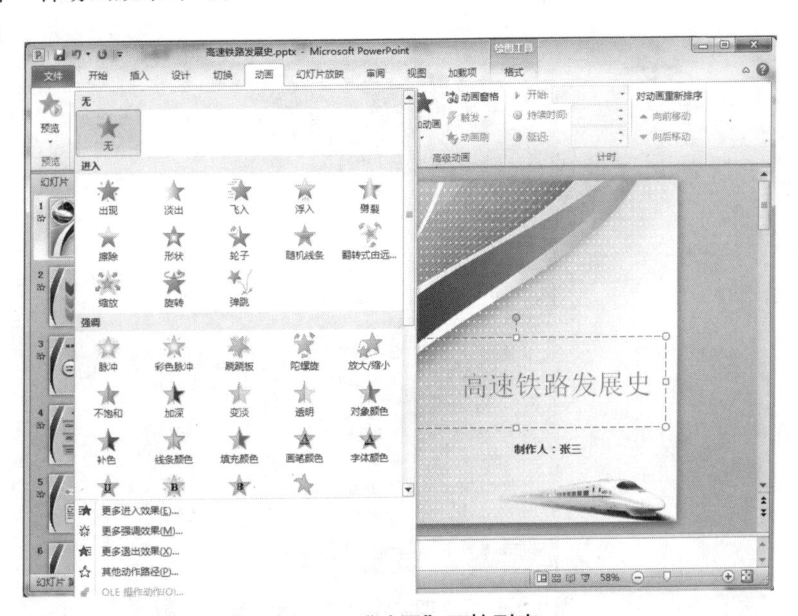

图5.3.2 “动画”下拉列表

也可以使用添加自定义动画，操作步骤如下：

（1）选择想要设置动画的对象。

（2）单击“动画”选项卡→“添加动画”下拉按钮，打开其下拉列表，如图5.3.3所示。

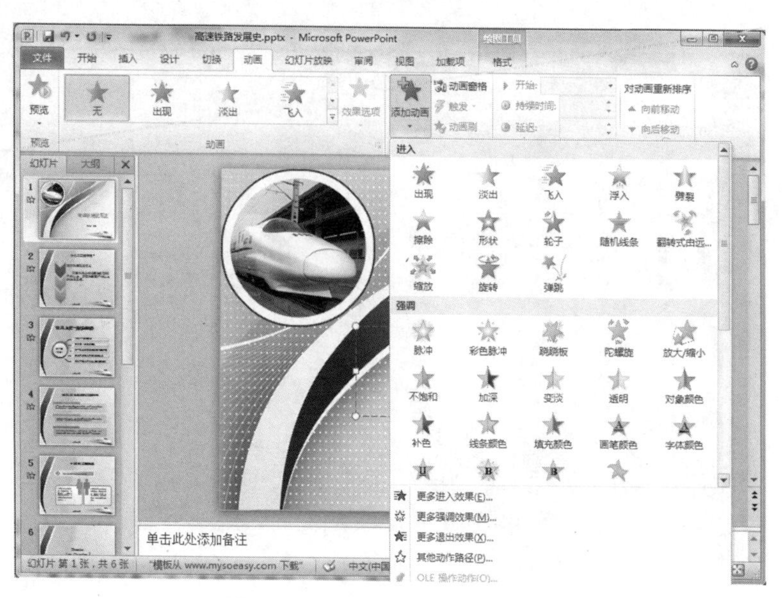

图5.3.3 “添加动画”下拉列表

（3）在“添加动画”下拉列表中选择选择合适的动画即可。

（4）也可以选择其他方式的动画。例如，可以选择设置“更多进入效果”、“更多强调效果”、“更多退出效果”及“其他动作路径”动画，例如，单击“其他动作路径”按钮，打开图5.3.4所示的对话框。

图5.3.4 “添加动作路径”对话框

四、设置放映方式

在PowerPoint 2010中，依据工作性质的不同，允许用户使用3种不同的方式放映幻灯片。为演示文稿选择放映方式的操作步骤如下：

（1）单击“幻灯片放映”选项卡→“设置幻灯片放映”按钮，如图5.3.5所示。

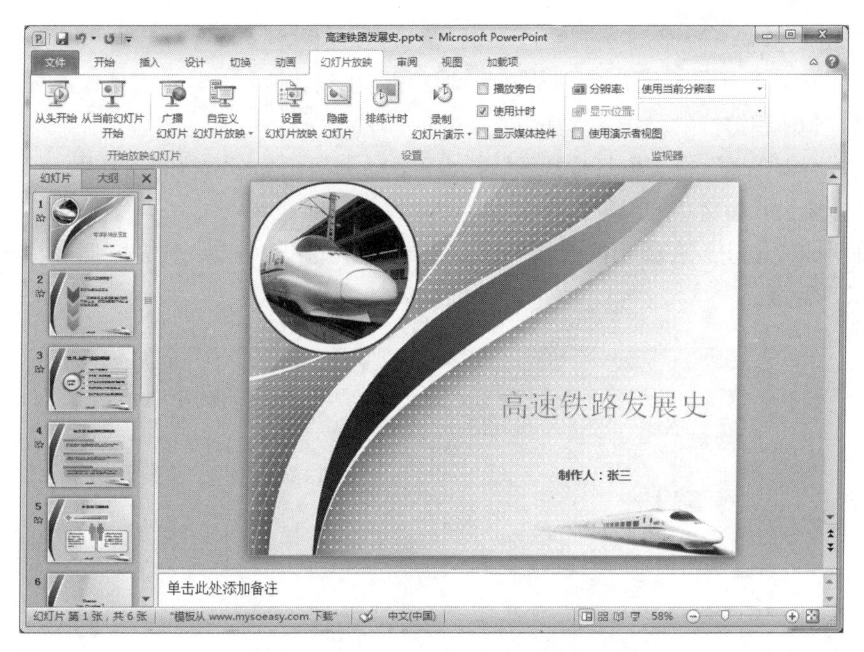

图5.3.5　单击“设置幻灯片放映”按钮

（2）打开“设置放映方式”对话框的“放映类型”选项组中显出了PowerPoint中放映幻灯片的3种不同的放映方式，可根据需要进行选择。

五、创建交互式演示文稿

在PowerPoint 2010中，可以利用超链接和动作按钮制作交互式演示文稿。如何制作超链接，在下一小节中会专门介绍到。下面介绍如何制作动作按钮效果，操作步骤如下：

（1）在“大纲视图”或“幻灯片视图”模式下，选择要添加动作按钮的幻灯片。

（2）选择需要制作动作的元素，再单击“插入”选项卡→“动作”按钮，打开图5.3.6所示的对话框。

（3）插入合适的动作即可。

图5.3.6　“动作设置”对话框

六、编辑超链接

在PowerPoint 2010中，可以实现从一张幻灯片链接到其他幻灯片、文件或网页的功能，这就是超链接。制作超链接的操作步骤如下：

（1）在“大纲视图”或“幻灯片视图”模式下，选择要添加超链接的幻灯片。

（2）选择要设置超链接的对象，如文本、图片等。

（3）在对象上右击，在弹出的快捷菜单中选择“超链接”命令，打开“插入超链接”对话框，如图5.3.7所示。

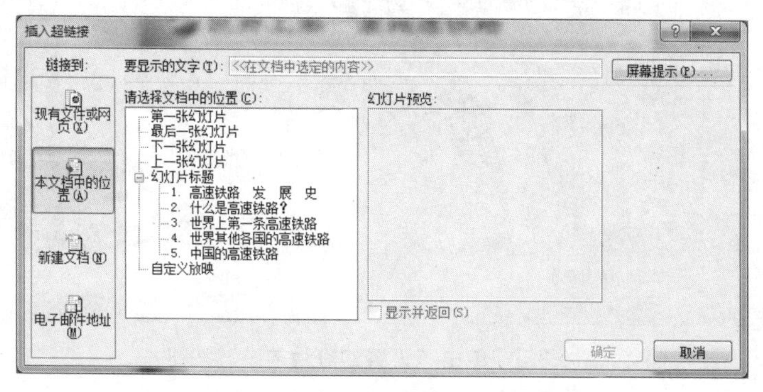

图5.3.7 “插入超链接”对话框

（4）选择“本文档中的位置”选项，即可实现在本文档中从一张幻灯片链接到另一张幻灯片。

（5）也可以选择链接到“现有文件或网页”、“新建文档”或“电子邮件地址”。

七、打印演示文稿

演示文稿制作完成后，不仅可以在屏幕上演示，还可以把它打印在纸上送给其他人阅读，也可以将幻灯片制作成35 mm胶片，在放映机上放映。打印演示文稿的操作步骤如下：

1. 设置打印页面的格式

打开进行页面设置的演示文稿，单击“设计”选项卡→“页面设置”按钮，打开图5.3.8所示的“页面设置”对话框。在这个对话框中，可以设置幻灯片的大小、幻灯片编号的起始值以及幻灯片方向。

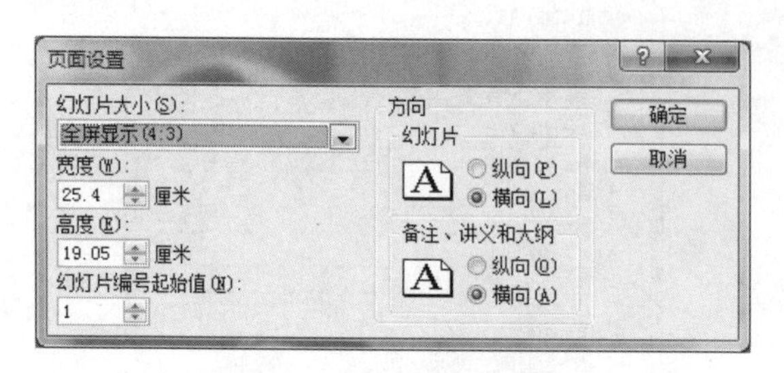

图5.3.8 “页面设置”对话框

2. 打印预览

如果要预览打印效果，单击“文件”→“打印”命令即可，如图5.3.9所示。

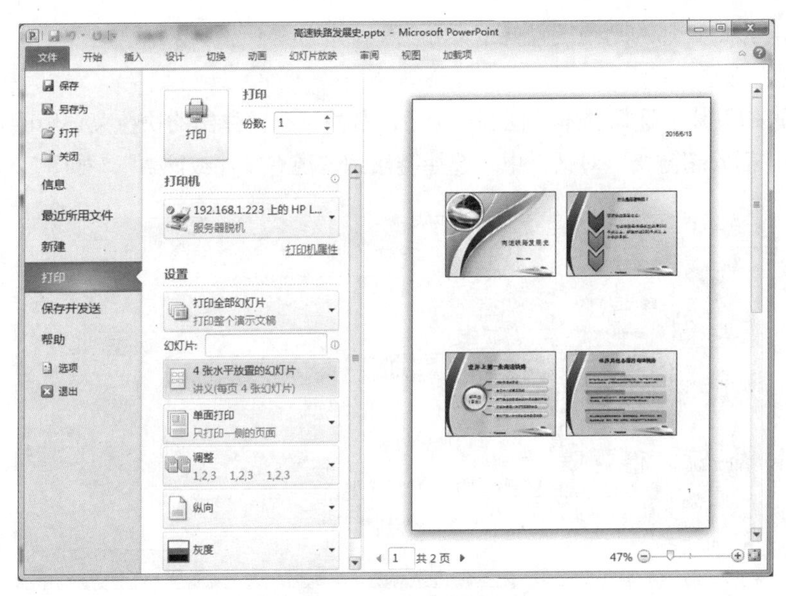

图5.3.9　打印界面

任务实作

1. 幻灯片切换的设置

打开“高速铁路发展史.pptx”，单击“切换”选项卡→“切换到此幻灯片”选项组→“其他”按钮，分别对每一张幻灯片进行幻灯片切换的设置。

视频

高铁发展史动画设计

2. 幻灯片动画的设置

对“高速铁路发展史.pptx”中每一张幻灯片中的对象进行“幻灯片动画”的设置，如图5.3.10所示。

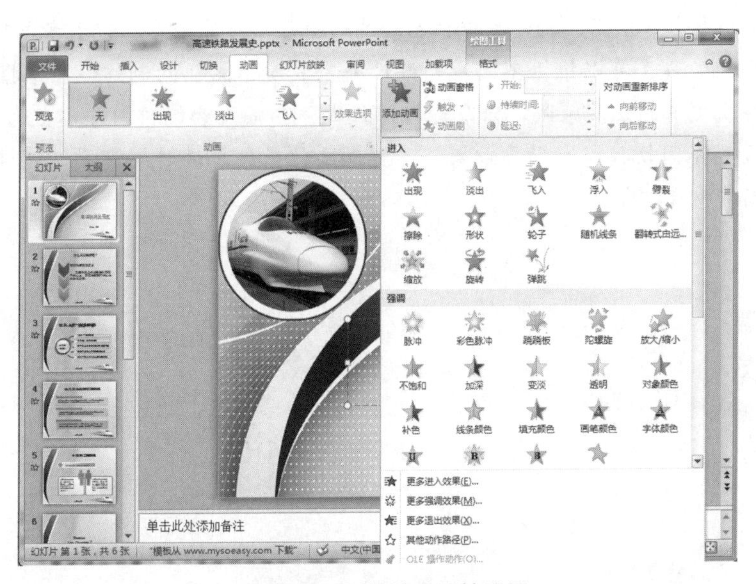

图5.3.10　幻灯片动画的设置

具体其他各张幻灯片的动画设置就不再介绍。

3. 超链接的设置

选择第4张幻灯片，选择文本“法国TGV”，右击，选择弹出的快捷菜单中的“超链接”命令，在打开的“插入超链接”对话框中，选择链接到“现有文件或网页”，如图5.3.11所示。

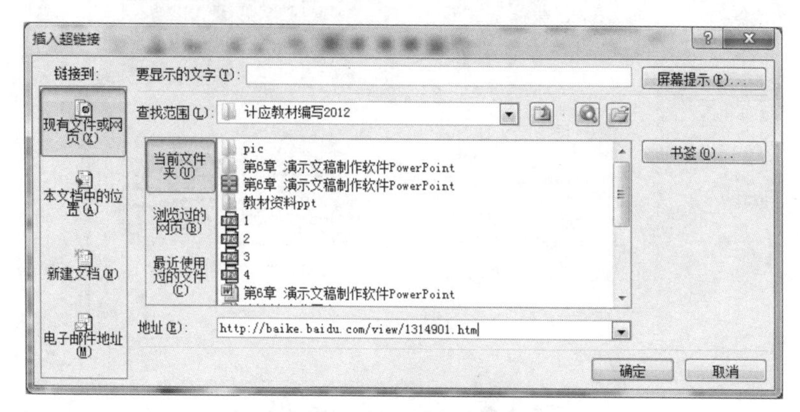

图5.3.11 超链接的设置

然后在地址框内输入：http://baike.baidu.com/view/1314901.htm即可。同样的方式，可以分别制作：

（1）将“德国ICE”链接到：http://baike.baidu.com/view/1314896.htm。

（2）将“美国Acela”链接到：http://baike.baidu.com/view/5243116.htm。

项 目 小 结

本项目介绍了PowerPoint文档的基本操作，PowerPoint 2010工作界面以及菜单与工作栏的使用，版式与模板的概念和应用，幻灯片中插入和编辑图片、自选图形、艺术字等对象。

通过本项目的学习，可以根据不同主题设计并完成演示文稿的制作；应掌握PowerPoint文档的创建和保存，文本的正确录入，修改幻灯片版式，会插入和编辑图片、自选图形、艺术字；可以根据需要设置不同切换以及动画效果，了解动画效果设计的时间设置，能够自主设计并完成演示文稿的制作以及打印。

第三部分 程序设计基础

本部分主要介绍程序设计的基础知识，指导学生掌握基本的程序设计理念及设计思路与方法。

项目六　程序设计基础

学习目标：

知识目标	技能目标	职业素养
• 了解程序设计的基本概念，掌握 Visual C++6.0 开发环境，理解程序设计的顺序结构	• 掌握程序的概念和基本原理 • 掌握在 Visual C++ 6.0 开发环境下如何编辑、编译、连接、执行、修改和调试 C 语言程序 • 初步了解程序设计的结构	• 自主学习能力 • 团队协作能力

重点：理解程序，编辑、编译、连接、执行、修改和调试C语言程序。

难点：程序设计结构。

建议学时：8个课时。

扫二维码，观看相关资料及视频，并完成以下选择题：

1. 4 GB=（　　）KB。

A. 1 024　　B. 1 000

C. 其他　　D. 1 048 576

2. IBM公司研制的DEEP BLUE超级计算机在一场“人机大战”中打败了国际象棋大师卡斯帕罗夫。这标志着（　　）

A. 海量存储和快速检索　　B. 计算机和人类一样聪明

C. 人类在未来将无法超越计算机　　D. 人工智能已经实现

3. 用16位二进制补码表示一个有符号数，其对应的最小十进制数为（　　）。

A. −32767　　　　B. 0

C. −65536　　　　D. −32768

4. 对于程序的说法，以下说法合适的是（　　）。

A. 程序是由一些基本的程序单元组成的，而且每个单元一定是不可再分的

B. 程序的结构只有一种，那就是顺序结构

C. 程序是顺序运行的，改变程序中任意步骤的位置可能产生极大的风险

D. 通用计算机在没有任何程序的情况下也能运行

5. 输入两个分数的分子和分母，求和，有以下步骤：

① 输入第一个数字的分母

② 输入第一个数字的分子

③ 输入第二个数字的分母

④ 输入第二个数字的分子

⑤ 通分

⑥ 求和

⑦ 约分

以下说法错误的是（　　）。

A. 语法上步骤⑤到步骤⑦也可以交换次序，但是在语义上会使执行的结果大相径庭

B. 之所以只能逐个地输入分子和分母，也是因为键盘输入的限制，以及输入后没有默认的识别程序

C. 逻辑上步骤⑤到步骤⑦也可以交换次序，并不会引起计算的错误

D. 逻辑上步骤①到步骤④可以交换次序，但是会引起用户的混淆

6. 软件的组成包括以下（　　）部分。

A. 可执行文件　　　　B. 文档

C. 界面　　　　D. 程序

任务一　初识程序

任务描述

有的计算机有屏幕，有的计算机根本就没有屏幕，有的计算机是用触摸屏来操作的，有的计算机用键盘鼠标来操作，所有这些计算机的背后，其实都有程序在默默地驱动着计算机的运行。计算机的无所不在，也就意味着程序的无所不在。

任务实施

一、程序、程序设计与程序设计语言

1. 程序

程序并非计算机的专利，日常行为都有一定程序的痕迹，比如炒菜的过程：是否要预处理，

何时放油，油量多少，何时放盐，盐量多少，何时放佐料，何时出锅，都有一定的规则和顺序，可见日常生活中的程序都要遵循以下特点：由最基本的步骤组成，按照一定的规则组合（程）并且按照一定的次序组合（序）。

计算机的每一个操作都是根据人们事先编写的指令进行的，每一条指令执行一个或者一些特定的操作。计算机程序，是由一组计算机能够识别和执行的指令构成的，用计算机执行程序的过程就是“自动地”执行各条指令的过程。计算机包括系统软件和应用软件两部分。系统软件一般由计算机生产厂家提供，是为方便维修计算机而编制的程序的总称。应用软件一般是指用户在各自的应用领域中，为解决各类实际问题而编制的程序。

2. 程序设计

计算机的一切操作都是由程序来控制的。计算机的本质是程序控制的机器，只有懂得程序设计，才能真正使用好计算机这一工具。

计算机作为一个工具，主要用来解决人类所面临的各种问题。只有最终在计算机上能够运行良好的程序才能为人们解决特定的实际问题，因此，程序设计的过程就是利用计算机求解问题的过程。

程序设计是设计、编制和调试程序的过程，包括分析、设计、编码、测试、排错等不同阶段。由于软件的质量主要是通过程序的质量来体现的，程序设计在软件研究中的地位就显得非常重要。

3. 程序设计语言

程序设计是一个过程，最终需要借助程序设计语言来描述解决问题和计算机交流信息，也要解决语言问题。程序设计语言是为了方便描述计算过程而人为设计的符号语言，是人与计算机进行信息交流的语言工具。

二、与计算机对话

目前的人工智能水平还只能做到程序员主动学习计算机的语言，计算机并不能主动理解人类的语言。在冯·诺依曼架构中规定了计算机采用二进制进行存储和运算，换句话说，计算机只知道0和1。我们把计算机能直接读懂和执行的语言称为机器语言，而用机器语言编写的一组机器指令的集合称为机器代码，简称机器码。机器码不仅写起来难，读起来难，一旦有了错误，修改起来就更难。而人类习惯的则是自然语言，比如启动、坐下等。要跨越这个鸿沟，让计算机能够按照人所希望的方式工作，听命于人，就需要在两者之间架设一座桥梁，既能准确表达问题的求解步骤，同时还能被计算机接受，这种表达方式即是程序设计语言。

计算机编程语言的发展经历了以下几个阶段：

1. 第一代程序设计语言——机器语言

最初的计算机编程语言是机器语言。一组机器指令就是程序，称为机器语言程序。计算机可以理解并执行的命令即为指令。每种计算机都有自己的指令集合。计算机能够执行的全部指令集合构成计算机的指令系统。每条指令都是由0、1二进制代码组成的。机器语言程序是0、1二进制代码的集合。不同类型计算机的指令系统都是不同的，比如同样计算1+1，在个人计算机和智能手机上的机器指令是不同的。

机器语言是低级语言，是面向机器的语言。用机器语言编写的程序相当烦琐，程序产生率很低，质量难以保证，并且程序不能通用。另外，用机器语言编写程序相当麻烦，易出错，程序难以检查和调试。

2. 第二代程序设计语言——汇编语言

20世纪50年代出现了汇编语言，它使用助记符表示每条机器指令。用指令助记符及地址符号书写的指令称为汇编指令，而用汇编指令编写的程序称为汇编语言程序。例如，在8086 CPU的指令系统中，用MOV表示数据传送，ADD表示加，DEC表示将数据减1，可以使用十进制数和十六进制数。需要指出的是，计算机不能直接识别用汇编语言编写的程序，必须由一种专门的翻译程序将汇编语言程序翻译成机器语言程序，计算机才能识别和执行。这种翻译的过程称为汇编，负责翻译的程序称为汇编程序。汇编语言与硬件密切相关，因此汇编程序也不能通用。

3. 第三代程序设计语言——高级语言

虽然汇编语言相对于机器语言有很大改进，但依然对硬件的依赖性较强，缺乏可一致性，可维护性较差，难以调试，开发效率很低，人们更希望能设计出接近人类自然语言的计算机语言，并且希望用这种语言编写的程序不依赖于硬件，能在所有的计算机上执行，这就是高级语言。与机器语言和汇编语言相比，高级语言接近自然语言，可读性、易维护性和可移植性具有巨大的优势。高级语言并非特指某种具体的语言，而是包括很多。从1954年约翰·巴恩斯研究出第一个高级语言FORTRAN以来，高级语言已超过2 000种，比较流行的有C、Java、C++、C#、Python。

虽然高级语言更容易编写，但一般高级语言难以实现汇编语言的某些功能。例如直接对硬件及接口进行操作。人们设想能否找到一种既有高级语言特性又具有低级语言特性的语言，C语言在这种情况下应运而生。C语言是在1972年由美国贝尔实验室的Dennis M. Ritchie设计发明的，之后C语言先后被移植到大中小型计算机平台上。很多重量级软件都是用C语言编写的，从C++到Java再到C#，很多语言都借鉴了C语言的思想和语法。

所以这门课程的后半部分，我们选择C语言作为教学语言。

4. 第四代程序设计语言——非过程式语言

20世纪80年代初，随着数据库技术和微型计算机的发展，出现了面向问题的非过程式程序设计语言，即第四代程序设计语言。利用第四代语言工具开发软件只需考虑“做什么”而不必考虑“如何做”，不涉及太多的算法细节，编程效率大大提高。迄今为止，使用最广泛的第四代语言是数据库查询语言，如Oracle、Sybase等都包含有第四代语言成分。

5. 第五代程序设计语言——智能型语言

第五代计算机语言是智能型的计算机语言。这代程序设计语言力求摆脱传统语言的状态转换语义模式，以适应现代计算机系统知识化、智能化的发展趋势，主要用于人工智能的研究。其代表语言是LISP语言和 PROLOGE语言。LISP语言属于函数型语言，以 λ 演算为基础。PROLOGE语言属于逻辑型语言，以形式逻辑和谓词演算为基础。

未来，第四代和第五代语言会有很大发展，但目前很不成熟，还有很多问题。目前常用的程序设计语言仍然是第三代高级语言。同时，由于汇编语言运行效率较高，所以在实时控制、实时检测等领域的应用软件中仍然使用汇编语言程序。

任务二　认识 Visual C++ 6.0

任务描述

Visual C++是一个功能强大的可视化软件开发工具。自1993年，微软公司（Microsoft）推出Visual C++ 1.0后，随着其新版本的不断问世，Visual C++已成为专业程序员进行软件开发的首选工具。

Visual C++为用户开发C程序提供了一个集成环境，这个集成环境包括源程序的输入和编辑、源程序的编译和连接、程序运行时的调试和跟踪、项目的自动管理，为程序的开发提供各种工具，并具有窗口管理和联机帮助等功能。本任务将使用开发C语言程序的利器Visual C++ 6.0来开发第一个C语言程序。

任务实施

一、Visual C++ 6.0 开发环境界面

Visual C++ 6.0界面由标题栏、菜单栏、工具栏、项目工作区窗口、文档窗口、输出窗口以及状态栏等组成，如图6.2.1所示。

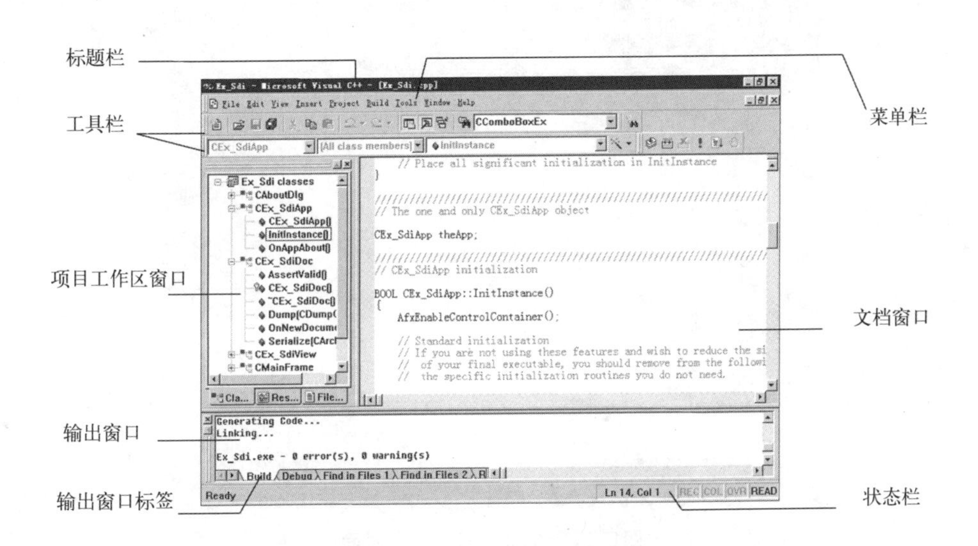

图6.2.1　Visual C++ 6.0开发界面

二、编写第一个程序

（1）启动计算机，进入窗口环境操作界面。

（2）单击“开始”→“所有程序”→“Microsoft Visual Studio 6.0”→“Microsoft Visual C++ 6.0”命令，启动Visual C++ 6.0集成开发环境。

（3）单击“文件”（File）→“新建”（New）命令，在“新建”对话框中，选择“文件”选项卡，再选择“C++ Source File”类型，按图6.2.2所示操作后单击对话框中的“确定”按钮。

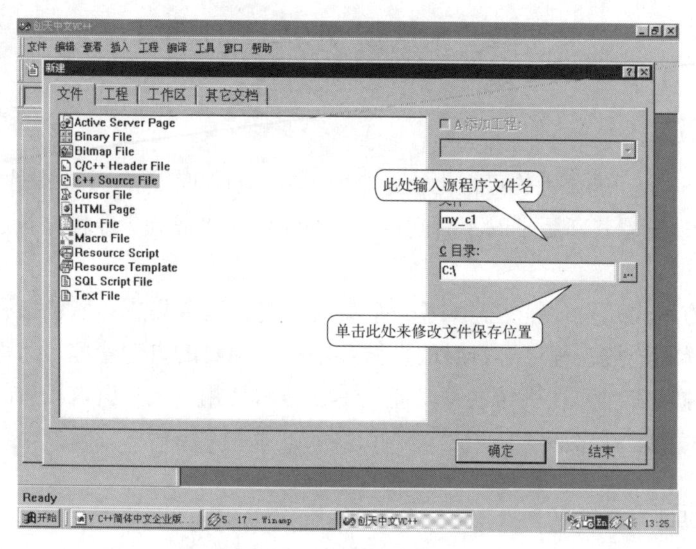

图6.2.2 “文件”选项卡

(4) 接着就会出现图6.2.3所示的Visual C++ 6.0界面。

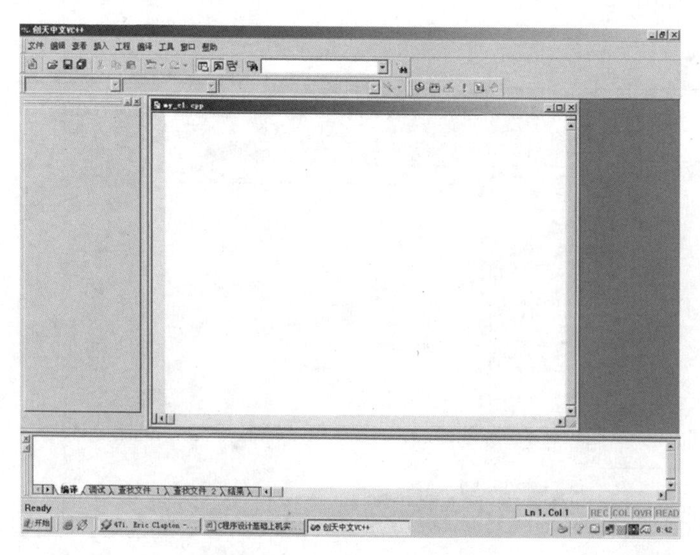

图6.2.3 Visual C++ 6.0界面

(5) 在编辑窗口中，输入如下内容：

```
#include "stdio.h"
main()
{
   printf("Hello!这是我的First C程序.\n");
}
```

(6) 单击“编译”→“编译my_c1.cpp”命令，并在出现的对话框中单击“是(Y)”按钮，结果如图6.2.4所示。

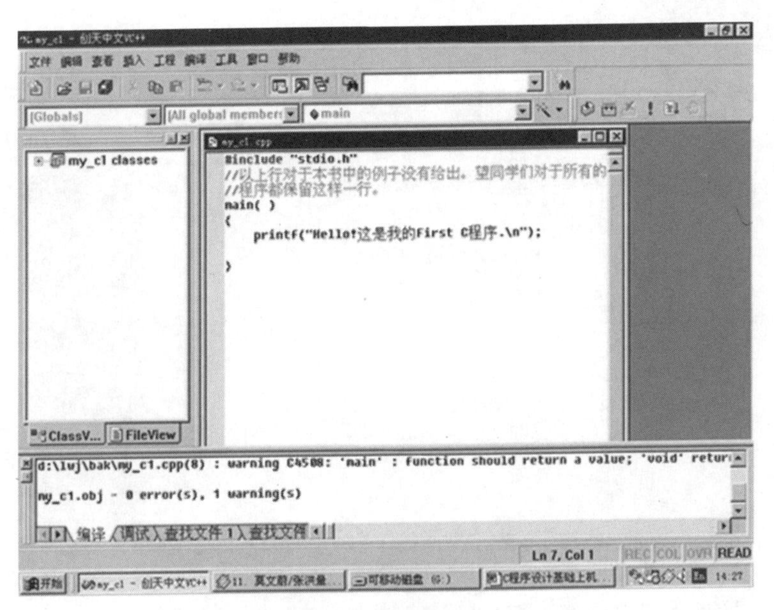

图6.2.4　编译结果

（7）单击“编译”→“构建my_c1.exe”命令，构建可执行程序my_c1.exe，再单击“编译”→“！执行my_c1.exe”按钮，在出现的对话框中单击“是（Y）”按钮，结果如图6.2.5所示。

图6.2.5　运行结果窗口

图中的黑色窗口为运行结果窗口，按任意键就可返回编辑界面。

（8）修改上述程序，去掉printf行括号中左边的双引号，重复（6），可以看到运行结果如图6.2.6所示。其中的编译信息窗显示：

```
my_c1.obj - 16 error(s), 1 warning(s)
```

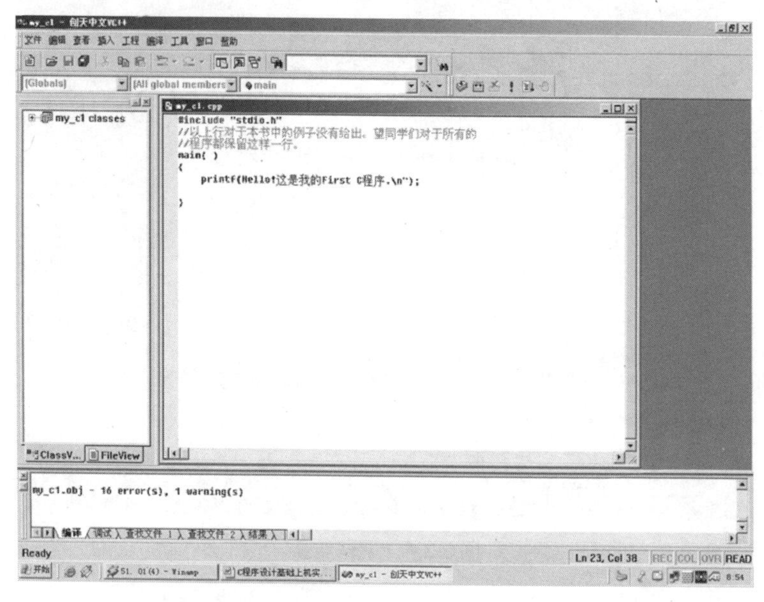

图6.2.6　编译结果

可以看到，由于一个双引号的漏写，导致出现16个语法错误，而实际上的错误只有一个，这是C编译器的特点，当它遇到错误时，会做出一些判断或推测，有时这种推测判断正确，有时也会错误。了解这一特点后，上机时，先修改第一个错误，每修改一个错误后立即重新编译，这样可以快速减少错误的数目。操作方法：单击滚动条上的滑块，查看第一条错误信息，并双击第一个错误信息，如图6.2.7所示。

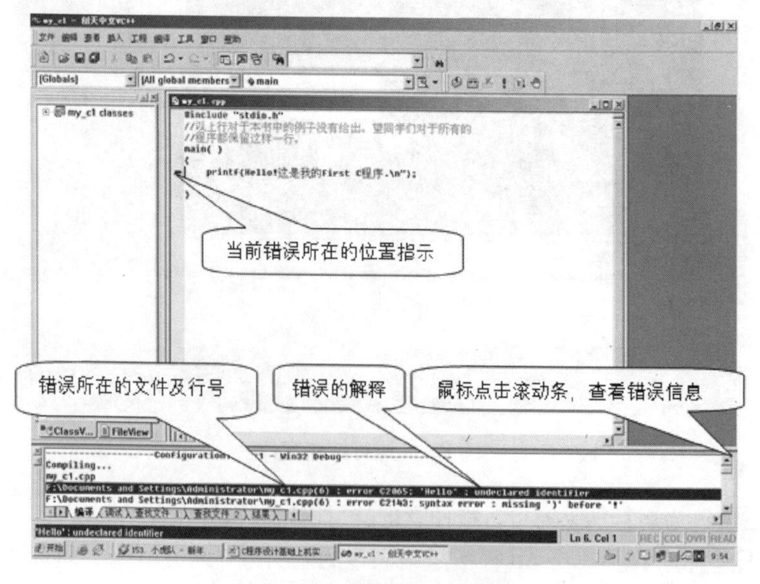

图6.2.7　查看并修改错误

可以看到，C编译器将Hello理解为了标识符，而前面又没有对Hello的说明，所以认为它是未声明的标识符（undeclared identifier），这个错误在初学者的程序中非常多见。加上双引号再重新编译，可恢复为无错误。

（9）修改上述程序，在#include "stdio.h"这一行的最左边加两个“/”，即使这一行成为注释（显示为绿色），重复（6），可以看到图6.2.8所示的错误。

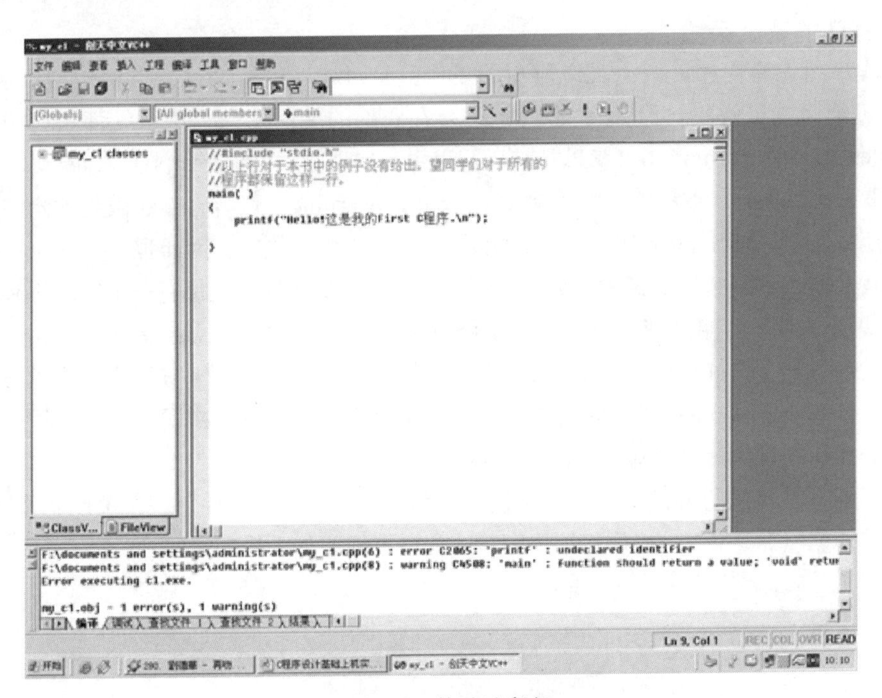

图6.2.8　修改注释行

图中出现的错误说明不难理解，C编译器说printf是未声明的标识符。原因是printf不是C语言的基本部分，它是定义在“stdio.h”中的，这也就是为什么要在程序前部加#include "stdio.h"的原因。

思考： 请先单击“文件”→“关闭工作区”命令，再按上面的步骤（3）~（5）的操作将编辑窗口的程序更换为如下程序文本：（依次引入下述错误，每引入一个错误，就对程序进行编译，记录编译器产生的错误信息，写在报告中。）

```
/* 变量使用相关的语法问题 */
#include "stdio.h"
void main()
{
   int a=1,b=2,c=3;
   printf("Some output: %d %d %d\n",a,b,c,c);
}
```

① 把第5行变量声明语句的第一个逗号改为分号。

② 把第6行printf()改为print()。

③ 去掉第6行中的第2个双引号。

④ 把第6行中a, b, c, c改为a, b, c。

⑤ 去掉printf语句末尾的分号。

⑥ 去掉用于结束的花括号。

注意：在引入每一个错误并编译后，开始引入下一个错误前先改正上一错误。

三、程序的调试手段

作为程序员编写程序，一个难以避免的工作就是对程序进行调试。调试包括语法方面的，这一般通过编译就可解决，比如在图6.2.4中，在底部的编译信息窗中，编译报告中说：my_c1.obj - 0 error(s), 1 warning(s)，意思是编译过程中没发现错误（0 error(s)），但有一个不合规范的使用（1 warning(s)）。编程序最好达到 0 error和0 warning，但有时无法做到如此完美，只要达到 0 error即可。若不能做到0 error，将不能产生机器语言程序，因而也就无法执行程序。所以在调试程序时，必须是做到经编译后0 error。编译器对发现的错误都有一个比较正确的修改意见，按意见修改后一般即可消除错误，只是修改意见是英文的，调试者需有一定的专业词汇或者经过一定时间与Visual C++ 6.0的接触，即可理解；另一类就是逻辑方面的，这类错误的消除相对麻烦。Visual C++ 6.0提供了非常丰富的调试手段帮助用户分析错误，前提是程序已经没有语法错误，也就是说编译已经通过（0 error(s)）。

下面了解一些常用的调试手段，为了便于说明，请先单击“文件”→“关闭工作区”命令，再按上面的步骤（3）~（5）操作将编辑窗口的程序更换为如下程序文本：

```
#include "stdio.h"
int main()
 {
  float i;
  float sum;
  sum=1.0;
  i=2.0;
  while(i<=100)
    {
      sum+=1/i;
      i=i+2;
    }
   printf("sum=%f\n",sum);
  }
```

以上程序说明：

① #include "stdio.h" 告诉编译器包含stdio.h文件中的全部信息。#include是C语言的一个预处理命令，stdio.h文件中包含标准输入／输出函数的信息供编译器使用。

② int main()，int表示函数的返回值类型是整型，main是函数名，圆括号表示main()是一个函数，C语言的任何程序都是从main()函数开始执行的。

③ { }左右花括号分别表示函数的开始和结束。

④ float i;是一个声明语句，float表示参数类型为浮点型，i为一个变量，分号表示函数语句的结束。

⑤ sum=1.0;为赋值语句，表示把1.0赋值给sum。

⑥ while子句，循环语句，后面会学到。

⑦ printf("sum=%f\n", sum);函数调用语句，表示调用printf()函数进行输出，%f是一个占位符用于输出变量n代表的内容，\n是一个转意字符相当于回车键另起一行，最后的n为占位符%f所代表的变量。

1. 打开调试器

首先定位光标到main()函数的函数首部所在行，单击“编译”→“开始调试”→“Run to cursor”命令，出现图6.2.9所示的界面。

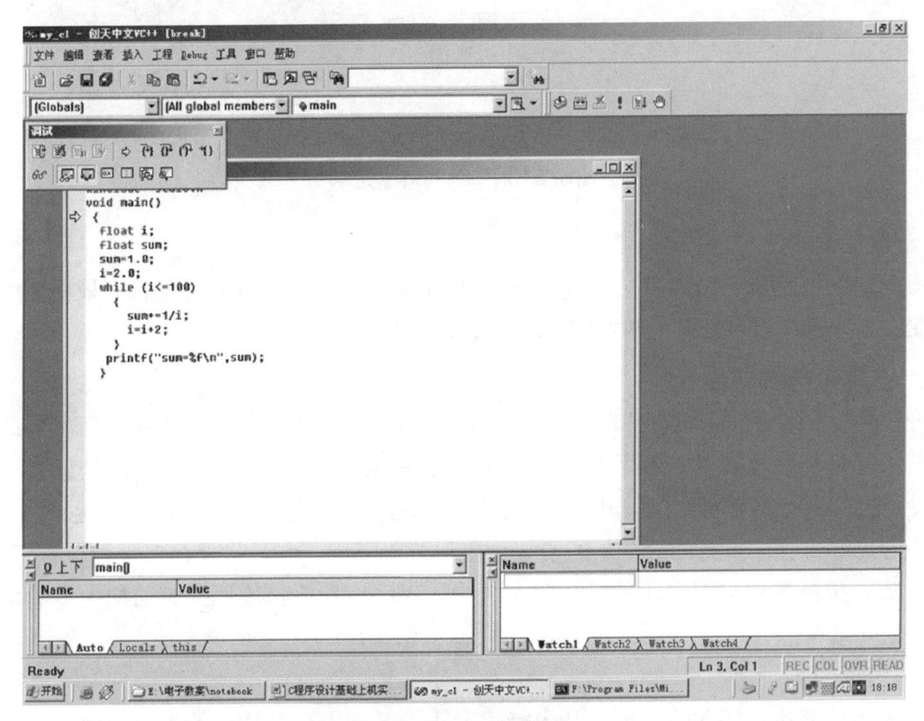

图6.2.9　调试界面

在该界面中，“Debug”菜单取代了“编译”菜单。“Debug”菜单的主要子菜单如图6.2.10所示。

Go：连续执行程序。

Restart：不管程序运行到何处，重新从头开始执行程序。

Stop Debugging：停止调试器。

Step Into：单步进入语句内执行，如函数调用、复合语句内等。

Step Over：单步越过语句执行，即一步执行完函数调用或复合语句。

Step Out：单步从语句的执行中跳出。如从函数内跳出或从复合语句中跳出。

Run to Cursor：程序一次执行到光标所在位置暂停。

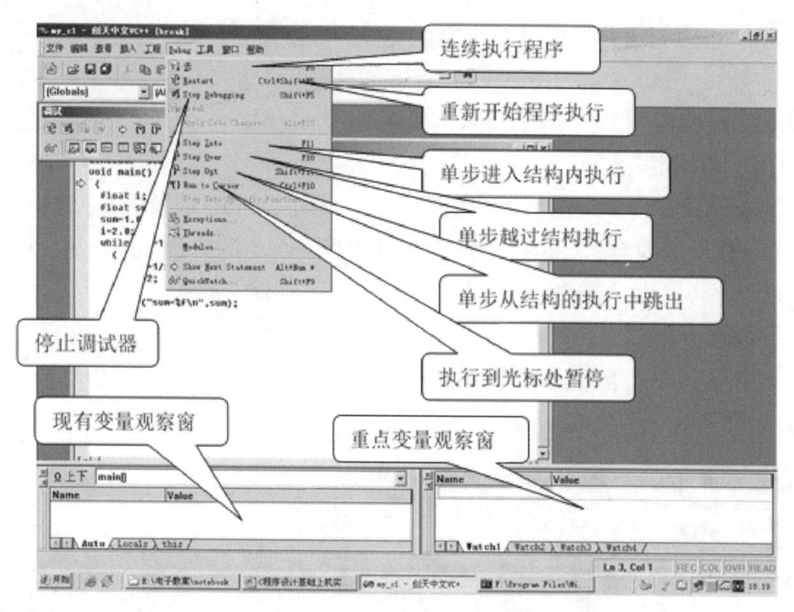

图6.2.10 “Debug”菜单

2. 观察变量取值

在图6.2.10左下角的小窗口中，可以观察程序中用到的变量的取值情况。如果程序中变量很多，可在右下角的窗口中设定一些特别关心的变量，并可设定几组。

四、程序运行三部曲

不管使用什么档次的计算机和哪种编程语言，都有一个共同点，就是它的每一个最基本的步骤，其实都是和计算有关，除了要运算之外，还需要向计算机输入数据，这是计算机的输入工作；计算机的运行结果也要以某种方式输出给人们看，这就是计算机的输出功能。

我们的计算机程序执行的最基本的步骤大概可分成三步，一是输入，二是计算，三是输出。每一个步骤，按顺序自上而下地运行。顺序结构是程序设计语言流程控制结构中最简单也最常用的一种语句结构。

1. 赋值语句

赋值语句是表达式语句的一种，是由赋值表达式再加上分号构成的表达式语句，其一般形式为：

```
变量=表达式;
```

注意在变量声明中给变量赋初值和赋值语句的区别。给变量赋初值是变量声明的一部分，赋初值后的变量与其后的其他同类变量之间仍必须用逗号间隔，而赋值语句则必须用分号结尾。例如int a=1, b; 是在变量声明中对变量a赋初值，其等效于如下两条语句：

```
int a,b;                /*定义整型变量a,b*/
a=1;                    /*为变量a赋值*/
```

在变量声明中，不允许给多个连续变量赋初值。下列说明是错误的：int a=b=c=1; ，必须写为int a=1, b=1, c=1; 。

2. 格式输入／输出

格式输入／输出即向标准输出设备显示器输出数据的语句。

1）printf()函数——格式输出

printf()函数称为格式输出函数，其关键字最末一个字母“f”即为格式（format）之意。printf()函数的功能是按用户指定的格式，把指定的数据显示到显示器屏幕上。printf()函数是一个标准库函数，它的函数原型在头文件“stdio.h”中。但作为一个特例，不要求在使用printf()函数之前必须包含stdio.h文件。

printf()函数调用的一般形式为：

```
printf("格式控制字符串",输出列表)
```

其中，“格式控制字符”串用于指定输出格式，可由格式字符串和非格式字符串两种组成。格式字符串是以%开头的字符串，在%后面跟有各种格式字符，以说明输出数据的类型、形式、长度、小数位等。例如，“%d”表示按十进制整型输出，“%f”表示按十进制浮点型输出，“%c”表示按字符型输出，如表6.2.1所示。

表6.2.1　格式输出类型

类型符	类型意义
d	以十进制形式输出带符号整数（整数不输出符号）
f	以小数形式输出单、双精度实数
c	输出单个字符

程序：

```
#include <stdio.h>
main()
{
  int a=10;                                   /*定义整型变量*/
  float b=1234.576;                           /*定义单精度浮点型变量*/
  double c=1234567.89987;                     /*定义双精度浮点型变量*/
  char d='A';                                 /*定义字符型变量*/
  printf ("a=%d, %5d,%o,%x\n",a,a,a,a) ;     /*以不同格式输出变量的值*/
  printf("b=%f,%lf,%5.4lf,%e\n",b,b,b,b);
  printf("c=%lf,%f,%8.4lf\n",c,c,c);
  printf("d=%c,%8c\n",d,d);
}
```

2）scanf()函数——格式输入

与printf()函数对应，scanf()函数称为格式输入函数，即按用户指定的格式从键盘上把数据输入到指定的变量中。C语言也允许在使用scanf()函数之前不必包含stdio.h文件。scanf()函数的一般形式为：

```
scanf("格式控制字符串",地址列表);
```

地址列表中给出各变量的地址，地址是由地址运算符“&”后跟变量名组成的。例如，&a,

&b分别表示变量a和变量b的地址，该地址就是编译系统在内存中给a、b变量分配的地址。&是一个取地址运算符，&a是一个表达式，其功能是求变量a的地址。

在输入字符数据时，若格式控制串中无非格式字符，则认为所有输入的字符均为有效字符。此外，要防止scanf()函数读入错误的数据，尤其是当输入数据为字符型数据类型时。

程序：

```
#include <stdio.h>
main()
{
    char a,b,c;
    printf("Please input 3 characters:");
    scanf("%c%c%c",&a,&b,&c);
    printf("a=%c\tb=%c\tc=%c\n",a,b,c);
    printf("Please input 3 characters:");
    scanf("%c %c %c",&a,&b,&c);
    printf("a=%c\tb=%c\tc=%c\n",a,b,c);
}
```

注意：在scanf()函数的格式控制字符中用什么字符将多个类型隔开，在具体的输入时就应用什么字符隔开输入的字符。

3. 字符数据的输入／输出

除了printf()和scanf()函数可以用于输入／输出外，C语言还提供了一些函数用于字符数据的输入／输出，在有些教材上也称为非格式输入／输出函数。

1）putchar()函数——字符输出

putchar()函数是字符输出函数，其功能是在显示器上输出字符。与printf()函数不同的是，putchar()函数只能输出单个字符，其一般形式为：

```
putchar(字符数据变量);
```

其中，字符数据类型量可以为字符常量，也可以为字符变量，还可以是控制字符。如果需要输出的是字符常量，则需要以一对单引号将其包含起来；如果输出的是控制字符，则执行相应的控制功能，而不在屏幕上显示。例如：

语句putchar ('A')；：输出大写字母A。

语句putchar (a)；：输出字符变量a中的值。

语句putchar ('\n')；：换行，不在屏幕上显示。

在具体使用putchar()函数的过程中，必须在程序开头加上头文件“stdio.h”，不能省略，这是与printf()函数和scanf()函数不同的。

2）getchar()函数——字符输入

语句ch=getchar ()即将用户从键盘上输入的字符存储到字符变量ch中。程序：

```
#include <stdio.h>
main()
{
```

```
    char ch;
    printf("please input a character:");
    ch=getchar();
    printf("ch=");
    putchar(ch);
}
```

在具体使用过程中，必须在程序开头包含头文件“stdio.h”。此外，用户的键盘输入以【Enter】键结束，即使用户输入了多个字符，getchar 只会返回最前面的字符到变量中。

4. 综合应用

程序：

```
#include <stdio.h>
main()
{
    float a1,b1,a2,b2;

    printf("\t\t\t complex Addition\n");
    printf("please input the first complex:\n");
    printf("\treal part:");
    scanf("%f",&a1);
    printf("\tvirtual part:");
    scanf("%f",&b1);
    printf("%5.2f+i%5.2f\n",a1,b1);

    printf("\nplease input the second complex:\n");
    printf("\nreal part:");
    scanf("%f",&a2);
    printf("\nvirtual part:");
    scanf("%f",&b2);
    printf("%5.2f+i%5.2f\n",a2,b2);

    printf("\nThe additions:");
    printf("program normal terminated.");
}
```

任务实作

Visual C++ 6.0是Microsoft公司出品的基于Windows环境的C/C++开发工具，它是Microsoft Visual Studio套装软件的一个组成部分。C源程序可以在Visual C++ 6.0集成环境中进行编译、连接和运行。

1. Visual C++ 6.0主窗口

从Visual Studio的光盘中运行Visual C++ 6.0安装程序（Setup.exe），完成安装后，就可以单击“开始”→“所有程序”→“Microsoft Visual Studio”→“Microsoft Visual C++6.0”命令或双

击桌面上的Visual C++ 6.0快捷图标来启动。启动后的Visual C++ 6.0主窗口如图6.2.11所示。

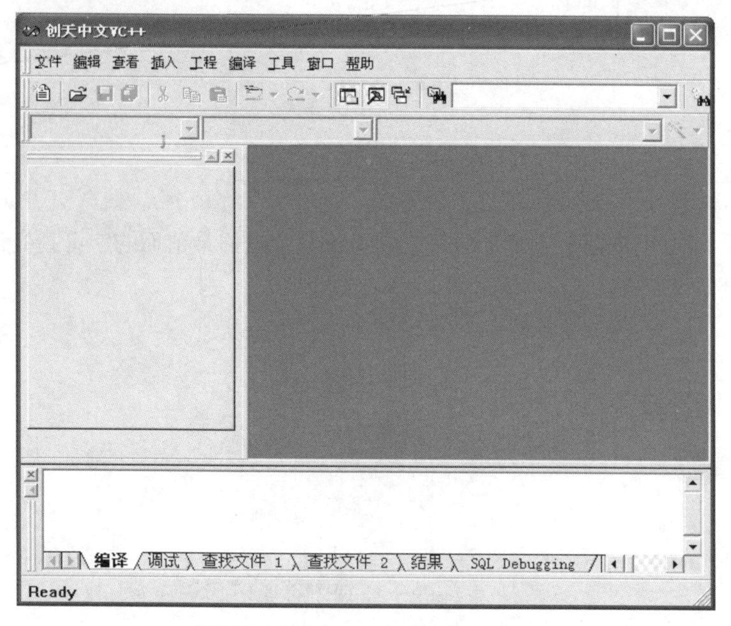

图6.2.11　Visual C++ 6.0主窗口

2. 输入和编辑C源程序

单击“文件”→“新建”命令，屏幕上出现“新建”对话框，如图6.2.12所示。选择“文件”选项卡中的“C++ Source File”选项，建立新的C++源程序文件，然后在对话框右边的目录文本框中输入准备编辑的源程序文件的存储路径（如D:\C源程序），在对话框右侧的文件文本框中输入准备编辑的C源程序文件名（如sy1_1.c）。扩展名.c表示建立的是C源程序，若不加扩展名，则默认的文件扩展名为.cpp，表示建立的是C++源程序。

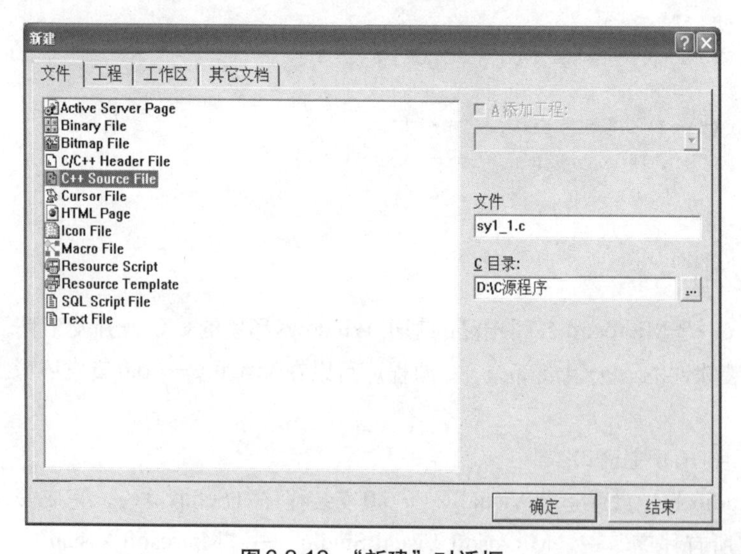

图6.2.12　“新建”对话框

单击“确定”按钮，返回主窗口，此时窗口的标题栏中显示当前编辑的源程序文件名sy1_1.c，如图6.2.13所示。可以看到光标在程序编辑窗口闪烁，表示程序编辑窗口已激活，可以输入和编辑源程序。

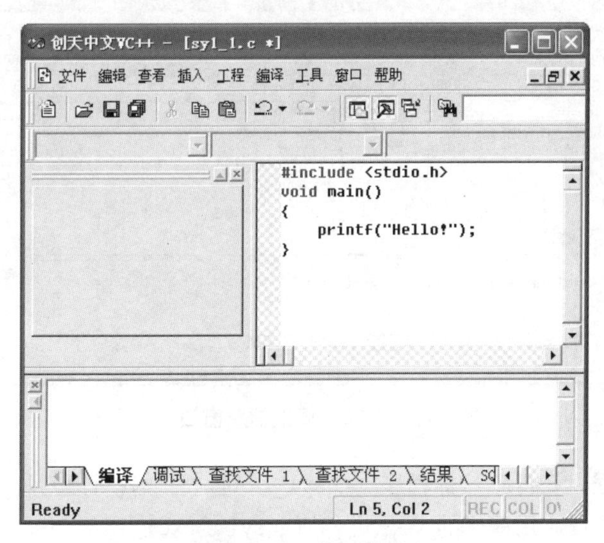

图6.2.13　编辑窗口

Visual C++ 6.0编辑器的编辑功能和Windows的记事本很相似，并提供了许多用于编写代码的功能，如关键字加亮、自动调整格式等。鼠标和键盘配合使用，可加快编写速度。

程序输入完毕单击“文件”→“保存”命令，或单击工具栏上的“保存”按钮，也可以按【Ctrl+S】组合键保存文件。

3. 编译、连接和运行

程序编写完毕后，单击“编译”→“编译”命令，或单击工具栏上的“编译”按钮，也可以按【Ctrl+F7】组合键，开始编译。但在正式编译之前，会先弹出图6.2.14所示的对话框，询问是否建立一个默认的项目工作区。必须有项目才能编译，所以这里必须单击“是”按钮。

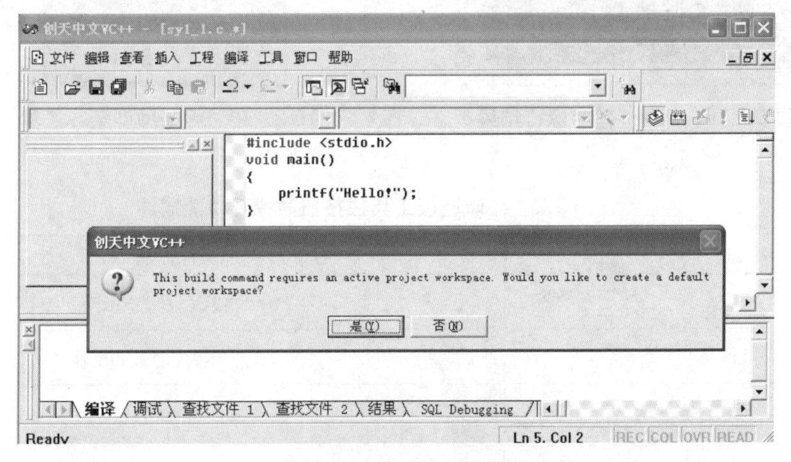

图6.2.14　编译窗口

在进行编译时，编译系统检查源程序中的语法，并在主窗口下方的编译窗口输出编译信息，如果有语法错，就会指出错误的位置和性质，并统计错误和警告的个数，如图6.2.15所示。

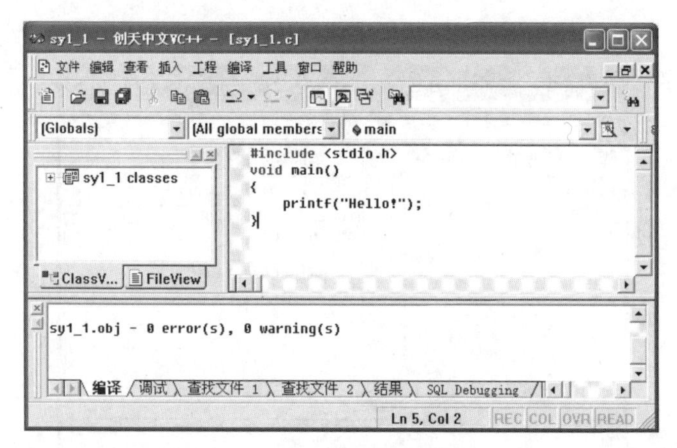

图6.2.15　调试信息窗口

如果编译没有错误，在得到目标程序（如sy1_1.obj）后，就可以对程序进行连接，按【F7】键或单击 按钮，生成应用程序的.EXE文件（如sy1_1.exe）。

以上介绍的是分别进行程序的编译与连接，实际应用中也可以直接按【F7】键一次完成编译与连接。

在得到可执行文件后（如sy1_1），即可运行程序。单击“编译”→“执行”命令，或单击 按钮，也可以按【Ctrl+F5】组合键，程序将在一个新的DOS窗口中运行。程序运行完毕后，系统会自动加上一行提示信息“Press any key to continue”，如图6.2.16所示，按照提示按任意键即关闭DOS运行窗口返回Visual C++ 6.0开发环境。

图6.3.7是“编译微型条”工具栏，它提供了常用的编译、连接以及运行操作命令。表6.2.2所示是编译、连接以及运行命令的功能列表。

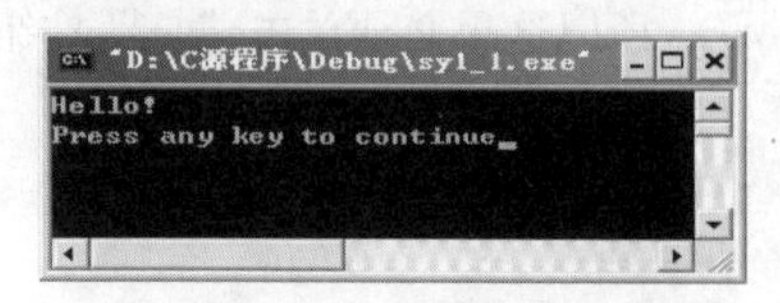

图6.2.16　sy0_1程序运行结果

图6.2.17　“编译微型条”工具栏

表6.2.2　编译连接工具栏按钮命令及功能描述

按钮命令	功能描述
	编译C或C++源代码文件
	生成应用程序的.EXE文件
	停止编译和连接
	执行应用程序

续表

按钮命令	功能描述
	单步执行
	插入或消除断点

4. 关闭程序工作区

当一个程序编译连接后，系统自动产生相应的工作区，以完成程序的运行和调试。若需要执行第二个程序时，必须关闭前一个程序的工作区，然后通过新的编译连接，产生第二个程序的工作区。

“文件”菜单如图6.2.18（a）所示，单击“关闭工作区”命令，在图6.2.18（b）所示的对话框中单击“否”按钮。如果单击“是”按钮，将同时关闭源程序窗口。

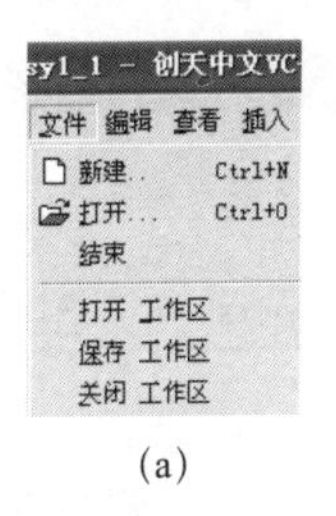

（a）

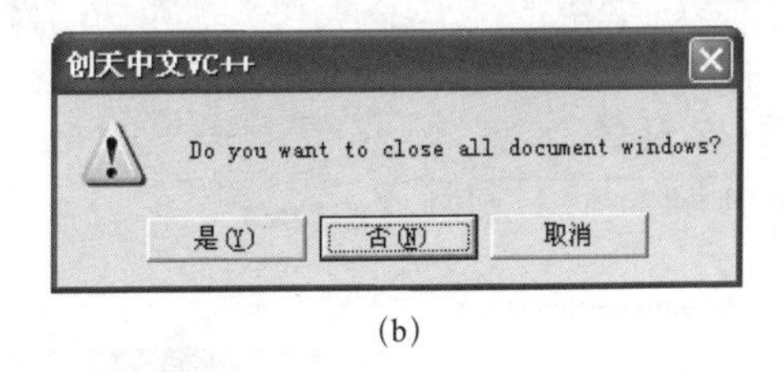

（b）

图6.2.18　关闭程序工作区

5. 程序的调试

程序调试的任务是发现和改正程序中的错误，使程序能正常运行。编译系统能检查程序的语法错误。语法错误分为两类：一类是致命错误，以error表示，如果程序中有这类错误，就通不过编译，无法形成目标程序，更谈不上运行；另一类是轻微错误，以warning表示，这类错误不影响生成目标程序和程序的执行，但可能影响运行的结果，因此也应当改正，使程序既无error，也无warning。

在图6.2.19下方的编译窗口中可以看到编译的信息，指出源程序有1个error和0个warning。用鼠标指针移动编译窗口右侧的滚动条，可以看到程序出错的位置和性质。双击编译窗口的报错行，则在程序窗口中出现一个粗箭头指向被报错的程序行，提示出错的位置。根据出错内容提示信息（missing ';' before '}'），经检查程序，发现在程序第4行的末端漏写了分号。注意，在分析编译系统错误信息报告时，要检查出错点的上下行。当所有出错点均改正后，再进行编译调试，直至编译信息为：0 error(s)，0 warning(s)，表示编译成功。

1）程序执行到中途暂停以便观察阶段性结果

方法一：使程序执行到光标所在的那一行暂停。

（1）在需暂停的行上单击，定位光标。

（2）如图6.2.20所示，单击“编译”→“开始调试”→“Run to Cursor”命令，或按【Ctrl+F10】组合键，程序将执行到光标所在行暂停。如果把光标移动到后面的某个位置，再按【Ctrl+F10】组合键，程序将从当前的暂停点继续执行到新的光标位置，第二次暂停。

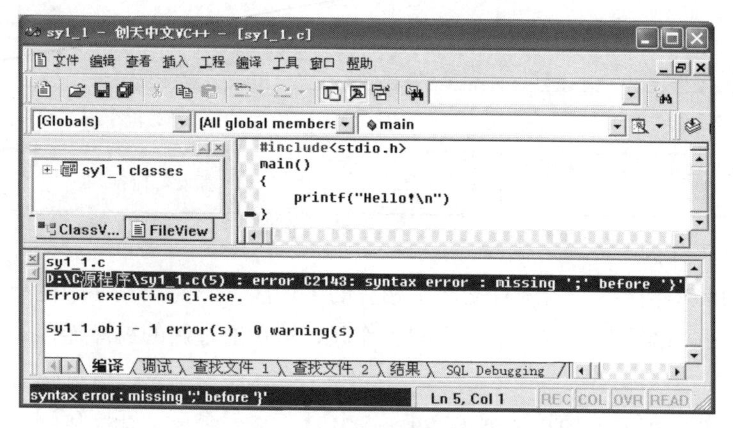

图6.2.19　查看编译信息

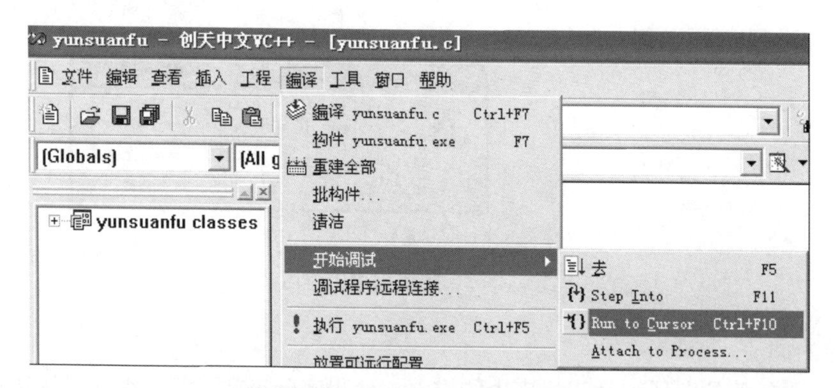

图6.2.20　执行到光标所在行暂停

方法二：在需暂停的行上设置断点。

（1）在需设置断点的行上单击，定位光标。

（2）单击“编译微型条”工具栏中的 按钮，或按【F9】键设置断点。被设置了断点的行前面会有一个红色圆点标志。

2）设置需观察的结果变量

按照上面的操作，使程序执行到指定位置时暂停，目的是为了查看有关的中间结果。在图6.2.21中，左下角窗口中系统自动显示了有关变量的值，其中a 和b 的值分别是5、6，而变量c、d的值是不正确的，因为它们还未被赋值。图中左侧的箭头表示当前程序暂停的位置。如果还想增加观察变量，可在图中右下角的“Name”文本框中输入相应变量名。

3）单步执行

当程序执行到某个位置时发现结果已经不正确，说明在此之前肯定有错误存在。如果能确定一小段程序可能有错，先按上面的步骤暂停在该小段程序的头一行，再输入若干个查看变量，然后单步执行，即一次执行一行语句，逐行检查下来，观察错误发生在哪一行。

当程序运行于Debug状态下时，程序会由于断点而停顿下来。原来的“编译”菜单也变成了“Debug”菜单，如图6.2.22 所示。

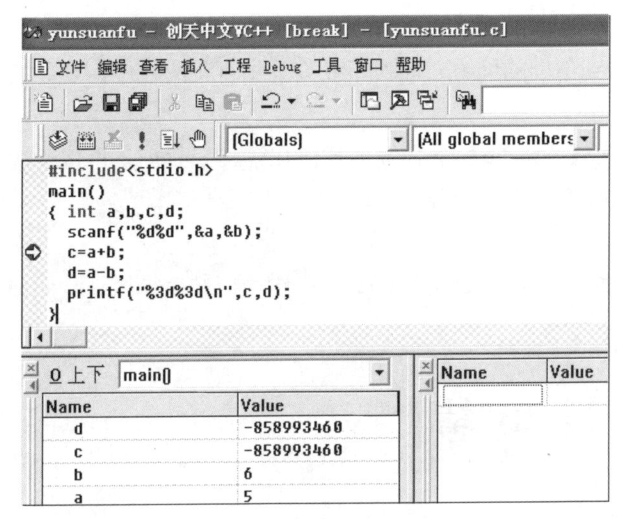

图6.2.21　观察结果变量

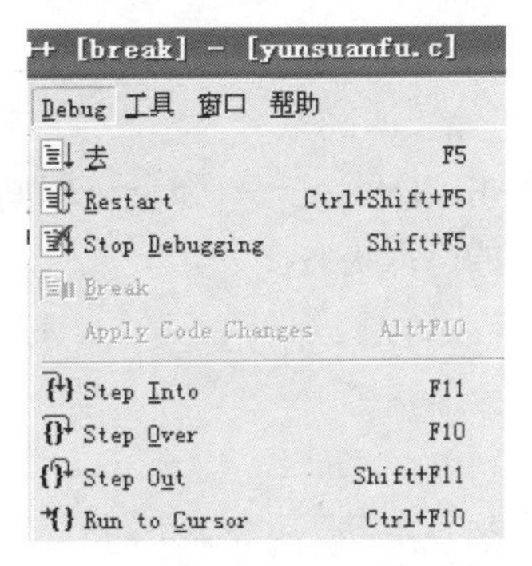

图6.2.22　“Debug”菜单

运行当前箭头指向的代码即单步执行，单击“Step Over”命令或按【F10】键；如果当前箭头所指的代码是一个函数的调用，想进入函数进行单步执行，可单击“Step Into”命令或按【F11】键；如果当前箭头所指向的代码是在某一函数内，想结束函数的单步执行，使程序运行到函数返回处，可单击“Step Out”命令按钮或按【Shift+F11】组合键。对不是函数调用的语句来说，【F11】与【F10】键的作用相同。但一般对系统函数不要使用【F11】键。

4）断点的使用

使用断点可以使程序暂停。但一旦设置了断点，每次执行程序都会在断点上暂停。因此调试结束后应取消所定义的断点。方法是：先把光标定位在断点所在行，再单击“编译微型条”工具栏中的按钮或按【F9】键，该操作是一个开关，按一次是设置，按两次是取消设置。如果有多个断点想全部取消，可单击“编辑”→“断点”命令，屏幕上会显示“Breakpoints”对话框，如图6.2.23所示，窗口下方列出了所有断点，单击“Remove All”按钮，将取消所有断点。

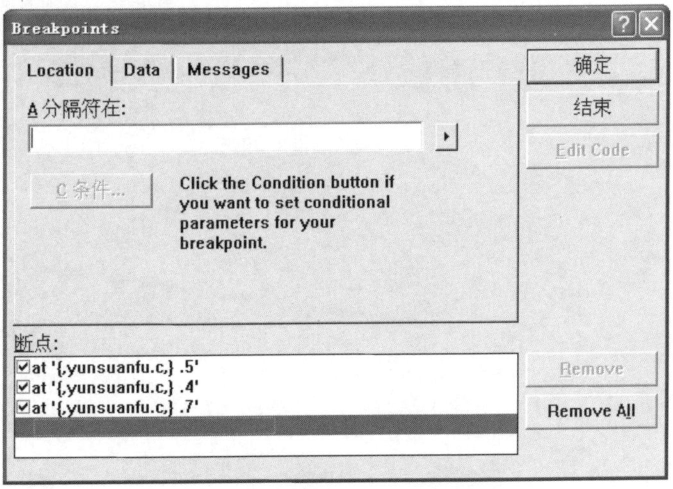

图6.2.23　“Breakpoints”对话框

断点通常用于调试较长的程序，可以避免使用“Run to Cursor”（运行程序到光标处暂停）或【Ctrl+F10】功能时，经常要把光标定位到不同的地方。而对于长度为上百行的程序，要寻找某个位置并不太方便。

如果一个程序设置了多个断点，按一次【Ctrl+F5】组合键会暂停在第一个断点，再按一次【Ctrl+F5】组合键会继续执行到第二个断点暂停，依次执行下去。

5）停止调试

单击“Debug”→“Stop Debugging”命令，或按【Shift+F5】组合键可以结束调试，从而回到正常的运行状态。

项目小结

本项目学习了以下知识点：

（1）程序、程序设计的概念。

（2）程序设计语言的发展。

（3）Visual C++ 6.0集成开发环境下编辑、编译、连接、执行、修改和调试C语言程序。

（4）顺序结构的特点及赋值语句，输入/输出语句的综合应用。

项目七 程序结构

项目导读

根据程序执行的流程不同，程序的基本结构分为3种：顺序结构，从上到下逐行执行每条语句；选择结构，根据不同的条件，执行不同的语句；循环结构，重复执行某些语句。程序流程控制语句有3类：选择语句（if和switch）、循环语句（while、do-while和for）和跳转语句（break和continue）。选择语句、循环语句之间可以互相嵌套使用。

学习目标：

知识目标	技能目标	职业素养
• if 语句 • switch 语句 • while 语句 • do-while 语句 • for 语句 • continue 与 break 语句	• 会使用分支结构 • 会使用循环结构 • 会使用多分支 if 语句 • 会使用多重循环语句 • 会使用跳转语句	• 自主学习的能力 • 举一反三的能力

重点：顺序结构、分支结构、循环结构的执行流程。

难点：循环结构语句。

建议学时：8个课时。

课前学习

程序结构课前学习

扫二维码，观看相关视频，并完成以下选择题：

1. if语句的基本形式是：if (表达式) 语句，以下关于“表达式”值的叙述中正确的是（　　）。

A. 必须是逻辑值　　B. 必须是整数值

C. 必须是正数　　D. 可以是任意合法的数值

2. 有以下程序：

项目素材

```
#include <stdio.h>
main()
{
   int k=5;
   while(--k)printf("%d",k-=3);
   printf("\n");
}
```

程序执行后的输出结果是（　　）。

A. 1　　B. 2　　C. 4　　D. 死循环

3. 有以下程序：

```
#include <stdio.h>
main()
{
    int y=10;
    while(y--)
    printf("y=%d\n",y);
}
```

程序执行后的输出结果是（　　）。

A. y=−1　　B. y=0　　C. y=1　　D. while构成无限循环

任务一　应用分支结构编写程序

任务描述

小明准备去云南旅游，现在要订购机票。机票的价格受旺季、淡季影响，头等舱和经济舱价格也不同。假设机票原价为5 000元，4～10月为旺季，旺季头等舱打9折，经济舱打6折；其他月份为淡季，淡季头等舱打5折，经济舱打4折。请编写程序，根据出行的月份和选择的舱位输出实际的机票价格，输出结果如图7.1.1和图7.1.2所示。

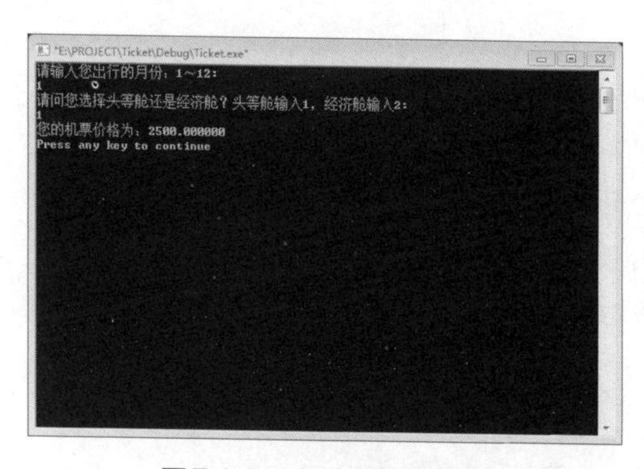

图7.1.1　淡季头等舱价格

图7.1.2　旺季头等舱价格

任务实施

一、if条件语句

条件语句分为3种语法格式，具体如下：

1）简单的if条件语句

（1）简单的if条件语句就是对某种条件做出相应的处理。通常表现为“如果满足某种情况，那么就进行某种处理”，其语法格式如下：

```
if(条件语句)
{
    代码块
}
```

(2) 上述语法格式中，判断条件是一个逻辑值，当值为true时，才会执行{}中的语句。

例如，如果成绩大于60分，输出成绩合格，条件语句为：

```
if(成绩大于60分)
{
    成绩合格
}
```

(3) 条件语句表达式是必要参数，其值可以由多个表达式组成，但是其最后结果一定是逻辑类型，也就是其结果只能是true或false；代码块是可选参数，包含一条或多条语句，当表达式的值为true时执行这些语句。如果该语句只有一条语句，大括号也可以省略不写，下面的代码都是正确的：

```
if(成绩小于60分);
```

```
if(成绩小于60分)
    成绩不合格;
```

(4) if语句的执行流程如图7.1.3所示。

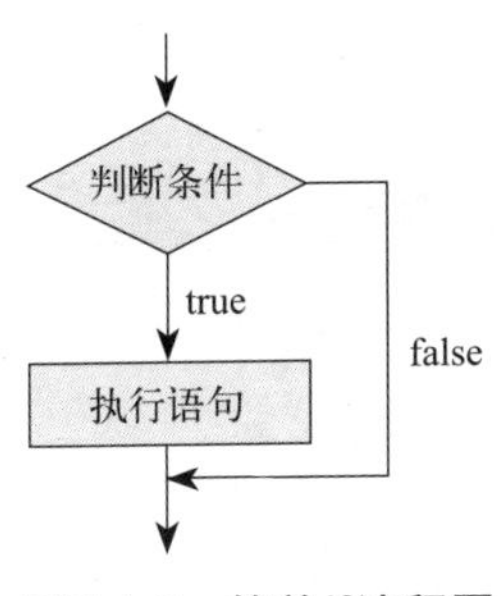

图7.1.3 简单if流程图

2) if...else 语句

(1) if...else 语句是指如果满足某种条件就进行某种处理，否则就进行另一种处理。

其语法格式如下：

```
if(判断条件)
{
    执行语句1;
    ...
}
else
{
    执行语句2;
```

```
    …
}
```

（2）if...else 语句的执行流程如图 7.1.4 所示。

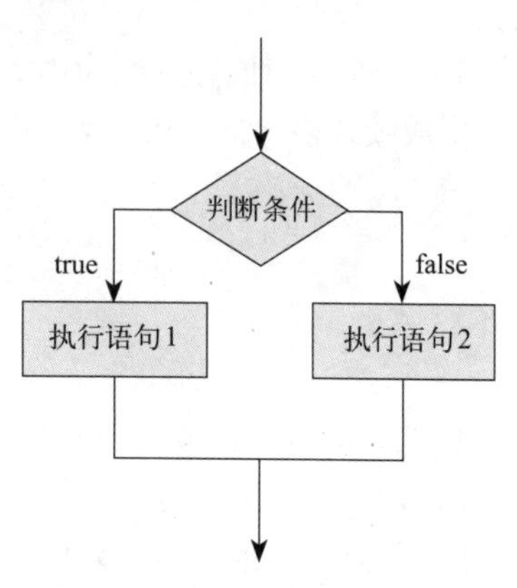

图7.1.4　双分支if语句流程

语句序列1是可选参数，由一条或多条语句组成，当表达式的值为true时执行这些语句；语句序列2也是可选参数，包含一条或多条语句，当表达式的值为false时执行这些语句。

3）多分支 if...else if...else 语句

（1）if...else if...else语句用于对多个条件进行判断，进行多种不同的处理，其语法格式如下：

```
if(判断条件1)
{
    执行语句1;
    …
}
else if(判断条件2)
{
    执行语句2;
    …
}
…
else if(判断条件n)
{
    执行语句n;
    …
}
else
{
    执行语句n+1;
    …
}
```

（2）if...else if...else 语句的执行流程如图7.1.5所示。

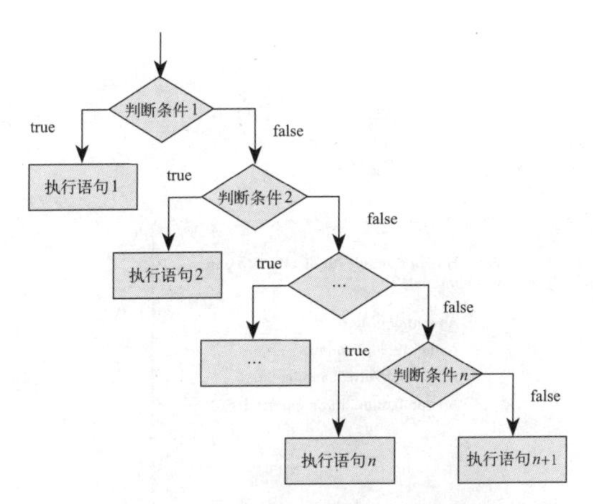

图7.1.5 多分支if语句流程图

执行语句1在判断条件1的值为true时被执行，执行语句2在判断条件2的值true时被执行，执行语句n在判断条件1的值为false，判断条件2的值也为false时被执行。

任务实作

一、创建项目

（1）打开Visual C++ 6.0开发环境，单击“文件”→“新建”命令，弹出图7.1.6所示的对话框，在“工程”选项卡中选择“Win32 Console Application”，在“工程”中输入“Ticket”，单击“确定”按钮。

视频

程序设计任务实作

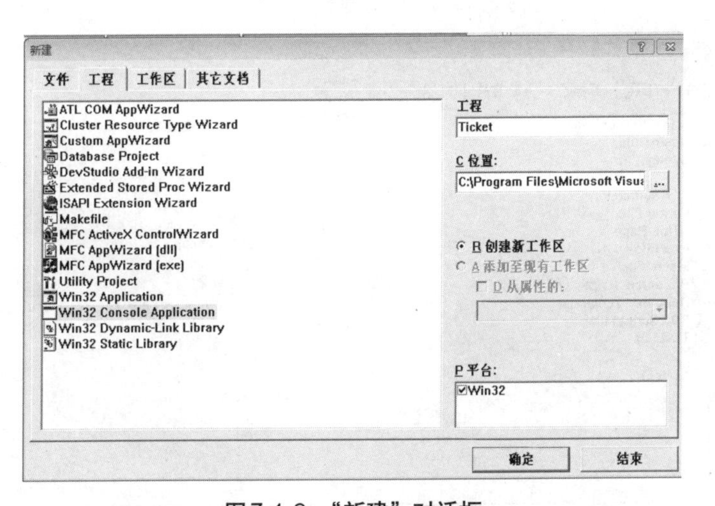

图7.1.6 “新建”对话框

（2）在弹出的下一级对话框中选择“An empty project”，单击“完成”按钮，完成项目的创建，如图7.1.7所示。

（3）在左侧工作区视图中选择“FileView”选项卡，选择“Source Files”文件夹，如图7.1.8所示。

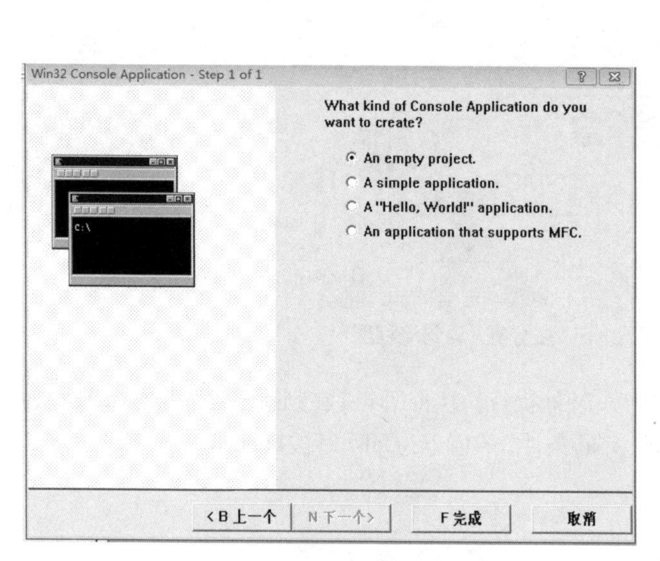

图7.1.7　选择空项目

图7.1.8　选择“Source Files”文件夹

（4）单击“文件”→“新建”命令，在弹出对话框的“文件”选项卡中选择“C++ Source File”，在“文件”中输入“ticket.cpp”，单击“确定”按钮，如图7.1.9所示。

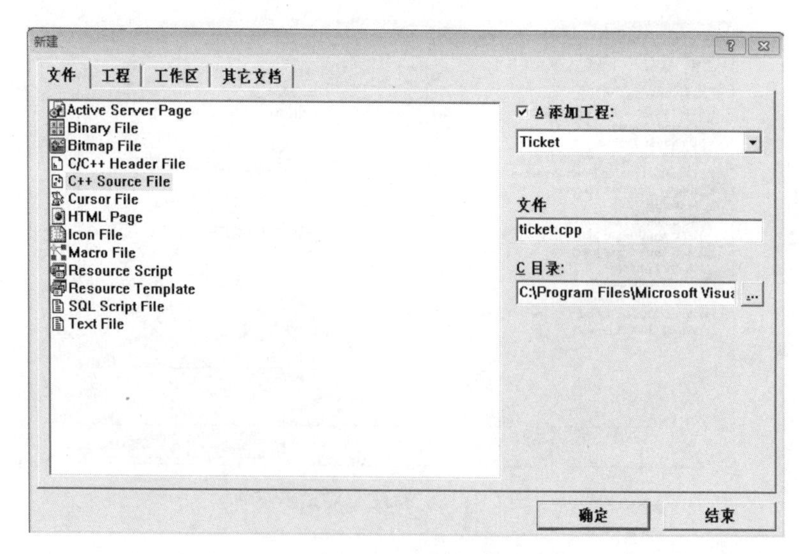

图7.1.9　新建文件

（5）在ticket.cpp文件编辑窗口中输入代码，如图7.1.10所示。

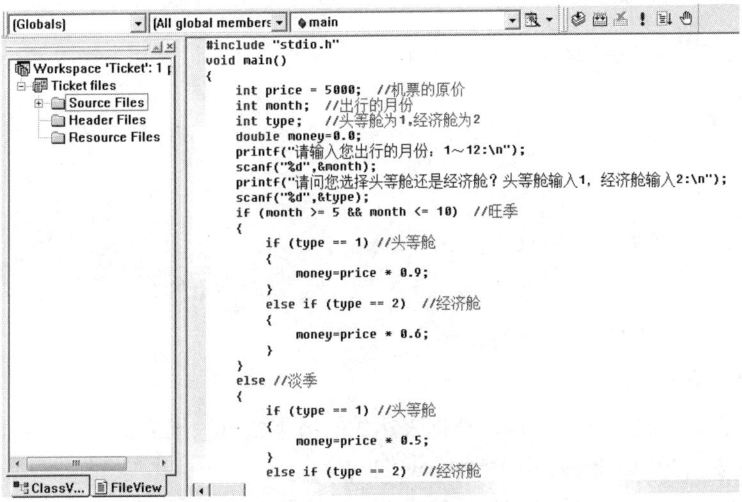

图7.1.10　输入代码

```
#include "stdio.h"
void main()
{
    int price=5000;    //机票的原价
    int month;         //出行的月份
    int type;          //头等舱为1,经济舱为2
    double money=0.0;
    printf("请输入您出行的月份：1~12:\n");
    scanf("%d",&month);
    printf("请问您选择头等舱还是经济舱？头等舱输入1，经济舱输入2:\n");
    scanf("%d",&type);
    if(month>=5 && month<=10)   //旺季
    {
        if(type==1)  //头等舱
        {
            money=price*0.9;
        }
        else if(type==2)   //经济舱
        {
            money=price*0.6;
        }
    }
    else //淡季
    {
        if(type==1)  //头等舱
        {
            money=price*0.5;
```

```
        }
        else if(type==2)   //经济舱
        {
            money=price * 0.4;
        }
    }
    printf("您的机票价格为: %lf\n",money);
}
```

（6）保存文件，单击 ! 按钮运行程序。

二、switch 条件语句

switch语句是多分支的开关语句，根据表达式的值来执行输出的语句，这样的语句一般用于多条件多值的分支语句中，break用于结束switch语句。

（1）switch语句也是一种很常见的选择语句。和if 条件语句不同，它只能针对某个表达式的值做出判断，从而决定执行哪一段代码。

（2）在switch语句中，使用switch关键字来描述一个表达式，使用case关键字来描述和表达式结果比较的目标值，当表达式的值和某个目标值匹配时，会执行对应case下的语句。

（3）switch语句的基本语法结构如下：

```
switch(表达式)
{
    case 目标值1:
        执行语句1;
        Break;
    case 目标值2:
        执行语句2;
        break;
    …
    case 目标值n:
        执行语句n;
        break;
    default:
        执行语句n+1;
        break;
}
```

（4）在switch 语句中的表达式只能是byte、short、char、int类型的值，如果输入其他类型值，程序会报错。

（5）case的值必须是一个常量，case的值不允许重复，多个case可以合并到一起。

（6）break的作用是终止case语句的执行，如果没有break，当程序执行完匹配的case子句后，还会执行后面的case 子句。

（7）default可以省略，但不推荐。

例如，用键盘输入一位整数，当输入1～7时，显示对应的英文星期名称的缩写。1表示MON，2表示TUE，3表示WED，4表示THU，5表示FRI，6表示SAT，7表示SUN；输入其他数字时提示用户输入错误，输出结果如图7.1.11和图7.1.12所示。

图7.1.11　正确输入

图7.1.12　错误输入

任务实作

（1）打开Visual C++ 6.0开发环境，单击“文件”→“新建”命令，打开“新建”对话框，在“工程”选项卡中选择“Win32 Console Application”，在“工程”中输入“Weekday”，单击“确定”按钮，如图7.1.13所示。

视频

程序设计任务实作2

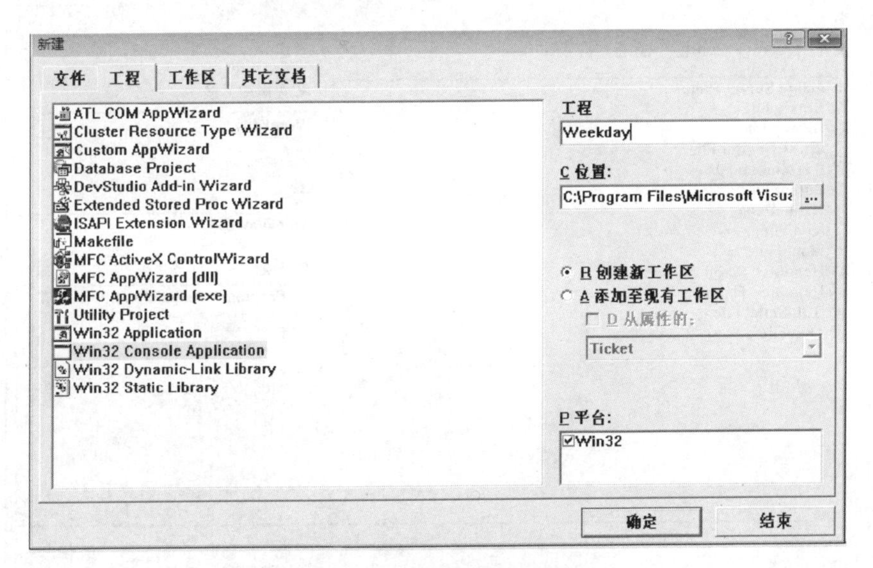

图7.1.13　“新建”对话框

（2）在弹出的下一级对话框中选择“An empty project”，单击“完成”按钮，完成项目的创建，如图7.1.14所示。

（3）在左侧工作区视图中选择“FileView”选项卡，选择“Source Files”文件夹，如图7.1.15所示。

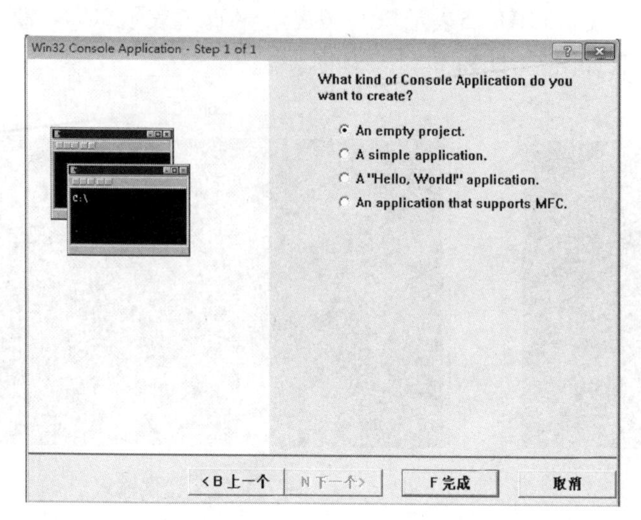

图7.1.14　选择空项目

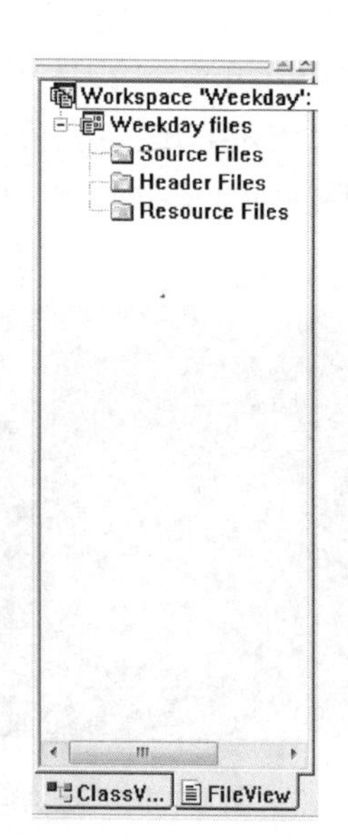

图7.1.15　选择“Source Files”文件夹

（4）单击“文件”→“新建”命令，在弹出对话框的“文件”选项卡中选择“C++ Source File”，在“文件”中输入“weekday.cpp”，单击“确定”按钮，如图7.1.16所示。

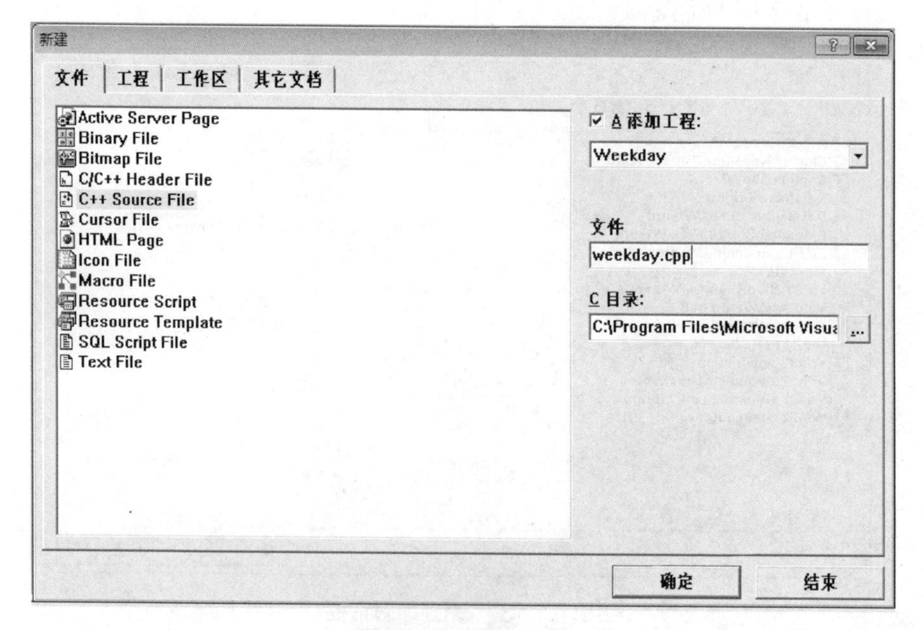

图7.1.16　新建文件

（5）在weekday.cpp文件编辑窗口中输入代码，如图7.1.17所示。

图7.1.17　输入源代码

```
#include "stdio.h"
void main()
{
   int num=0;
   printf("请输入数字1-7（输入其他数字提示错误）：");
   scanf("%d",&num);
   if(num>=1 && num<=7)
   {  //数字合法
     switch(num)
     {
        case 1:
            printf("MON\n");
            break;
        case 2:
            printf("TUE\n");
            break;
        case 3:
            printf("WED\n");
            break;
        case 4:
            printf("THU\n");
            break;
        case 5:
            printf("FRI\n");
            break;
        case 6:
```

```
            printf("SAT\n");
            break;
        case 7:
            printf("SUN\n");
            break;
      }
   }
   else
   {  //数字非法
     printf("输入错误!\n");
   }
   getchar();

}
```

（6）保存文件，单击 ! 按钮运行程序。

任务二　应用循环结构编写程序

任务描述

小明从一本数学书上看到图7.2.1所示金字塔形数字结构，十分感兴趣，但用计算机程序如何实现？

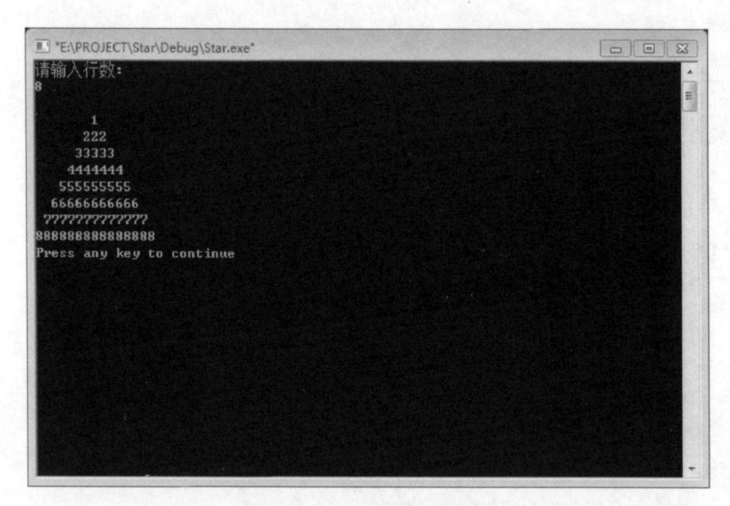

图7.2.1　金字塔形数字

任务实施

循环语句就是重复执行某段程序代码，直到满足特定条件为止，在C语言中循环语句有以下 3 种形式：

（1）while循环语句。

（2）do-while循环语句。

（3）for循环语句。

一、while 循环语句

while语句和if条件语句类似，都是根据条件判断来决定是否执行后面的代码，区别在于while循环语句会反复地进行条件判断，只要条件成立，{ }内的执行语句就会执行，直到条件不成立，while循环结束。

（1）while循环语句的语法结构如下：

```
while(循环条件)
{
    执行语句;
    …
}
```

（2）while循环语句的执行流程如图7.2.2所示。

while语句是用一个循环条件表达式来控制循环的语句。循环条件表达式用于判断是否执行循环，它的值只能是true或false。当循环开始时，首先会执行循环条件表达式：如果表达式的值为true，则会执行语句序列，也就是循环体。当到达循环体的末尾时，会再次检测表达式，直到表达式的值为false，结束循环。

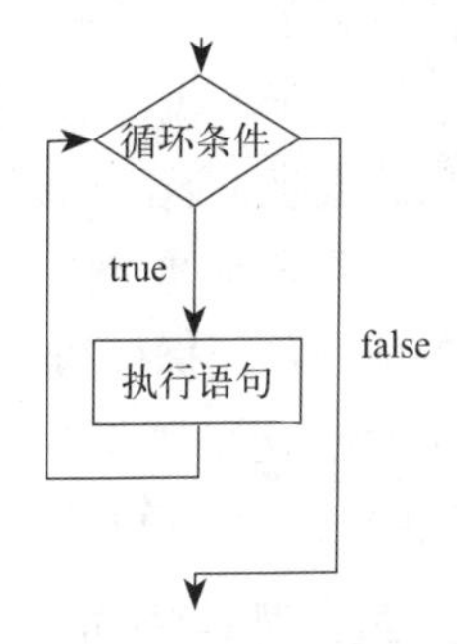

图7.2.2　while语句执行流程图

二、do-while 循环语句

do-while循环语句称为后测试循环语句，它利用一个条件来控制是否要继续重复执行这个语句。

（1）do-while循环语句和while循环语句功能类似，其语法结构如下：

```
do
{
    执行语句;
    …
} while(循环条件);
```

（2）do-while 循环语句的执行流程如图7.2.3所示。

do-while 循环语句的执行过程与while 循环语句有所区别，do-while循环至少被执行一次。它先执行循环体的语句序列，然后再判断是否继续执行。

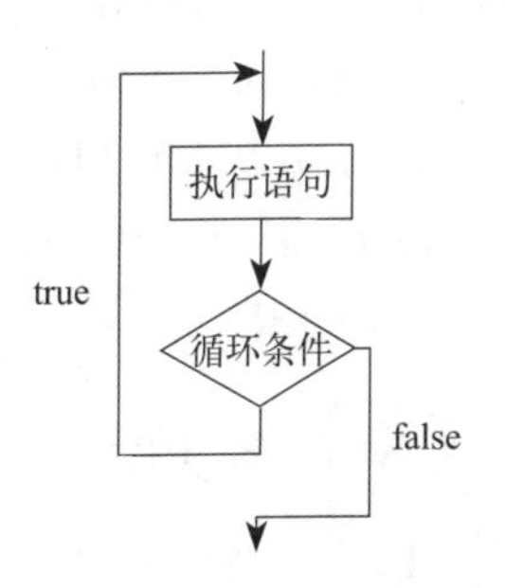

图7.2.3　do-while语句执行流程图

三、for 循环语句

for循环语句是最常用的循环语句，一般用在循环次数已知的情况下。

（1）for循环的语法格式：

```
for(初始化表达式; 循环条件; 操作表达式)
```

```
{
    执行语句;
    …
}
```

在上述语法格式中，for后面的()中包括三部分内容：初始化表达式、循环条件和操作表达式，它们之间用“;”分隔，{ }中的执行语句为循环体。

（2）for循环的执行流程：

```
for(①; ②; ③)
{
    ④
}
```

第一步，执行①。

第二步，执行②，如果判断结果为true，执行第三步；如果判断结果为false，执行第五步。

第三步，执行④。

第四步，执行③，然后重复执行第二步。

第五步，退出循环。

用①表示初始化表达式、②表示循环条件、③表示操作表达式、④表示循环体。for循环语句的流程首先执行初始化语句，然后判断循环条件，当循环条件为true时，就执行一次循环体，最后执行迭代语句，改变循环变量的值，这样就结束了一轮的循环。接下来进行下一次循环(不包括初始化语句)，直到循环条件的值为false时，才结束循环。

四、跳转语句

跳转语句用于实现循环执行过程中程序流程的跳转，C语言中支持的跳转语句包括break跳转语句和continue跳转语句。

1. break 语句

break 语句可以终止循环或其他控制结构，它在for、while 或do-while循环中，用于强行终止循环。只要执行到break语句，就会终止循环体的执行。break不仅在循环语句中适用，在switch 多分支语句中也适用。

当break 语句出现在嵌套循环的内层时，它只能跳出内层循环，如果想跳出外层循环，则需要对外层循环添加标记。

2. continue语句

continue 语句应用在for、while 和do-while 等循环语句中。如果在某次循环体的执行中执行了continue 语句，那么本次循环就结束，即不再执行本次循环中continue 语句后面的语句，而进行下一次循环。

任务实作

（1）打开Visual C++ 6.0开发环境，单击“文件”→“新建”命令，打开图7.2.4所示的对话框，在“工程”选项卡中选择“Win32 Console Application”，在“工程”中输入“Triangle”，单击“确定”按钮。

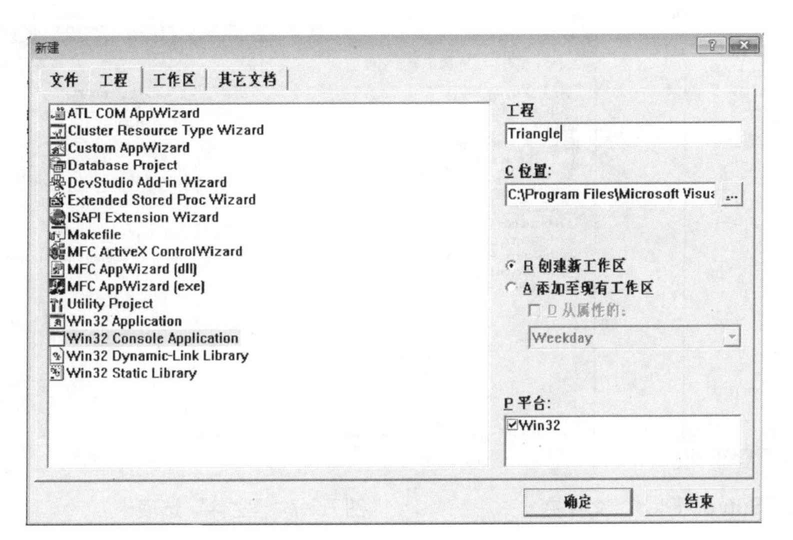

图7.2.4 “新建”对话框

（2）在弹出的下一级对话框中选择“An empty project”，单击“完成”按钮，完成项目的创建，如图7.2.5所示。

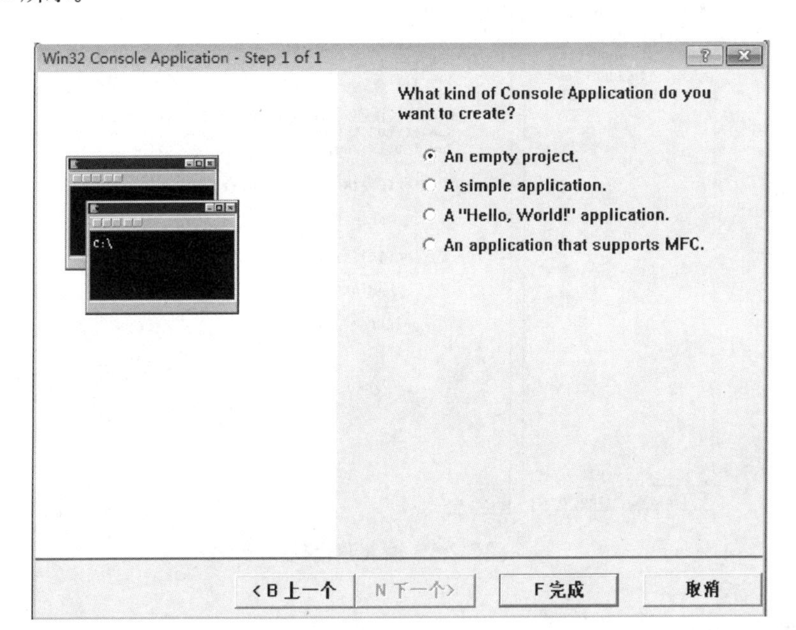

图7.2.5 选择空项目

视频
程序设计任务实作3

（3）在左侧工作区视图中选择“FileView”选项卡，选择“Source Files”文件夹，如图7.2.6所示。

（4）单击“文件”→“新建”命令，在弹出对话框的“文件”选项卡中选择“C++ Source File”，在“文件”中输入“triangle.cpp”，单击“确定”按钮，如图7.2.7所示。

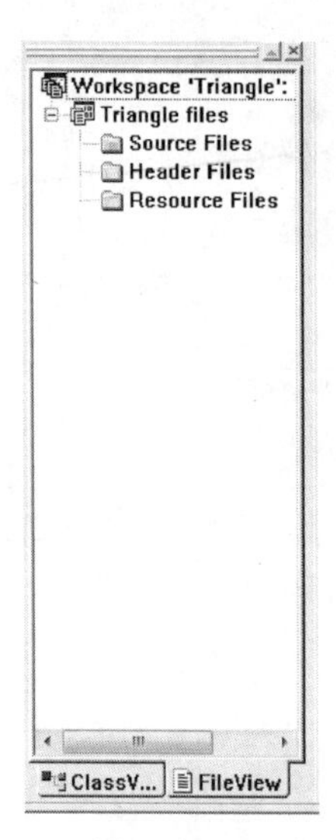

图7.2.6 选择“Source Files”文件夹

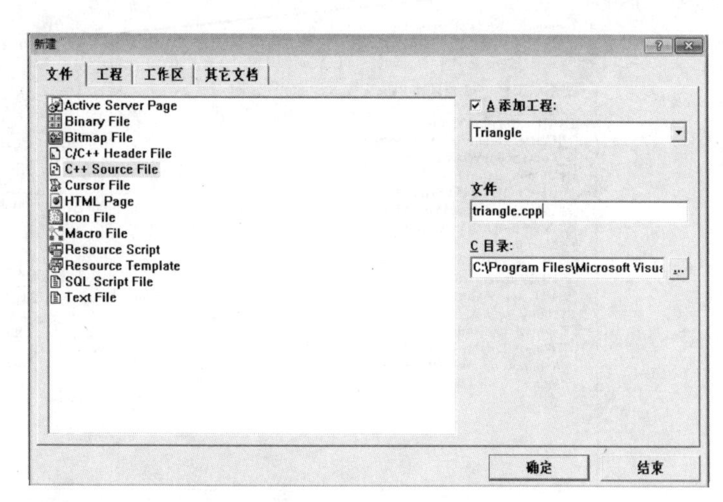

图7.2.7 “文件”选项卡

（5）在triangle.cpp文件编辑窗口中输入代码，如图7.2.8所示。

图7.2.8 输入源代码

```
#include "stdio.h"
void main()
{
    int row=0;
    int i;
    int j;
    int k;
```

```
    printf("请输入行数:\n");
    scanf("%d",&row);
    for(i=0;i<=row;i++)
    {
        for(k=1;k<=(row-i);k++)
        {
            printf(" ");
        }
        for(j=1;j<=(2*i-1);j++)
        {
            printf("%d",i);
        }
        printf("\n");
    }
}
```

(6) 保存文件，单击 ! 按钮运行程序。

项 目 小 结

本章学习了以下知识点:

(1) 程序流程控制包括顺序结构、选择结构和循环结构，由这3种基本结构组成的程序可以解决任何复杂的问题。

(2) 顺序结构是指程序从上向下依次执行每条语句的结构，中间没有任何判断和跳转。

(3) 分支结构是根据条件判断的结果来选择执行不同的代码。在C中提供了if控制语句和switch语句来实现分支结构。

(4) 循环结构是指根据循环条件来重复性地执行某段代码。在C中提供了while语句、do-while语句、for语句等来实现循环结构。

(5) 跳转语句中，break和continue语句用来实现循环结构的跳转。

第四部分 新一代信息技术

本部分主要介绍目前最新的信息技术，让学生了解最新技术应用。

项目八　大数据技术与人工智能

项目导读

信息时代，现代科学技术发展进入了“快车道”，科学技术的实践化应用改变了人们的生活，其中就包括人工智能技术的应用，如智能家居系统、智能汽车、智慧城市等。作为人工智能技术的核心，大数据技术收集、处理与分析海量数据，探索数据中存在的潜在规律，并利用该规律进行有效预测，从而实现智能化的要求。

学习目标：

知识目标	技能目标	职业素养
• 大数据概念 • 大数据核心组件 • 大数据应用领域 • 云计算的应用 • 人工智能的概念	• 人工智能的研究方法、研究目标、研究领域 • 人工智能的应用	• 自主学习的能力 • 创新思维的能力

重点：了解大数据的特征和核心组件、云计算、人工智能。

建议学时：4个课时。

课前学习

扫二维码，观看相关资料和视频，并完成以下选择题：

1. 大数据的特征包括（　　）。

A. Volume（大量）　　B. Velocity（高速）

C. Variety（多样）　　D. Veracity（真实性）

F. Value（价值）

2. 在Hadoop的体系中，三大核心组件是（　　）。
   A. HDFS　　B. riak　　C. Yarn　　D. MapReduce
3. 云计算的服务类型有（　　）。
   A. 基础设施即服务　　B. 数据即服务
   C. 软件即服务　　D. 平台即服务
4. 下面不属于人工智能研究基本内容的（　　）。
   A. 机器感知　　B. 机器学习
   C. 自动化　　D. 机器思维

任务一　认识大数据与人工智能

随着互联网信息时代的不断发展，各种大数据、云计算技术和AI（Artificial Intelligence，人工智能）技术逐步应用到人们的现实生活中，尤其是大数据和人工智能，那么大数据技术与人工智能有什么联系？

大数据离不开人工智能作支撑，人工智能离不开编程语言作基础，今天谈论AI时，并不是在谈论一种技术。实际上，AI由不同的领域组成，如机器学习、计算机视觉等，这此领域可以创建人们通常认为是AI的应用程序。

任何一种AI技术都能借助像C语言这样的过程语言来实现，可使大量与人工智能有关的实际问题简化。现在，虽然像Python等人工智能语言正在AI应用编程中迅速成为流行通用语言，但是，没有一种编程语言等同于人工智能，因为Java和C语言提供的深层次的低级控制也被广泛使用，尽管这可能使它们比Python更复杂。事实上，某些程序的实现用C语言比用AI语言更清晰。Python容易学，但并不适合入门。

一、大数据的基本概念

2010年，Apache Hadoop定义大数据为“通过传统的计算机在可接受的范围内不能捕获、管理和处理的数据集合”。目前，大数据的范围从TB级发展到PB级。大数据（Big Data），指无法在一定时间范围内用常规软件工具进行捕捉、管理和处理的数据集合，是需要新处理模式才能具有更强的决策力、洞察发现力和流程优化能力的海量、高增长率和多样化的信息资产。

在过去的20年里，数据在各行各业以大规模的态势持续增加。由IDC和EMT联合发布的*The Digital Universe of Opportunities: Rich Data and the Increasing Value of the Internet of Things*研究报告中指出，2011年全球数据总量已达到1.8 ZB，并将以每两年翻番的速度增长，到2020年，全球数据量将达到40 ZB，均摊到每个人身上达到5 200 GB以上。在“2017年世界电信和信息化社会日”大会上，工信部总工程师张峰指出，我国的数据总量正在以年均50%的速度持续增长，预计到2020年，我国数据总量在全球占比将达到21%。IBM的研究称，整个人类文明所获得的全部数据中，有90%是过去两年内产生的。

著名管理咨询公司麦肯锡的开源实现称：“数据已经渗透到当今每个行业，成为重要的生产因素。人们对于大数据的挖掘和运用，预示着新一波生产力的增长。”一个国家拥有数据的规模和运用数据的能力将成为综合国力的重要组成部分，对数据的占有和控制将成为国家间和企业间新的争夺焦点。大数据已成为社会各界关注的新焦点，“大数据时代”已然来临。

二、大数据的特征

数据分析是大数据的前沿技术。从各种类型的数据中，快速高效获得有价值信息的能力，就是大数据技术。在维克托·迈尔-舍恩伯格及肯尼斯·库克耶编写的《大数据时代》中指出：大数据指不用随机分析法（抽样调查）这样的捷径，而采用所有数据进行分析处理。IBM提出大数据的5V特点是Volume（大量）、Velocity（高速）、Variety（多样）、Veracity（真实性）、Value（价值），如图8.1.1所示。

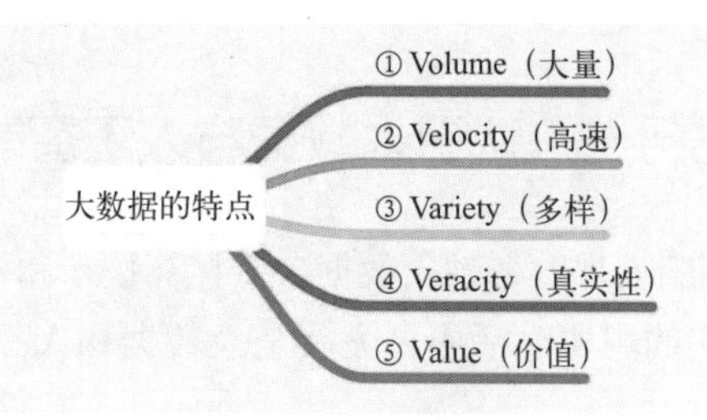

图8.1.1　大数据特征

1. 大量（Volume）

“大量”是指大数据巨大的数据量与数据完整性。数量的单位从TB级别跃升到PB级别甚至ZB级别。伴随着各种随身设备以及物联网、云计算、云存储等技术的发展，人和物的所有轨迹都可以被记录，数据因此被大量生产出来。

2. 高速（Velocity）

“高速”是指大数据必须得到高效迅速的处理才具有参考价值。随着现代传感、互联网、计算机技术的发展，数据生成、存储、分析、处理的速度远远超出人们的想象，这是大数据区别于传统数据或小数据的显著特征。英特尔中国研究院首席工程师吴甘沙认为，速度快是大数据处理技术与传统的数据挖掘技术最大的区别。大数据是一种以实时数据处理、实时结果导向为特征的解决方案，它的“快”有两个层面：

（1）数据产生得快。有的数据是爆发式产生，例如欧洲核子研究中心的大型强子对撞机在工作状态下每秒产生PB级的数据；有的数据是涓涓细流式产生，但是由于用户众多，短时间内产生的数据量依然非常庞大，例如，点击流、日志、射频识别数据、GPS（全球定位系统）位置信息。

（2）数据处理得快。正如水处理系统可以从水库调出水进行处理，也可以直接对涌进来的新水流进行处理。2016年德国法兰克福国际超算大会（ISC）公布的全球超级计算机500强榜单中，由国家超级计算无锡中心研制的神威太湖之光夺得第一，该系统峰值性能达12.5亿亿次/秒，其1分钟的计算机能力，相当于70亿人同时用计算器不间断计算32年。

3. 多样化（Velocity）

“多样化”体现在数据类型的多样化方面。随着传感器、智能设备以及社交协作技术的飞速发展，数据也变得更加复杂，因为它不仅包含传统的关系型数据，还包含来自网页、视频、图片、地理信息、搜索索引、社交媒体论坛、电子邮件、文档、主动和被动系统的传感器数据等原始、半结构化和非结构化数据。发掘这些形态各异、快慢不一的数据流之间的相关性，是大数据做前人之未做、能前人所不能的机会。大数据技术不仅是处理巨量数据的利器，更为处理不同来源、不同格式的多元化数据提供了可能。

4. 真实（Veracity）

“真实”是指与传统的抽样调查相比，大数据反映的内容更加全面、真实。

5. 有价值（Value）

“有价值”是指大数据的价值更多地体现在零散数据之间的关联上。现在的任务就是将这些ZB、PB级的数据，利用云计算、智能化开源实现平台等技术，提取出有价值的信息，将信息转化为知识，发现规律，最终用知识促成正确的决策和行动。

三、大数据来源

1. 按产生数据的主体划分

少量企业应用产生的数据，如关系型数据库中的数据和数据仓库中的数据等；大量产生的数据，如推特、微博、通信软件、移动通信数据、电子商务在线交易日志数据、企业应用的相关评论数据等；机器产生的巨量数据，如应用服务器日志、各类传感器数据、图像和视频监控数据、二维码和条形码（条码）扫描数据等。

2. 按数据来源的行业划分

（1）以BAT为代表的互联网公司。百度公司数据总量超过了千PB级别，阿里巴巴公司保存的数据量超过了百PB级别，拥有90%以上的电商数据，腾讯公司总存储数据量经压缩处理以后仍然超过了百PB级别，数据量月增加达到10%。

（2）电信、金融、保险、电力、石化系统。电信行业数据年度用户数据增长超过10%，金融行业每年产生的数据超过数十PB，保险系统的数据量也超过了PB级别，电力与石化方面，仅国家电网采集获得的数据总量就达到了数十PB，石油化工领域每年产生和保存下来的数据量也将近百PB级别。

（3）公共安全、医疗、交通领域。一个中、大型城市，一个月的交通卡日记录数可以达到3亿条；整个医疗卫生行业一年能够保存下来的数据就可达到数百PB级别；航班往返一次产生的数据就达到TB级别；列车、水陆路运输产生的各种视频、文本类数据，每年保存下来的也达到数十PB。

（4）气象、地理、政务等领域。中国气象局保存的数据将近10 PB，每年约增数百TB；各种地图和地理位置信息每年约数十PB；政务数据则涵盖了旅游、教育、交通、医疗等多个门类，且多为结构化数据。

（5）制造业和其他传统行业。制造业的大数据类型以产品设计数据、企业生产环节的业务数据和生产监控数据为主。其中产品设计数据：以文件为主，非结构化，共享要求较高，保存时间较长；企业生产环节的业务数据主要是数据库结构化数据，而生产监控数据则数据量非常大。在其他传统行业，虽然线下商业销售、农林牧渔业、线下餐饮、食品、科研、物流运输等行业数据量剧增，但是数据量还处于积累期，整体体量都不算大，多则达到PB级别，少则数十TB或数百TB级别。

3．按数据存储的形式划分

大数据不仅体现在数据量大，还体现在数据类型多。如此海量的数据中，仅有20%左右属于结构化的数据，80%的数据属于广泛存在于社交网络、物联网、电子商务等领域的非结构化数据。结构化数据简单来说就是数据库中的数据，如企业ERP、财务系统、医疗HIS数据库、教育一卡通、政府行政审批、其他核心数据库等数据。非结构化数据包括所有格式的办公文档、文本、图片、XML、HTML、各类报表、图像和音频、视频信息等数据。

四、大数据核心组件

1．为什么需要Hadoop

在数据量很大的情况下，单机的处理能力无法胜任，必须采用分布式集群的方式进行处理，而用分布式集群的方式处理数据，实现的复杂度呈几何级数增加。所以，在海量数据处理的需求下，一个通用的分布式数据处理技术框架能大大降低应用开发难点和减少工作量。

先来看这么一个例子：我们要从一个用户使用APP的日志数据中统计每个用户搜索了哪些关键词，这个日志文件有21 GB，而我们的一个服务器只有8 GB内存，很显然一台服务器是无法承受的。那么我们的处理方案应该如图8.1.2所示。

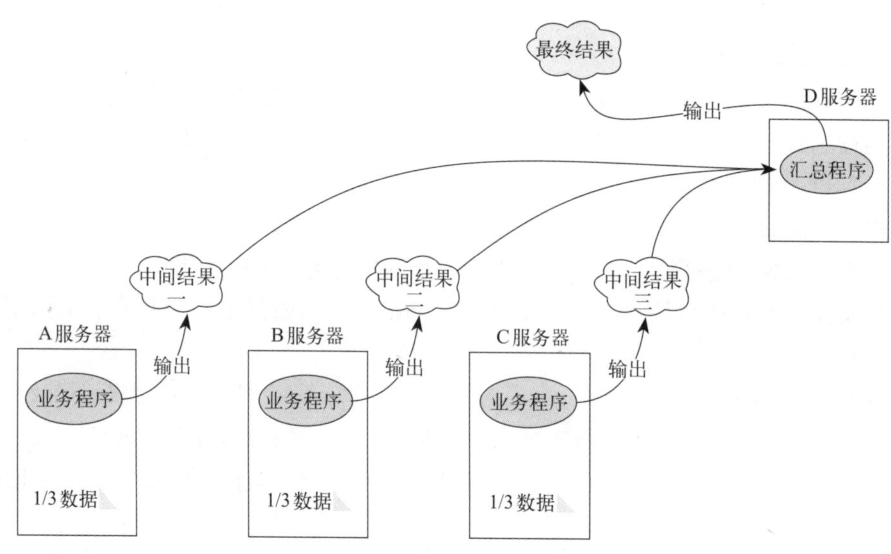

图8.1.2　自己搭建一个集群

从图8.1.2可知，要顺利完成这样一个集群工作，它存在以下几个问题：

（1）如何分发业务应用到集群的各台服务器上。

（2）设置好每台服务器的运算环境。

（3）业务逻辑要进行适应性的改造，需要一个专门的汇总程序来处理各台服务器的结果。

（4）任务的监控和容错，比如B服务器出现故障就需要重新分配一个服务器去处理B服务器中的1/3数据。

（5）如何处理中间结果数据的缓存、调度和传输。

可以看出，自己编写一个程序来处理以上问题是极其复杂的，而Hadoop却可以帮助处理上面的所有问题，我们只需要编写业务程序即可。

2．Hadoop是什么

Hadoop是用于处理（运算分析）海量数据的技术平台，并且采用分布式集群的方式，如图8.1.3所示。

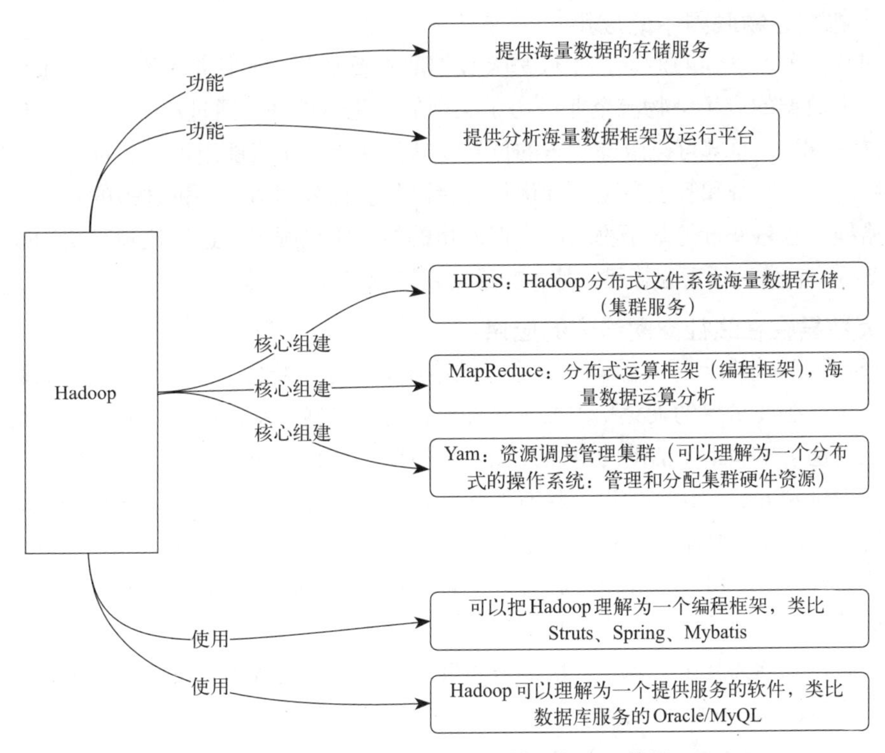

图8.1.3 Hadoop的功能、核心组建及使用

任务二 认识常见的大数据

由于传统互联网向移动互联网发展，信息空间爆炸，大数据不仅改变了互联网的数据应用模式，还将深刻地影响各行各业。将大量原始数据汇集在一起，通过分析数据中潜在的规律，总结过去和预测未来，有助于人们做出正确的选择。大数据时代把基于传统统计的数据分析从向后分析变成向前分析，这必然会渗透到各行各业，颠覆传统产业模式。

一、大数据在企业中的应用

目前，大数据主要来源于企业，也主要应用于企业。商业智能和联机分析处理是大数据在企业应用的先例。大数据在企业中的应用能在许多方面提高企业生产效率和竞争力。在营销上，基于相关性分析企业能准确掌握消费者的行为模式，并依次设计新的业务模式；通过企业产品销售数据的分析，企业可以优化商品价格；企业利用大数据可以进行库存优化、物流优化以及供应商协调等，从而达到缓解供应和需求之间的差距，控制预算以及改善服务。

电子商务成为大数据应用最成功的行业。淘宝每天进行成千上万的交易，每条交易自动生成的交易记录中包含有交易时间、商品价格和采购数量，更重要的是，买家和卖家的年龄、性别、地址甚至爱好和兴趣都一览无余。淘宝立方是淘宝平台在大数据上的应用案例，通过淘宝立方，商家可以在淘宝平台宏观地了解它的品牌的市场情况和消费者的行为等，商家可以根据此数据做出生产和库存的决策。

二、大数据在物联网中的应用

物联网是一个多样性的对象，不仅是大数据的重要来源，而且是大数据应用的主要市场。随着物联网大数据的应用，物流企业经历了深刻的变化。例如，通过给所有货车配备传感器、无线适配器和GPS，总部可以跟踪货车的位置，从而防止货车可能出现的各种故障。同时，该系统还能协助公司监督和管理员工，并优化交付路线。该公司通过司机过去的驾驶经验能指定最佳送货路线。智慧城市是基于物联网数据应用的热点研究领域，通过该项目帮助政府取得更好的决策支持，有效进行资源管理，减少交通堵塞，改善公共安全。

三、大数据在在线社交网络中的应用

SNS（Social Networking Serices，社会性网络服务）是由社会个体和个人之间的社会关系构成的社会结构。在线SNS的大数据主要来自即时消息、在线社交、微博、分享等，这些信息在某种程度上表达了不同用户活动的空间。在线SNS的大数据应用是借助计算分析为理解人类社会关系提供理论和方法，这些理论方法有数学、信息学、社会学和管理科学等。SNS大数据的经典应用是挖掘和分析内容信息和结构信息，从而获取价值。基于内容的应用，通过语言和文本的分析，能大致推断出用户的偏好、情感、兴趣和需求等。基于结构的应用，用户是社会关系、兴趣和爱好等综合关系的一个节点，用户之间成聚合关系。这种密切的内部个体结构关系，松散的外部关系，也称为社区。基于社区的分析非常重要，它能改善信息传播范围和帮助分析社区中的人际关系。

四、大数据在健康和医疗中的应用

医疗保健和医药数据包含着丰富多彩的价值信息，对健康和医药数据的有效分析和处理有着无限潜力，医疗大数据的应用将深刻影响保健业务。为了预测代谢综合症患者以帮助其康复，安泰人寿保险公司从千例患者中选择102例患者完成了一个实验。从连续三年的代谢综合症患者的一系列检测结果中扫描600 000个化验结果和180 000个索赔事件，最后得出一个应对危险因素的个性化治疗方案和应对大多数此患者的方案。微软在2007年发布的HealthVault，是医疗大数据的一个优秀应用。它的目标是管理个人健康信息和家庭医疗设备。目前，使用智能设备可以输入和上传健康信息，通过第三方机构能够导入个人医疗记录。此外，它还可以通过软件开发工具包（SDK）开放接口与第三方集成应用。

任务三　认识云计算

一、云计算概述

“云”实质上就是一个网络，狭义上讲，云计算就是一种提供资源的网络，使用者可以随时获取“云”上的资源，按需求量使用，并且可以看成是无限扩展的，只要按使用量付费就可以，“云”就像自来水厂一样，我们可以随时接水，并且不限量，按照自己家的用水量，付费给自来

水厂，如图8.3.1所示。

从广义上说，云计算是与信息技术、软件、互联网相关的一种服务，这种计算资源共享池称为“云”，云计算把许多计算资源集合起来，通过软件实现自动化管理，只需要很少的人参与，就能让资源被快速提供。也就是说，计算能力作为一种商品，可以在互联网上流通，就像水、电、煤气一样，可以方便地取用，且价格较为低廉。总之，云计算不是一种全新的网络技术，而是一种全新的网络应用概念，云计算的核心概念就是以互联网为中心，在网站上提供快速且安全的云计算服务与数据存储，让每一个使用互联网的人都可以使用网络上的庞大计算资源与数据中心。

图8.3.1　云计算网络

云计算是继互联网、计算机后在信息时代又一种新的革新，云计算是信息时代的一个大飞跃，未来的时代可能是云计算的时代，虽然目前有关云计算的定义有很多，但总体上来说，云计算的基本含义是一致的，即云计算具有很强的扩展性和需要性，可以为用户提供一种全新的体验，云计算的核心是可以将很多的计算机资源协调在一起。因此，使用户通过网络就可以获取到无限的资源，同时获取的资源不受时间和空间的限制。

二、云计算的特点

云计算的可贵之处在于高灵活性、可扩展性和高性比等，与传统的网络应用模式相比，其具有如下优势与特点：

1. 虚拟化技术

必须强调的是，虚拟化突破了时间、空间的界限，是云计算最为显著的特点，虚拟化技术包括应用虚拟和资源虚拟两种。众所周知，物理平台与应用部署的环境在空间上是没有任何联系的，正是通过虚拟平台对相应终端操作完成数据备份、迁移和扩展等。

2. 动态可扩展

云计算具有高效的运算能力，在原有服务器基础上增加云计算功能能够使计算速度迅速提高，最终实现动态扩展虚拟化的层次达到对应用进行扩展的目的。

3. 按需部署

计算机包含了许多应用、程序软件等，不同的应用对应的数据资源库不同，所以用户运行不同的应用需要较强的计算能力对资源进行部署，而云计算平台能够根据用户的需求快速配备计算能力及资源。

4. 灵活性高

目前市场上大多数IT资源、软、硬件都支持虚拟化，比如存储网络、操作系统和开发软、硬件等。虚拟化要统一放在云系统资源虚拟池中进行管理，可见云计算的兼容性非常强，不仅可以兼容低配置机器、不同厂商的硬件产品，还能通过外设获得更高性能的计算。

5. 可靠性高

即使服务器出现故障也不影响计算与应用的正常运行，因为单点服务器出现故障可以通过虚拟化技术将分布在不同物理服务器上的应用进行恢复或利用动态扩展功能部署新的服务器进行计算。

6. 性价比高

将资源放在虚拟资源池中统一管理在一定程度上优化了物理资源，用户不再需要昂贵、存储空间大的主机，可以选择相对廉价的PC组成云，一方面减少费用，另一方面计算性能也不逊于大型主机。

7. 可扩展性

用户可以利用应用软件的快速部署条件更为简单快捷地将自身所需的已有业务以及新业务进行扩展。例如，计算机云计算系统中出现设备的故障，对于用户来说，无论是在计算机层面上，或是在具体运用上，均不会受到阻碍，可以利用计算机云计算具有的动态扩展功能来对其他服务器开展有效扩展。这样一来就能确保任务得以有序完成。在对虚拟化资源进行动态扩展的情况下，同时能高效扩展应用，提高计算机云计算的操作水平。

三、云计算的服务类型

通常，它的服务类型分为三类，即基础设施即服务（IaaS）、平台即服务（PaaS）和软件即服务（SaaS）。这3种云计算服务有时称为云计算堆栈，因为它们构建堆栈，位于彼此之上。

1. 基础设施即服务

基础设施即服务（IaaS）是主要的服务类别之一，它向云计算提供商的个人或组织提供虚拟化计算资源，如虚拟机、存储、网络和操作系统。

2. 平台即服务

平台即服务（PaaS）是一种服务类别，为开发人员提供通过全球互联网构建应用程序和服务的平台。PaaS为开发、测试和管理软件应用程序提供按需开发环境。

3. 软件即服务

软件即服务（SaaS）也是其服务的一类，通过互联网提供按需软件付费应用程序，云计算提供商托管和管理软件应用程序，并允许其用户连接到应用程序并通过全球互联网访问应用程序。

四、云计算的应用

较为简单的云计算技术已经普遍服务于现如今的互联网服务中，最为常见的是网络搜索引擎和网络邮箱。在任何时刻，只要用过移动终端就可以在搜索引擎上搜索任何自己想要的资源，通过云端共享数据资源。而网络邮箱也是如此，在云计算技术和网络技术的推动下，电子邮箱成为社会生活中的一部分，只要在网络环境下，就可以实现实时邮件的寄发。其实，云计算技术已经融入现今的社会生活。

1. 存储云

存储云又称云存储，是在云计算技术上发展起来的一个新的存储技术。云存储是一个以数据存储和管理为核心的云计算系统。用户可以将本地的资源上传至云端上，可以在任何地方连入互联网来获取云上的资源。大家所熟知的谷歌、微软等大型网络公司均有云存储的服务，在国内，百度云和微云则是市场占有量最大的存储云。存储云向用户提供了存储容器服务、备份服务、归档服务和记录管理服务等，大大方便了使用者对资源的管理。

2. 医疗云

医疗云，是指在云计算、移动技术、多媒体、4G通信、大数据以及物联网等新技术基础上，结合医疗技术，使用“云计算”来创建医疗健康服务云平台，实现了医疗资源的共享和医疗范围的扩大。像现在医院的预约挂号、电子病历、医保等都是云计算与医疗领域结合的产物，医疗云还具有数据安全、信息共享、动态扩展、布局全国的优势。

3. 金融云

金融云，是指利用云计算的模型，将信息、金融和服务等功能分散到庞大分支机构构成的互联网“云”中，旨在为银行、保险和基金等金融机构提供互联网处理和运行服务，同时共享互联网资源，从而解决现有问题并且达到高效、低成本的目标。在2013年11月27日，阿里云整合阿里巴巴旗下资源并推出阿里金融云服务。其实，这就是现在基本普及了的快捷支付，因为金融与云计算的结合，在手机上简单操作，就可以完成银行存款、购买保险和基金买卖。不仅仅阿里巴巴推出了金融云服务，像苏宁金融、腾讯等企业均推出了自己的金融云服务。

4. 教育云

教育云，实质上是指教育信息化的一种发展。教育云可以将所需要的任何教育硬件资源虚拟化，然后将其传入互联网中，以向教育机构和学生、老师提供一个方便快捷的平台。现在流行的慕课就是教育云的一种应用。慕课（MOOC），指的是大规模开放的在线课程。现阶段慕课的三大优秀平台为Coursera、edX以及Udacity，在国内，中国大学MOOC也是非常好的平台。2013年10月10日，清华大学推出MOOC平台——学堂在线，许多大学现已使用学堂在线开设了一些课程的MOOC。

任务四　认识人工智能

一、人工智能的概念

人工智能是研究、开发用于模拟、延伸和扩展人的智能的理论、方法、技术及应用系统的一门新的技术科学。

人工智能是计算机科学的一个分支，它企图了解智能的实质，并生产出一种新的能以人类智能相似的方式做出反应的智能机器，该领域的研究包括机器人、语言识别、图像识别、自然语言处理和专家系统等人工智能。从诞生以来，理论和技术日益成熟，应用领域也不断扩大，可以设想，未来人工智能带来的科技产品，将会是人类智慧的“容器”。人工智能可以对人的意识、思维的信息过程进行模拟。人工智能不是人的智能，但能像人那样思考，也可能超过人的智能。

人工智能是一门极富挑战性的科学，从事这项工作的人必须懂得计算机知识，心理学和哲学。人工智能是包括十分广泛的科学，它由不同的领域组成，如机器学习，计算机视觉，等等。总的来说，人工智能研究的一个主要目标是使机器能够胜任一些通常需要人类智能才能完成的复杂工作。但不同的时代、不同的人对这种“复杂工作”的理解是不同的。2017年12月，人工智能入选“2017年度中国媒体十大流行语”。

二、人工智能的发展阶段

1956年夏季，以麦卡赛、明斯基、罗切斯特和香农等为首的一批有远见卓识的年轻科学家在美国大学的一次聚会，共同研究和探讨用机器模拟智能的一系列有关问题，并首次提出了“人工智能”这一术语，它标志着“人工智能”这门新兴学科的正式诞生。在它还不长的历史中，人工智能的发展比预想的要慢，但一直在前进，从4年前出现至今，已经出现了许多AI程序，并且它们也影响到了其他技术的发展。IBM公司“深蓝”计算机击败了人类的世界国际象棋冠军更是人工智能技术的一个完美表现。

随着人工智能的提出与不断发展，人们对人工智能的研究主要可分为以下几个阶段：

（1）第一阶段。20世纪50年代人工智能概念首先提出后，相继出现了一批显著的成果，如机器定理证明、跳棋程序、通用问题S求解程序、LISP表处理语言等。但由于消解法推理能力有限，以及机器翻译等的失败，使人工智能走入了低谷。这一阶段的特点是：重视问题求解的方法，忽视知识重要。

（2）第二阶段。20世纪60年代末到70年代，专家系统出现，使人工智能研究出现新高潮，DENDRAL化学质谱分析系统、MYCIN疾病诊断和治疗系统、PROSPECTION探矿系统、Hearsay-Ⅱ语音理解系统等专家系统的研究和开发，将人工智能引向了实用化，并在1969年成立了国际人工智能联合会议。

（3）第三阶段。20世纪80年代，随着第五代计算机的研制，人工智能得到了很大发展。1982年日本开始了“第五代计算机研制计划”，即“知识信息处理计算机系统KIPS”，其目的是使逻辑推理达到思维那么快。虽然此计划失败，但它的开展形成了一股研究人工智能的热潮。

（4）第四阶段。20世纪80年代末，神经网络飞速发展，1987年美国召开第一次神经网络国际会议，宣告了这一新学科的诞生。此后，各国在神经网络方面的投资逐渐增加，神经网络迅速发展起来。

（5）第五阶段。20世纪90年代，人工智能出现新的研究高潮。由于网络技术特别是国际互联网技术的发展，人工智能开始由单个智能主体研究转向基于网络环境下的分布式人工智能研究。不仅研究基于同一目标的分布式问题求解，而且研究多个智能主体的多目标问题求解，将人工智能更面向实用。另外，由于Hopfield多层神经网络模型的提出，使人工神经网络研究与应用出现了欣欣向荣的景象。

三、人工智能的研究方法

对一个问题的研究方法从根本上说分为两种：其一，对要解决的问题扩展到它所隶属的领域，对该领域做一广泛了解，研究该领域从而实现对该领域的研究，讲究广度，从对该领域的广泛研究收缩到问题本身；其二，把研究的问题特殊化，提炼出要研究问题的典型子问题或实例，从一个更具体的问题出发，做深刻的分析，研究透彻该问题，再一般化扩展到要解决的问题，讲究研究深度，从更具体的问题入手研究扩展到问题本身。

人工智能的研究方法主要分为三类：

1. 结构模拟，神经计算

就是根据人脑的生理结构和工作机理，实现计算机的智能，即人工智能。结构模拟法也就是基于人脑的生理模型，采用数值计算的方法，从微观上来模拟人脑，实现机器智能。采用结构模拟，运用神经网络和神经计算的方法研究人工智能者，被称为生理学派、连接主义。

2. 功能模拟，符号推演

就是在当前数字计算机上，对人脑从功能上进行模拟，实现人工智能。功能模拟法就是以人脑的心理模型，将问题或知识表示成某种逻辑网络，采用符号推演的方法，实现搜索、推理、学习等功能，从宏观上来模拟人脑的思维，实现机器智能。以功能模拟和符号推演研究人工智能者，被称为心理学派、逻辑学派、符号主义。

3. 行为模拟，控制进化

就是模拟人在控制过程中的智能活动和行为特性。以行为模拟方法研究人工智能者，被称为行为主义、进化主义、控制论学派。

4. 其他研究方法

人工智能的研究方法，已从“一枝独秀”的符号主义发展到多学派的“百花争艳”，除了上面提到的3种方法，又提出了“群体模拟，仿生计算”“博采广鉴，自然计算”“原理分析，数学建模”等方法。人工智能的目标是理解包括人在内的自然智能系统及行为，而这样的系统在现实世界中以分层进化的方式形成了一个谱系，而智能作为系统的整体属性，其表现形式又具有多样性，人工智能的谱系及其多样性的行为注定了研究的具体目标和对象的多样性。人工智能与前沿技术的结合，使人工智能的研究日趋多样化。

四、人工智能的研究目标

关于人工智能的研究目标目前还没有一个统一的说法，可以从以下几个角度区分：

1. 人工智能的一般研究目标

（1）更好地理解人类智能。通过编写程序来模仿和检验有关人类智能的理论。

（2）创造有用的灵巧程序。该程序能够执行一般人类专家才能实现的任务。

2. 人工智能研究的近期研究目标和根本目标

（1）近期目标。使现有的计算机不仅能做一般的数值计算及非数值信息的数据处理，而且能运用知识处理问题，能模拟人类的部分职能行为。

（2）根本目标。要求计算机不仅能模拟而且可以延伸，扩展人的智能，达到甚至超过人类智能的水平。

3. 人工智能从工程技术学科和理论研究学科角度的研究目标

（1）作为工程技术学科，人工智能的目标是提出建造人工智能系统的新技术、方法和新理论，并在此基础上研制出具有智能行为的计算机系统。

（2）作为理论研究学科，人工智能的目标是提出能够描述和解释智能行为的概念与理论，为建立人工智能系统提供理论依据。

五、人工智能的研究领域

人工智能的最终目标是要创造具有人类智能的机器，用机器模拟人类智能。但是，这是一个十分漫长的过程，随着人工智能理论研究的发展和成熟，人工智能的应用领域更为宽广，应用效果更为显著。人工智能研究通过多种途径、从多个领域入手进行探索，最终实现人工智能研究的最终目标。但从应用的角度看，人工智能的研究主要集中在以下几个方面：

1. 专家系统

专家系统是一个具有大量专门知识与经验的程序系统。它应用人工智能技术，根据某个领域一个或多个人类专家提供的知识和经验进行推理和判断，模拟人类专家的决策过程，以解决那些需要专家决定的复杂问题。目前在许多领域，专家系统已取得显著效果。专家系统与传统计算机程序的本质区别在于，专家系统所要解决的问题一般没有算法解，并且经常要在不完全、不精确或不确定的信息基础上做出结论。它可以解决的问题一般包括解释、预测、诊断、设计、规划、监视、修理、指导和控制等。从体系结构上可分为集中式专家系统、分布式专家系统、协同式专家系统、神经网络专家系统等；从方法上可分为基于规则的专家系统、基于模型的专家系统、基于框架的专家系统等。

2. 自然语言理解

自然语言理解是研究实现人类与计算机系统之间用自然语言进行有效沟通的各种理论和方法。由于目前计算机系统与人类之间的交互还只能使用严格限制的各种非自然语言，因此解决计算机系统能够理解自然语言的问题，一直是人工智能研究领域的重要研究课题之一。

实现人机间自然语言通信意味着计算机系统既能理解自然语言文本的意义，也能生成自然语言文本来表达给定的意图和思想等。而语言的理解和生成是一个极为复杂的解码和编码问题。一个能够理解自然语言的计算机系统看起来就像一个人一样，它需要有上下文知识和信息，并能用信息发生器进行推理。理解口头和书写语言的计算机系统的基础就是表示上下文知识结构的某些人工智能思想，以及根据这些知识进行推理的某些技术。

虽然在理解有限范围的自然语言对话和理解用自然语言表达的小段文章或故事方面的程序系统已有一定的进展，但要实现功能较强的理解系统仍十分困难。从目前的理论和技术现状看，它主要应用于机器翻译、自动文摘、全文检索等方面，而通用的和高质量的自然语言处理系统，仍然是较长期的努力目标。

3. 机器学习

机器学习是人工智能的一个核心研究领域，它是计算机具有智能的根本途径。学习是人类智能的主要标志和获取知识的基本手段。Simon认为：“如果一个系统能够通过执行某种过程而改进它的性能，这就是学习。”

机器学习研究的主要目标是让机器自身具有获取知识的能力，使机器能够总结经验、修正错误、发现规律、改进性能，对环境具有更强的适应能力。通常要解决如下几方面的问题：

（1）选择训练经验。它包括如何选择训练经验的类型，如何控制训练样本序列，以及如何使训练样本的分布与未来测试样本的分布相似等子问题。

（2）选择目标函数。所有的机器学习问题几乎都可简化为学习某个特定的目标函数的问题，因此，目标函数的学习、设计和选择是机器学习领域的关键问题。

（3）选择目标函数的表示。对于一个特定的应用问题，在确定了理想的目标函数后，接下来的任务是必须从很多种表示方法中选择一种最优或近似最优的表示方法。

目前，机器学习的研究还处于初级阶段但却是一个必须大力开展研究的阶段。只有机器学习的研究取得进展，人工智能和知识工程才会取得重大突破。

4. 机器人学

机器人学是机械结构学、传感技术和人工智能结合的产物。1948年美国研制成功第一代遥控机械手，17年后第一台工业机器人诞生，从此相关研究不断取得进展。机器人的发展经历了以下几个阶段：

（1）第一代为程序控制机器人。它以“示教—再现”方式，一次又一次学习后进行再现，代替人类从事笨重、繁杂与重复的劳动。

（2）第二代为自适应机器人，它配备有相应的感觉传感器，能获取作业环境的简单信息，允许操作对象的微小变化，对环境具有一定适应能力。

（3）第三代为分布式协同机器人。它装备有视觉、听觉、触觉多种类型传感器，在多个方向平台上感知多维信息，并具有较高的灵敏度，能对环境信息进行精确感知和实时分析，协同控制自己的多种行为，具有一定的自主学习、自主决策和判断能力，能处理环境发生的变化，能和其他机器人进行交互。

从功能上来考虑，机器人学的研究主要涉及两个方面：一方面是模式识别，即给机器人配备视觉和触觉，使其能够识别空间景物的实体和阴影，甚至可以辨别出两幅图像的微小差别，从而完成模式识别的功能；另一方面是运动协调推理。机器人的运动协调推理是指机器人在接受外界的刺激后，驱动机器人行动的过程。

机器人学的研究促进了人工智能思想的发展，它所导致的一些技术可在人工智能研究中用来建立世界状态模型和描述世界状态变化的过程。

5. 模式识别模式

识别研究的是计算机的模式识别系统，即用计算机代替人类或帮助人类感知模式。模式通常具有实体的形式，如声音、图片、图像、语言、文字、符号、物体和景象等，可以用物理、化学及生物传感器进行具体采集和测量。但模式所指的不是事物本身，而是从事物获得的信息，因此，模式往往表现为具有时间和空间分布的信息。人们在观察、认识事物和现象时，常常寻找它与其他事物和现象的相同与不同之处，根据使用目的进行分类、聚类和判断，人脑的这种思维能力就构成了模式识别的能力。

模式识别呈现多样性和多元化趋势，可以在不同的概念粒度上进行，其中生物特征识别成为模式识别的新高潮，包括语音识别、文字识别、图像识别、人物景象识别和手语识别等；人们还要求通过识别语种、乐种和方言来检索相关的语音信息，通过识别人种、性别和表情来检索所需要的人脸图像；通过识别指纹（掌纹）、人脸、签名、虹膜和行为姿态识别身份。普遍利用小波变换、模糊聚类、遗传算法、贝叶斯理论和支持向量机等方法进行识别对象分割特征提取、分类、聚类和模式匹配。模式识别是一个不断发展的新科学，它的理论基础和研究范围也在不断发展。

6. 计算机视觉

视觉是各个应用领域，如制造业、检验、文档分析、医疗诊断和军事等领域中各种智能系统不可分割的一部分。计算机视觉涉及计算机科学与工程、信号处理、物理学、应用数学和统计学、神经生理学和认知科学等多个领域的知识，已成为一门不同于人工智能、图像处理和模式识别等相关领域的成熟学科。计算机视觉研究的最终目标是，使计算机能够像人那样通过视觉观察和理解世界，具有自主适应环境的能力。

计算机视觉研究的任务是理解一个图像，这里的图像是利用像素所描绘的景物。其研究领域涉及图像处理、模式识别、景物分析、图像解释、光学信息处理、视频信号处理以及图像理解。这些领域可分为如下三类：

（1）信号处理，即研究把一个图像转换为具有所需特征的另一个图像的方法。

（2）分类，即研究如何把图像划分为预定类别。分类是从图像中抽取一组预先确定的特征值，然后根据用于多维特征空间的统计决策方法决定一个图像是否符合某一类。

（3）理解，即在给定某一图像的情况下，一个图像理解程序不仅描述这个图像的本身，而且也描述该图像所描绘的景物。

计算机视觉的前沿研究领域包括实时并行处理、主动式定性视觉、动态和时变视觉、三维景物的建模与识别、实时图像压缩传输和复原、多光谱和彩色图像的处理与解释等。计算机视觉已在机器人装配、卫星图像处理、工业过程监控、飞行器跟踪和制导以及电视实况转播等领域获得极为广泛的应用。

六、人工智能的应用

人工智能，正如我们看到的那样，集多项技术于一身，使机器可以感受、理解、学习并采取行动，无论是自食其力还是参与人类活动。人工智能应用（Applications of Artificial Intelligence）的范围很广，包括：管理系统应用、计算机科学、金融贸易、医药、诊断、重工业、运输、远程通信、在线和电话服务、法律、科学发现、玩具和游戏、音乐等诸多方面，许多人工智能应用深入于每种工业的基础。

生活中人工智能的应用如下：

1. 虚拟个人助理

经常使用手机的人一定对Siri、Google Now 和Cortana这些虚拟个人助理不会陌生。只要说出命令，它们就会帮助我们找到有用的信息。例如，你可以问“最近的川菜馆在哪儿？”“我今天的日程有什么安排？”“提醒我八点钟给某某某打电话”，然后，虚拟个人助理就可以通过查询信息，然后向手机中的其他APP发送对应的信息来完成指令。

2. 智能汽车

Google旗下的自动驾驶汽车项目和特斯拉的自动驾驶功能是最新的两个例子。自动驾驶技术毫无疑问是基于人工智能之上的技术，并且目前发展速度极为迅猛。从英特尔今年年初收购以色列自动驾驶汽车公司Mobileye可见一斑。

3. 在线客服

现在，许多网站都提供用户与客服在线聊天的窗口，但其实并不是每个网站都有一个真人提供实时服务。很多情况下和你对话的仅仅只是一个初级A1，大多聊天机器人无异于自动应答器，但是其中一些能从网站中学习知识，在用户有需求时将其呈现在用户面前。

4. 购买预测

如果京东、天猫和亚马逊这样的大型零售商能够提前预见到客户的需求，那么收入一定有大幅度的增加。亚马逊目前正在研究这样一个的预期运输项目：在你下单之前就将商品运到送货车上，这样当你下单时甚至可以在几分钟内收到商品。毫无疑问这项技术需要人工智能来参与，需要对每一位用户的地址、购买偏好、愿望清单等数据进行深层次的分析之后才能得出可靠性较高的结果。

5. 音乐和电影推荐服务

喜欢一个人的一首歌不代表喜欢这个人的所有歌，有时我们自己也不知道为什么会喜欢一首歌、讨厌一首歌。如果用过网易云音乐这款产品，一定会惊叹于私人FM和每日音乐推荐与你喜欢的歌曲的契合度。与其他人工智能系统相比，这种服务比较简单，但是，这项技术能大幅度提高生活品质的改善。

6. 智能家居设备

许多智能家居设备都拥有学习用户行为模式的能力，并通过调整温度调节器或其他设备来帮助节省资金，不仅便利，还节能。例如，屋主外出工作，设备自动打开烤箱，无须等到回家再启动，这一点非常方便。人工智能知道主人什么时候回家，就能相应地提前调整室内温度，而出门在外时则自动关闭设备，这样可以省下不少钱。

7. 大型游戏

游戏AI可能是大多数人最早接触的AI实例。从第一款大型游戏到现在，AI已经应用了很长时间。最早期的AI甚至不能称为AI，1只会根据程序设定进行相应的行为，完全不考虑玩家的反应。不过最近几年，游戏AI的复杂性和有效性却迅猛发展。现在大型游戏中的角色能够揣摩玩家的行为做出一些难以预料的反应。

8. 欺诈检测

有没有收到过电子邮件或信件——询问是否用信用卡进行了某些产品支付？如果用户的账户存在被欺诈的风险，银行会发送此类信件，希望在汇款前确认用户个人已同意支付。人工智能通常部署来监控这种欺诈行为。

9. 安全监控

随着人们对于安全问题越来越重视，监控摄像头也越来越普及，在方便了场景记录和重现之外，也出现了新的挑战：监控摄像头所拍摄的内容仍然需要人工监测。用人力来同时监控多个摄像头传输的画面，非常容易疲倦，同时也容易出现发现不及时或者判断失误的情况。因此，非常有必要在监控摄像头系统中引入人工智能技术，借助人工智能来进行24小时无间断的持续监控。例如，利用人工智能来判断画面中是否出现异常人员，如果发现可以及时通知安保人员。

10. 新闻生成

人工智能程序可以写新闻？听起来似乎很不可思议，但这是现实！根据美国Wired杂志统计，美联社、福克斯和雅虎都已经在利用人工智能来编写文章，例如财务摘要、体育新闻回顾和日常报道。目前，人工智能还没有涉及调查类文章，如果内容不是太复杂、相对简单，人工智能完全可以搞定。从这个角度来说，电子商务、金融服务、房地产和其他数据驱动型行业都可以从人工智能中受益良多。

项 目 小 结

本项目主要介绍大数据相关技术、云计算的应用及人工智能的相关知识。

附录A　2018年全国计算机等级考试一级 MS Office 考试大纲

一、基本要求

1. 具有微型计算机的基础知识（包括计算机病毒的防治常识）。

2. 了解微型计算机系统的组成和各部分的功能。

3. 了解操作系统的基本功能和作用，掌握 Windows 的基本操作和应用。

4. 了解文字处理的基本知识，熟练掌握文字处理软件 Word 的基本操作和应用，熟练掌握一种汉字（键盘）输入方法。

5. 了解电子表格软件的基本知识，掌握电子表格软件 Excel 的基本操作和应用。

6. 了解多媒体演示软件的基本知识，掌握演示文稿制作软件 PowerPoint 的基本操作和应用。

7. 了解计算机网络的基本概念和因特网（Internet）的初步知识，掌握 IE 浏览器软件和 Outlook Express 软件的基本操作和使用。

二、考试内容

（一）计算机基础知识

1. 计算机的发展、类型及其应用领域。

2. 计算机中数据的表示、存储与处理。

3. 多媒体技术的概念与应用。

4. 计算机病毒的概念、特征、分类与防治。

5. 计算机网络的概念、组成和分类；计算机与网络信息安全的概念和防控。

6. 因特网网络服务的概念、原理和应用。

（二）操作系统的功能和使用

1. 计算机软、硬件系统的组成及主要技术指标。

2. 操作系统的基本概念、功能、组成及分类。

3. Windows 操作系统的基本概念和常用术语，文件、文件夹、库等。

4. Windows 操作系统的基本操作和应用：

（1）桌面外观的设置，基本的网络配置。

（2）熟练掌握资源管理器的操作与应用。

（3）掌握文件、磁盘、显示属性的查看、设置等操作。

（4）中文输入法的安装、删除和选用。

（5）掌握检索文件、查询程序的方法。

（6）了解软、硬件的基本系统工具。

（三）文字处理软件的功能和使用

1. Word 的基本概念，Word 的基本功能和运行环境，Word 的启动和退出。

2．文档的创建、打开、输入、保存等基本操作。

3．文本的选定、插入与删除、复制与移动、查找与替换等基本编辑技术；多窗口和多文档的编辑。

4．字体格式设置、段落格式设置、文档页面设置、文档背景设置和文档分栏等基本排版技术。

5．表格的创建、修改；表格的修饰；表格中数据的输入与编辑；数据的排序和计算。

6．图形和图片的插入；图形的建立和编辑；文本框、艺术字的使用和编辑。

7．文档的保护和打印。

（四）电子表格软件的功能和使用

1．电子表格的基本概念和基本功能，Excel 的基本功能、运行环境、启动和退出。

2．工作簿和工作表的基本概念和基本操作，工作簿和工作表的建立、保存和退出；数据输入和编辑；工作表和单元格的选定、插入、删除、复制、移动；工作表的重命名和工作表窗口的拆分和冻结。

3．工作表的格式化，包括设置单元格格式、设置列宽和行高、设置条件格式、使用样式、自动套用模式和使用模板等。

4．单元格绝对地址和相对地址的概念，工作表中公式的输入和复制，常用函数的使用。

5．图表的建立、编辑和修改以及修饰。

6．数据清单的概念，数据清单的建立，数据清单内容的排序、筛选、分类汇总，数据合并，数据透视表的建立。

7．工作表的页面设置、打印预览和打印，工作表中链接的建立。

8．保护和隐藏工作簿和工作表。

（五）演示文稿制作软件的功能和使用

1．中文 PowerPoint 的功能、运行环境、启动和退出。

2．演示文稿的创建、打开、关闭和保存。

3．演示文稿视图的使用，幻灯片基本操作（版式、插入、移动、复制和删除）。

4．幻灯片基本制作（文本、图片、艺术字、形状、表格等插入及其格式化）。

5．演示文稿主题选用与幻灯片背景设置。

6．演示文稿放映设计（动画设计、放映方式、切换效果）。

7．演示文稿的打包和打印。

（六）因特网（ Internet ）的初步知识和应用

1．了解计算机网络的基本概念和因特网的基础知识，主要包括网络硬件和软件，TCP/IP 协议的工作原理，以及网络应用中常见的概念，如域名、IP 地址、DNS 服务等。

2．能够熟练掌握浏览器、电子邮件的使用和操作。

三、考试方式

上机考试，考试时长 90 分钟，满分 100 分。

1. 题型及分值

单项选择题（计算机基础知识和网络的基本知识） 20 分

Windows 操作系统的使用　10 分

Word 操作　25 分

Excel 操作　20 分

PowerPoint 操作　15 分

浏览器（IE）的简单使用和电子邮件收发　10 分

2. 考试环境

操作系统：中文版 Windows 7

考试环境：Microsoft Office 2010

附录 B　全国计算机等级考试一级 MS Office 模拟试题一

一、选择题

1．从2011年开始，我国自主研发通用CPU芯片，其中第一款通用的CPU是（　　）。

A. 龙芯　　B. AMD　　C. Intel　　D. 酷睿

2．存储1024个24×24点阵的汉字字形码需要的字节数是（　　）。

A. 720 B　　B. 72 KB　　C. 7 000 B　　D. 7 200 B

3．对计算机操作系统的作用描述完整的是（　　）。

A. 管理计算机系统的全部软、硬件资源，合理组织计算机的工作流程，以达到充分发挥计算机资源的效率，为用户提供使用计算机的友好界面

B. 对用户存储的文件进行管理，方便用户

C. 执行用户输入的各类命令

D. 是为汉字操作系统提供的运行的基础

4．用高级程序设计语言编写的程序（　　）。

A. 计算机能直接执行　　B. 具有良好的可读性和移动性

C. 执行效率高但可读性差　　D. 依赖与具体机器，可移植性差

5．【Tab】键是（　　）。

A. 退格键　　B. 控制键　　C. 删除键　　D. 制表定位键

6．假设某台式计算机的内存储器容量为128 MB，硬盘容量为10 GB。硬盘的容量是内存容量的（　　）。

A. 40倍　　B. 60倍　　C. 80倍　　D. 100倍

7．计算机操作系统的主要功能是（　　）。

A. 对计算机的所有资源进行控制和管理，为用户使用计算机提供方便

B. 对源程序进行翻译

C. 对用户数据文件进行管理

D. 对汇编语言程序进行翻译

8．多媒体技术的主要特点是（　　）。

A. 实时性和信息量大　　B. 集成性和交互性

C. 实时性和分布性　　D. 分布性和交互性

9．下列关于计算机病毒的叙述中，正确的是（　　）。

A. 计算机病毒的特点之一是具有免疫性

B. 计算机病毒是一种有逻辑错误的小程序

C. 反病毒软件必须随着新病毒的出现而升级，提高查、杀病毒的功能

D. 感染过计算机病毒的计算机具有对该病毒的免疫性

10．微机硬件系统中最核心的部件是（　　）。

A. 内存储器　　B. 输入／输出设备　　C. CPU　　D. 硬盘

11．下面关于U盘的描述中，错误的是（　　）。

A. U盘有基本型、增强型和加密型3种　　B. U盘的特点是重量强、体积小

C. U盘多固定在机箱内，不便携带　　D. 断电后，U盘还能保持存储的数据不丢失

12．下列叙述中，错误的是（　　）。

A. 把数据从内存传输到硬盘的操作称为写盘

B. Office 属于系统软件

C. 把高级语言源程序转换为等价的机器语言目标程序的过程称为编译

D. 计算机内部对数据的传输、存储和处理都使用二进制

13．一个字长为5位的无符号二进制数能表示的十进制数值范围是（　　）。

A. 1～32　　B. 0～31　　C. 1～31　　D. 0～32

14．在下列字符中，其ASCII码值最大的一个是（　　）。

A. 9　　B. z　　C. d　　D. x

15．下列叙述中，正确的是（　　）。

A. 把数据从硬盘上传送到内存的操作称为输出

B. WPS Office 2003是一个国产的系统软件

C. 扫描仪属于输出设备

D. 将高级语言编写的源程序转换成为机器语言程序称为编译程序

16．下列各存储器中，存取速度最快的一种是（　　）。

A. Cache　　B. 动态RAM（DRAM）

C. CD-ROM　　D. 硬盘

17．CD-ROM是（　　）。

A. 大容量可读可写外存储器　　B. 大容量只读外部存储器

C. 可直接与CPU交换数据的存储器　　D. 只读内部存储器

18．正确的IP地址是（　　）。

A. 202.112.111.1　　B. 202.2.2.2.2　　C. 202.202.1　　D. 202.257.14.13

19．下列关于电子邮件的说法，正确的是（　　）。

A. 收件人必须有E-mail地址，发件人可以没有E-mail地址

B. 发件人必须有E-mail地址，收件人可以没有E-mail地址

C. 发件人和收件人都必须有E-mail地址

D. 发件人必须知道收件人住址的邮政编码

二、基本操作

1．在“考生”文件夹下GPOP\PUT文件夹中新建一个名为HUX的文件夹。

2．将“考生”文件夹下MICRO文件夹中的文件xsak.bas删除。

3．将“考生”文件夹下COOK\FEW文件夹中的文件arad.wps复制到考生文件夹下ZUME文件夹中。

4．将“考生”文件夹下ZOOM文件夹中的文件macro.old设置成隐藏属性。

5．将“考生”文件夹下BEI文件夹中的文件soft.bas重命名为buaa.bas。

三、文字处理

1．在“考生”文件夹下，打开文档word1.docx，按照要求完成下列操作并以该文件名（word1.docx）保存文档。

信息与计算机

在进入新世纪时，让我们回过头来看一看，什么是20世纪最重要的技术成果？人们可以列举出许许多多，但是相信最具一致的看法是：电子计算机堪称20实际人类最伟大、最卓越、最重要的技术发明之一。

人类过去所创造和发明的工具或机器都是人类四肢的延伸，用于弥补人类体能的不足；而计算机则是人类大脑的延伸，它开辟了人类智力解放的新纪元。

计算机的出现和迅速发展，不仅使计算机成为现代人类活动中不可缺少的工具，而且使人类的智慧与创造力得以充分发挥，使全球的科学技术以磅礴的气势和人们难以预料的速度在改变整个社会的面貌。

计算机要处理的是信息，由于信息的需要出现了计算机，又由于有了计算机，使得信息的数量和质量急剧增长和提高，反过来则更加依赖计算机并进一步促进计算机技术的发展，信息与计算机就是这样互相依存和发展着。

（1）将标题段文字（“信息与计算机”）设置为三号蓝色（标准色）空心黑体、居中、并添加黄色底纹。

（2）将正文各段文字（“在进入新世纪……互相依存和发展着。”）设置为小四号楷体；各段落左右各缩进2.2字符、首行缩进2字符、1.2倍行距。

（3）设置页面纸张大小为“16开184×260毫米（18.39厘米×25.98厘米）”、页面左右边距各2.7厘米；为页面添加红色1磅阴影边框。

2．在“考生”文件夹下，打开文档word2.docx，按照要求完成下列操作并以该文件名（WORD2.DOCX）保存文档。

2001年11月1日全球主要市场指数一览

指数名称	最新指数	涨跌
恒升指数	10158	84.88
道琼斯指数	9075	−46.84
纳斯达克指数	1690	22.79
日经指数	10347	−19.06
法兰克福指数	4506	−53.04
金融时报指数	5025	−14.40

（1）设置表格居中；表格中的第1行和第1列文字水平居中，其余各行各列文字中部右对齐。

（2）设置表格列宽为2.7厘米、行高0.6厘米、表格所有框线为红色1磅单实线；按“涨跌”列降序排序表格内容。

四、电子表格

1．打开工作簿文件EXCEL.XLSX：（1）将Sheet1工作表的A1:D1单元格合并为一个单元格，内容水平居中；计算“总计”行、“优秀支持率”（百分比型，保留小数点后1位）列和“支持率排名”（降序排名）；利用条件格式的“数据条”下的“实心填充”修饰A2:B8单元格区域。（2）选择“学生”和“优秀支持率”两列数据区域的内容建立“分离型三维饼图”，图表标题为“优秀支持率统计图”，图例位于左侧，为饼图添加数据标签；将图插入到表A12:E28单元格区域，将工作表命名为“优秀支持率统计表”，保存excel.xlsx文件。

	A	B	C	D
1	论文优秀支持率调查表			
2	学生	认为优秀的人数	优秀支持率	支持率排名
3	Tom	876		
4	Rose	654		
5	Jack	245		
6	Jim	1634		
7	Mike	987		
8	Jane	1285		
9	总计			

2．打开工作簿文件exc.xlsx，对工作表“产品销售情况表”内数据清单的内容建立数据透视表，行标签为“产品名称”，列标签为“分公司”，求和项为“销售额（万元）”，并置于现工作表的I32:V37单元格区域，工作表名不变，保存exc.xlsx工作簿。

五、演示文稿

1．使用“茅草”主题修饰全文。全部幻灯片切换方案为“切出”，效果选项为“全黑”，放映方式为“观众自行浏览”。

2．第五张幻灯片的标题为“软件项目管理”。在第一张幻灯片前插入版式为“比较”的新幻灯片，将第三张幻灯片的标题和图片分部移到第一张幻灯片左侧的小标题和内容区。同样，将第四张幻灯片的标题和图片分部移到第一张幻灯片右侧的小标题和内容区。两张图片的动画均设置为“进入”、“缩放”，效果选项为“幻灯片中心”。删除第三和第四张幻灯片。第二张幻灯片前插入版式为“标题与内容”的新幻灯片，标题为“项目管理的主要任务与测量的实践”。内容区插入3行2列表格，第1列的2、3行内容依次为“任务”和“测试”，第1行第2列内容为“内容”，将第三张幻灯片内容区的文本移到表格的第2行第2列，将第四张幻灯片内容区的文本移到表格的第3行第2列。删除第三和第四张幻灯片，使第三张幻灯片成为第一张幻灯片。

六、上网

某模拟网站的主页地址是http://localhost:65531/exam web/index.htm，打开此主页，浏览“科技小知识”页面，查找“无人飞机的分类”的页面内容，并将它以文本文件的格式保存到考生目录下，命名为“wrfj.txt”。

选择题参考答案

ABABD CABCC CBBCD ABAC

附录 C 全国计算机等级考试一级 MS Office 模拟试题二

一、选择题

1．世界上公认的第一台电子计算机诞生的年份是（　　）。

A. 1943　　B. 1946　　C. 1950　　D. 1951

2．计算机最早的应用领域是（　　）。

A. 信息处理　　B. 科学计算　　C. 过程控制　　D. 人工智能

3．以下叙述正确的是（　　）。

A. 十进制数可用10个数码，分别是1～10

B. 一般在数字后面加一个大写字母B表示十进制数

C. 二进制数只有两个数码：1和2

D. 在计算机内部都是用二进制编码形式表示

4．下列关于ASCII码的叙述中，正确的是（　　）。

A. 国际通用的ASCII码是8位码

B. 所有大写英文字母的ASCII码值都小于小写英文字母的ASCII码值

C. 所有大写英文字母的ASCII码值都大于小写英文字母的ASCII码值

D. 标准ASCII码表有256个不同的字符编码

5．汉字区位码分别用十进制区号和位号的范围分别是（　　）。

A. 0～94，0～94　　B. 1～95，1～95

C. 1～94，1～94　　D. 0～95，0～95

6．在计算机指令中，规定其所执行操作功能的部分称为（　　）。

A. 地址码　　B. 源操作数　　C. 操作数　　D. 操作码

7．1946年首台电子数字计算机ENIAC问世后，冯·诺依曼在研制EDVAC计算机时，提出两个重要的改进，它们是（　　）。

A. 引入CPU和内存储器的概念　　B. 采用机器语言和十六进制

C. 采用进制和存储程序控制的概念　　D. 采用ASCII编码系统

8．下列叙述中，正确的是（　　）。

A. 高级程序设计语言的编译系统属于应用软件

B. 高速缓冲存储器一般采用SRAM来实现

C. CPU可以直接存取硬盘中的数据

D. 存储在ROM中的信息断电后会全部丢失

9．下列各存储器中，存取速度最快的是（　　）。

A. CD-ROM　　B. 内存储器　　C. U盘　　D. 硬盘

10．并行端口常用于连接（　　）。

A. 键盘　　B. 鼠标　　C. 打印机　　D. 显示器

11．多媒体计算机是指（　　）。

A. 必须与家用电器连接使用的计算机

B. 能处理多媒体信息的计算机

C. 安装有多种软件的计算机

D. 能玩游戏的计算机

12．假设某台计算机的内存储器的容量为256 MB，硬盘容量为20 GB。那么硬盘容量是内存容量的（　　）。

A. 40倍　　B. 60倍　　C. 70倍　　D. 100倍

13．ROM中的信息是（　　）。

A. 由生产厂家预先写入的

B. 在安装系统时写入的

C. 根据用户需求不同，由用户随时写入的

D. 由程序临时写入的

14．显示器的（　　）指标越高，显示的图像越清晰。

A. 对比度　　B. 亮度

C. 对比度和亮度　　D. 分辨率

15．下列叙述中，正确的是（　　）。

A. CPU能直接读取硬盘上的数据

B. CPU能直接存取内存储器

C. CPU由存储器、运算器和控制器组成

D. CPU主要用来存储程序和数据

16．计算机能直接识别的语言是（　　）。

A. 高级程序语言　　B. 机器语言

C. 汇编语言　　D. C++语言

17．存储一个48×48点阵的汉字字形码需要的字节数是（　　）。

A. 384　　B. 288　　C. 256　　D. 144

18．以下关于电子邮件的说法中，不正确的是（　　）。

A. 电子邮件的英文简称是E-mail

B. 加入因特网的每个用户通过申请都可以得到一个电子邮箱

C. 在一台计算机上申请的电子信箱，以后只能通过这台计算机上网才能收信

D. 一个人可以申请多个电子邮箱

19．下列各项中，非法的Internet的IP地址是（　　）。

A. 202.96.12.14　　B. 202.196.72.140

C. 112.256.23.8　　D. 201.124.38.79

20．当用户输入一个不存在的邮箱地址时，系统会将信件（　　）。

A. 退回给发件人　　B. 开机时对方重发

C. 该邮件丢失　　D. 存放在服务商的E-mail服务器

二、基本操作

1．将“考生”文件夹下EDIT\POPE文件夹中的的文件cent.pas设置为隐藏属性。

2．将“考生”文件夹下BROAD\BAND文件夹中的文件grass.for删除。

3．在“考生”文件夹下COMP文件夹中建立一个新文件夹COAL。

4．将“考生”文件夹下STUD\TEST文件夹中的文件夹SAM复制到考生文件夹下的KIDS\CARD文件夹中，并将文件夹改名为HALL。

5．将“考生”文件夹下CALIN\SUN文件夹中的文件夹MOON移动到考生文件夹下LION文件夹中。

三、文字处理

1．在考生文件夹下，打开文档word1.docx，按照要求完成下列操作并以该文件名（word1.docx）保存文档。

绍兴东湖

东湖位于绍兴市东郊约3公里处，北靠104国道，西连城东新区，它以其秀美的湖光山色和奇兀实景而闻名，与杭州西湖、嘉兴南湖并称为浙江三大名湖。整个景区包括陶公洞、听湫亭、饮渌亭、仙桃洞、陶社、桂林岭开游览点。

东湖原是一座青实山，从汉代起，实工相继在此凿山采实，经过一代代实工的鬼斧神凿，遂成险峻的悬崖峭壁和奇洞深潭。清末陶渊明的45代孙陶浚宣陶醉于此地之奇特风景而诗性勃发，便筑堤为界，使东湖成为堤外是河，堤内为湖，湖中有山，山中藏洞之较完整景观。又经过数代百余年的装点使东湖宛如一个巧夺天工的山、水、实、洞、桥、堤、舟楫、花木、亭台楼阁具全，融秀、险、雄、奇与一体的江南水实大盆景。特别是现代泛光照射下之夜东湖，万灯齐放，流光溢彩，使游客置身于火树银花不夜天之中而留连忘返。

（1）将文中所有“实”改为“石”。为页面添加内容为“锦绣中国”的文字水印。

（2）将标题段文字（绍兴东湖）设置为二号蓝色（标准色）空心黑体、倾斜、居中。

（3）设置正文各段落（东湖位于……留连忘返。）段后间距为0.5行，各段首字下沉2行（距正文0.2厘米）；在页面底端（页脚）按“普通数字3”样式插入罗马数字型（Ⅰ、Ⅱ、Ⅲ……）页码。

2．在“考生”文件夹下，打开文档word2.docx，按照要求完成下列操作并以该文件名（word2.docx）保存文档。

姓　名	数学	外语	政治	语文	平均成绩
王　立	98	87	89	87	
李　萍	87	78	68	90	
柳万全	90	85	79	89	
顾升泉	95	89	82	93	
周理京	85	87	90	95	

（1）将文档内提供的数据转换为6行6列表格。设置表格居中、表格列宽为2厘米、表格中文字水平居中。计算各学生的平均成绩、并按“平均成绩”列降序排列表格内容。

（2）将表格外框线、第一行的下框线和第一列的右框线设置为1磅红色单实线，表格底纹设置为“白色，背景1，深色15%”。

四、电子表格

1．在“考生”文件夹下打开excel.xlsx文件：（1）将Sheet1工作表的A1:H1单元格合并为一个单元格，单元格内容水平居中；计算“平均值”列的内容（数值型，保留小数点后1位）；计算“最高值”行的内容置B7:G7内（某月三地区中的最高值，利用MAX函数，数值型，保留小数点后2位）；将A2:H7数据区域设置为套用表格格式“表样式浅色16”。（2）选取A2:G5单元格区域内容，建立“带数据标记的折线图”，图表标题为“降雨量统计图”，图例靠右；将图插入到表的A9:G24单元格区域内，将工作表命名为“降雨量统计表”，保存excel.xlsx文件。

	A	B	C	D	E	F	G	H
1	某省部分地区上半年降雨量统计表(单位:mm)							
2	月份	一月	二月	三月	四月	五月	六月	平均值
3	北部	121.50	156.30	182.10	167.30	218.50	225.70	
4	中部	219.30	298.40	198.20	178.30	248.90	239.10	
5	南部	89.30	158.10	177.50	198.60	286.30	303.10	
6								
7	最高值							

2．打开工作簿文件exc.xlsx，对工作表“产品销售情况表”内数据清单的内容按主要关键字“分公司”的降序次序和次要关键字“产品名称”的降序次序进行排序，完成对各分公司销售额总和的分类汇总，汇总结果显示在数据下方，工作表名不变，保存exc.xlsx工作簿。

五、演示文稿

打开“考生”文件夹下的演示文稿yswg.pptx，按照下列要求完成对此文稿的修饰并保存：

1．使用“精装书”主题修饰全文，全部幻灯片切换方案为“蜂巢”。

2．第二张幻灯片前插入版式为“两栏内容”的新幻灯片，将第三张幻灯片的标题移到第二张幻灯片左侧，把考生文件夹下的图片文件ppt1.png插入到第二张幻灯片右侧的内容区，图片的动画效果设置为“进入”、“螺旋飞入”，文字动画设置为“进入”、“飞入”，效果选项为“自左下部”。动画顺序为先文字后图片。将第三张幻灯片版式改为“标题幻灯片”，主标题输入“Module 4”，设置为“黑体”、55磅字，副标题输入“Second Order Systems”，设置为“楷体”、33磅字。移动第三张幻灯片，使之成为整个演示文稿的第一张幻灯片。

六、上网

某模拟网站的主页地址是http://localhost:65531/exam web/index.htm，打开此主页，浏览“航空知识”页面，查找“超七战斗机”的页面内容，并将它以文本文件的格式保存到考生目录下，命名为chao7.txt。

选择题参考答案

BBDBC DCBBC BCADB BBCCA